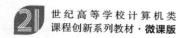

21世纪高等学校计算机类
课程创新系列教材·微课版

C#.NET项目开发案例教程

微课视频版

陈建国 王莹 张锦 王如龙 / 编著

U0282925

清华大学出版社

北京

内 容 简 介

本书是编者多年项目开发和教学经验的结晶。全书共 10 章，分为 C♯.NET 语法基础篇、C♯.NET 窗体程序设计篇和 C♯.NET 项目开发实战篇 3 部分。C♯.NET 语法基础篇主要阐述 C♯.NET 基础语法、C♯.NET 语法进阶、C♯.NET 面向对象编程等知识；C♯.NET 窗体程序设计篇主要阐述 Windows 窗体设计、ADO.NET 数据访问技术、程序调试与项目部署等项目开发中常用的高级编程技术；C♯.NET 项目开发实战篇以两个实际项目的开发作为读者综合能力的训练，由易到难，全程记录程序设计和项目开发的过程。

本书面向 C♯.NET 初学者，突出案例教学，所有知识点都结合案例进行讲解，提供实现思路、实现步骤、完整源代码和运行效果，使读者能够快速提高开发技能。本书配套资源丰富，提供大量演示视频、教学课件，以及所有案例的源代码。

本书可以作为高等院校 C♯.NET 程序设计相关课程的教材，也可以作为 C♯.NET 程序设计初学者的入门参考书。

本书封面贴有清华大学出版社防伪标签，无标签者不得销售。
版权所有，侵权必究。举报：010-62782989，beiqinquan@tup.tsinghua.edu.cn。

图书在版编目(CIP)数据

C♯.NET 项目开发案例教程：微课视频版/陈建国等编著.—北京：清华大学出版社，2023.6
(2024.8重印)
21 世纪高等学校计算机类课程创新系列教材：微课版
ISBN 978-7-302-59430-7

Ⅰ.①C… Ⅱ.①陈… Ⅲ.①C 语言－程序设计－高等学校－教材 Ⅳ.①TP312.8

中国版本图书馆 CIP 数据核字(2021)第 219034 号

责任编辑：付弘宇 张爱华
封面设计：刘 键
责任校对：郝美丽
责任印制：刘海龙

出版发行：清华大学出版社
    网　　　址：https://www.tup.com.cn，https://www.wqxuetang.com
    地　　　址：北京清华大学学研大厦 A 座　　　　　　邮　　编：100084
    社 总 机：010-83470000　　　　　　　　　　　　邮　　购：010-62786544
    投稿与读者服务：010-62776969，c-service@tup.tsinghua.edu.cn
    质量反馈：010-62772015，zhiliang@tup.tsinghua.edu.cn
    课件下载：https://www.tup.com.cn，010-83470236
印 装 者：三河市少明印务有限公司
经　　销：全国新华书店
开　　本：185mm×260mm　　印　张：21.5　　　　字　　数：527 千字
版　　次：2023 年 7 月第 1 版　　　　　　　　　　　印　　次：2024 年 8 月第 2 次印刷
印　　数：1501～2300
定　　价：69.00 元

产品编号：081926-01

作 者 简 介

陈建国，中山大学软件工程学院副教授、硕士生导师，中山大学百人计划青年学术骨干。湖南大学-美国伊利诺伊大学联合培养博士，曾在加拿大多伦多大学进行博士后研究，在新加坡 A＊STAR 科技研究局任研究科学家。主要从事软件开发、软件工程、人工智能等领域的教学和科研工作。截至 2023 年 6 月，已在 IEEE TII、IEEE TITS、IEEE TPDS、IEEE TKDE、IEEE/ACM TCBB、ACM TIST、ACM TCPS 等国际著名期刊和会议发表学术论文六十余篇，已出版学术专著一部、教材三部。先后主持国家自然科学基金、博士后国际交流计划项目、湖南省自然科学基金等。担任国际学术期刊 International Journal of Embedded Systems 副主编、Information Sciences 客座编辑、Neural Computing and Applications 客座编辑，曾任多个国际学术会议的技术委员会成员。

前 言

　　新一轮科技革命和产业变革带动了传统产业的升级改造。党的二十大报告强调："必须坚持科技是第一生产力、人才是第一资源、创新是第一动力,深入实施科教兴国战略、人才强国战略、创新驱动发展战略,开辟发展新领域新赛道,不断塑造发展新动能新优势。"建设高质量高等教育体系是摆在高等教育面前的重大历史使命和政治责任。高等教育要坚持国家战略引领,聚焦重大需求布局,推进新工科、新医科、新农科、新文科建设,加快培养紧缺型人才。

　　随着软件开发技术的快速发展,.NET 平台已经成为目前全球范围内应用领域最广的开发平台之一。.NET Framework 是微软公司推出的一个功能非常丰富的平台,主要用于开发 WinForm 窗体应用程序、ASP.NET Web 应用程序和智能设备项目。C♯语言继承了 C 和 C++的语法特点,具有语法表现力强、简单易学等优点,已经成为软件项目开发的主流编程语言。当今社会对 C♯.NET 软件开发人才的需求日益增加,国内外大部分高校计算机专业都开设了 C♯和.NET 相关课程。

　　本书是编者总结多年 C♯.NET 项目开发和教学经验的结晶。本书突出案例教学,从初学者的角度出发,通过通俗易懂的语言,丰富多彩、图文并茂的案例,详细生动地介绍 C♯.NET 开发的相关技术。书中列举了大量案例,所有知识点都结合具体案例进行讲解,所有案例都提供实现步骤、完整源代码和运行效果,涉及的程序源代码均附以恰当的注释,读者能够更加直观地理解和掌握 C♯.NET 程序开发技术的精髓,独立完成案例编程,快速提高开发技能。

　　本书共 10 章,分为 C♯.NET 语法基础篇、C♯.NET 窗体程序设计篇和 C♯.NET 项目开发实战篇 3 部分。

　　第 1～4 章为 C♯.NET 语法基础篇,主要阐述 C♯.NET 开发的基础知识,包括 C♯.NET 概述、C♯.NET 基础语法、C♯.NET 语法进阶、C♯.NET 面向对象编程;第 5～8 章为 C♯.NET 窗体程序设计篇,主要阐述 Windows 窗体设计与项目开发中常用的编程技术,包括 Windows 窗体设计、ADO.NET 数据库应用开发、Windows 数据控件、Windows 高级控件;第 9 章和第 10 章为 C♯.NET 项目开发实战篇,以两个实际应用程序为例,详细剖析 C♯.NET 项目开发的全过程,包括饮品店点餐收银系统和宾馆管理系统。

　　本书提供 PPT 课件、电子教案、全部案例源代码、讲解视频等丰富的配套资源。本书内容实用、案例丰富、操作性强,可以作为高等院校 C♯.NET 程序设计相关课程的教材,也可以作为 C♯.NET 程序设计初学者的入门参考书。

　　由于编者水平有限,书中难免存在疏漏之处,敬请广大读者批评指正。

编　者
2023 年 1 月

目　录

第1部分　C♯.NET 语法基础篇

第1章　C♯.NET 概述 ································ 3

1.1　C♯.NET 入门 ································ 3

　　1.1.1　.NET Framework ················ 3

　　1.1.2　C♯.NET 语言介绍 ············· 5

1.2　搭建开发环境 ························ 6

　　1.2.1　下载开发工具 ················ 6

　　1.2.2　安装 SQL Server 2014 ········ 7

　　1.2.3　安装 Visual Studio 2015 ····· 14

1.3　熟悉开发环境 ························ 16

　　1.3.1　熟悉 Visual Studio 开发工具 ·· 16

　　1.3.2　熟悉 SQL Server 开发工具 ···· 20

1.4　综合案例 ·························· 21

　　1.4.1　案例 1.1　第一个 Windows 窗体应用程序 ···· 21

　　1.4.2　案例 1.2　第一个控制台应用程序 ·········· 24

1.5　学习 C♯.NET 的建议 ·············· 25

第2章　C♯.NET 基础语法 ·············· 27

2.1　C♯.NET 程序简介 ················ 27

　　2.1.1　C♯.NET 程序组成要素 ········ 27

　　2.1.2　C♯ 编码规范 ················ 29

2.2　C♯.NET 的数据类型 ·············· 30

　　2.2.1　值类型 ···················· 30

　　2.2.2　引用类型 ·················· 32

　　2.2.3　数据类型转换 ·············· 32

2.3　变量与常量 ························ 35

2.3.1　变量声明与使用 ·············· 35

2.3.2　变量的作用域 ··············· 37

2.3.3　C♯.NET常量 ··············· 38

2.4　运算符与表达式🎥 ·············· 39

2.4.1　算术运算符 ··············· 40

2.4.2　赋值运算符 ··············· 41

2.4.3　关系运算符🎥 ·············· 42

2.4.4　逻辑运算符 ··············· 43

2.4.5　位运算符🎥 ··············· 44

2.4.6　三元运算符 ··············· 45

2.5　流程控制结构 ················ 46

2.5.1　条件控制结构🎥 ············· 46

2.5.2　循环控制结构🎥 ············· 51

2.5.3　跳转语句 ················ 54

2.6　习题 ·················· 55

第3章　C♯.NET语法进阶 ·············· 58

3.1　数组 ·················· 58

3.1.1　一维数组的创建和使用🎥 ········· 58

3.1.2　二维数组的创建和使用🎥 ········· 62

3.1.3　ArrayList对象的创建和使用🎥 ······ 63

3.2　函数 ·················· 68

3.2.1　函数的定义和调用🎥 ··········· 68

3.2.2　参数传递 ················ 69

3.3　程序调试与跟踪🎥 ·············· 71

3.3.1　程序调试 ················ 71

3.3.2　程序错误分析 ·············· 74

3.3.3　程序异常处理 ·············· 75

3.4　习题 ·················· 77

第4章　C♯.NET面向对象编程 ············ 79

4.1　面向对象技术🎥 ·············· 79

4.1.1　面向对象的基本概念 ··········· 79

4.1.2　面向对象的特征 ············· 80

4.2　类的定义和使用🎥 ·············· 82

　　　4.2.1　类的定义 ┈┈┈┈┈┈┈┈┈┈┈┈┈┈┈┈┈┈┈┈┈┈┈┈ 82

　　　4.2.2　对象的创建 ┈┈┈┈┈┈┈┈┈┈┈┈┈┈┈┈┈┈┈┈┈┈ 84

　　4.3　类的成员 📹 ┈┈┈┈┈┈┈┈┈┈┈┈┈┈┈┈┈┈┈┈┈┈┈┈┈ 85

　　　4.3.1　字段和属性 ┈┈┈┈┈┈┈┈┈┈┈┈┈┈┈┈┈┈┈┈┈┈ 85

　　　4.3.2　成员方法 ┈┈┈┈┈┈┈┈┈┈┈┈┈┈┈┈┈┈┈┈┈┈┈┈ 86

　　4.4　面向对象特征的具体实现 ┈┈┈┈┈┈┈┈┈┈┈┈┈┈┈┈┈ 89

　　　4.4.1　封装 📹 ┈┈┈┈┈┈┈┈┈┈┈┈┈┈┈┈┈┈┈┈┈┈┈┈┈ 89

　　　4.4.2　继承 📹 ┈┈┈┈┈┈┈┈┈┈┈┈┈┈┈┈┈┈┈┈┈┈┈┈┈ 92

　　　4.4.3　多态 📹 ┈┈┈┈┈┈┈┈┈┈┈┈┈┈┈┈┈┈┈┈┈┈┈┈┈ 95

　　4.5　类和命名空间 ┈┈┈┈┈┈┈┈┈┈┈┈┈┈┈┈┈┈┈┈┈┈┈┈ 98

　　4.6　习题 ┈┈┈┈┈┈┈┈┈┈┈┈┈┈┈┈┈┈┈┈┈┈┈┈┈┈┈┈┈ 101

第 2 部分　　C♯.NET 窗体程序设计篇

第 5 章　Windows 窗体设计 ┈┈┈┈┈┈┈┈┈┈┈┈┈┈┈┈┈┈┈┈ 105

　　5.1　Form 窗体 📹 ┈┈┈┈┈┈┈┈┈┈┈┈┈┈┈┈┈┈┈┈┈┈┈┈ 105

　　　5.1.1　Form 窗体基本操作 ┈┈┈┈┈┈┈┈┈┈┈┈┈┈┈┈┈┈ 105

　　　5.1.2　窗体属性、事件和方法 📹 ┈┈┈┈┈┈┈┈┈┈┈┈┈┈ 110

　　5.2　Windows 基本控件 ┈┈┈┈┈┈┈┈┈┈┈┈┈┈┈┈┈┈┈┈┈ 115

　　　5.2.1　Windows 控件 ┈┈┈┈┈┈┈┈┈┈┈┈┈┈┈┈┈┈┈┈┈ 116

　　　5.2.2　文本类控件 📹 ┈┈┈┈┈┈┈┈┈┈┈┈┈┈┈┈┈┈┈┈┈ 117

　　　5.2.3　选择类控件 📹 ┈┈┈┈┈┈┈┈┈┈┈┈┈┈┈┈┈┈┈┈┈ 121

　　　5.2.4　分组类控件 📹 ┈┈┈┈┈┈┈┈┈┈┈┈┈┈┈┈┈┈┈┈┈ 125

　　　5.2.5　菜单控件 📹 ┈┈┈┈┈┈┈┈┈┈┈┈┈┈┈┈┈┈┈┈┈┈ 127

　　　5.2.6　工具栏控件 📹 ┈┈┈┈┈┈┈┈┈┈┈┈┈┈┈┈┈┈┈┈┈ 128

　　　5.2.7　状态栏控件 📹 ┈┈┈┈┈┈┈┈┈┈┈┈┈┈┈┈┈┈┈┈┈ 129

　　5.3　综合案例 ┈┈┈┈┈┈┈┈┈┈┈┈┈┈┈┈┈┈┈┈┈┈┈┈┈┈ 129

　　　5.3.1　案例 5.1　只允许输入数字的文本框 📹 ┈┈┈┈┈┈ 129

　　　5.3.2　案例 5.2　带查询功能的下拉列表框 📹 ┈┈┈┈┈┈ 132

　　　5.3.3　案例 5.3　逐渐显示的软件启动界面 📹 ┈┈┈┈┈┈ 133

　　　5.3.4　案例 5.4　状态栏实时显示时间 📹 ┈┈┈┈┈┈┈┈┈ 134

　　5.4　习题 ┈┈┈┈┈┈┈┈┈┈┈┈┈┈┈┈┈┈┈┈┈┈┈┈┈┈┈┈┈ 135

第6章 ADO. NET 数据库应用开发 ································· 138

6.1 SQL Server 数据库操作 🎥 ································· 138

  6.1.1 数据库的创建及删除 ································· 138

  6.1.2 数据表的创建及删除 ································· 141

  6.1.3 数据的增、删、改操作 🎥 ································· 144

  6.1.4 数据查询 🎥 ································· 148

  6.1.5 数据库的分离和附加 🎥 ································· 154

6.2 ADO. NET 数据访问技术 🎥 ································· 156

  6.2.1 数据库连接类 Connection ································· 158

  6.2.2 数据适配器 DataAdapter ································· 159

  6.2.3 数据集 DataSet ································· 160

  6.2.4 数据执行类 Command ································· 161

  6.2.5 数据读取类 DataReader ································· 162

6.3 综合案例 ································· 163

  6.3.1 案例 6.1 用户注册模块开发 🎥 ································· 163

  6.3.2 案例 6.2 用户登录模块开发 🎥 ································· 166

6.4 习题 ································· 168

第7章 Windows 数据控件 ································· 171

7.1 ListView 控件 🎥 ································· 171

  7.1.1 ListView 控件介绍 ································· 171

  7.1.2 案例 7.1 ListView 控件的基本操作 ································· 172

  7.1.3 案例 7.2 使用 ListView 控件实现客户信息管理 ································· 177

7.2 TreeView 控件 🎥 ································· 186

  7.2.1 TreeView 控件介绍 ································· 186

  7.2.2 案例 7.3 TreeView 控件的基本操作 ································· 187

  7.2.3 案例 7.4 使用 TreeView 控件遍历磁盘目录 ································· 191

7.3 DataGridView 控件 🎥 ································· 194

  7.3.1 DataGridView 控件介绍 ································· 194

  7.3.2 案例 7.5 使用 DataGridView 控件管理图书信息 ································· 196

  7.3.3 案例 7.6 使用 DataGridView 控件制作课程表 ································· 200

7.4 案例 7.7 ComboBox 控件的数据绑定 🎥 ································· 207

7.5 习题 ································· 209

第 8 章　Windows 高级控件 ················· 211

8.1　Chart 控件 ························· 211

8.1.1　Chart 控件介绍 👥 ········· 211

8.1.2　ChartArea 绘图区域 ········· 212

8.1.3　Series 对象 👥 ··········· 217

8.1.4　Lengends 对象 👥 ········· 223

8.2　音视频播放器 👥 ············· 226

8.3　个性化皮肤控件 👥 ········· 230

8.4　习题 ···················· 234

第 3 部分　C♯.NET 项目开发实战篇

第 9 章　饮品店点餐收银系统 ··············· 239

9.1　系统需求分析与系统设计 👥 ······· 239

9.1.1　系统需求分析 ········· 239

9.1.2　功能模块设计 ········· 240

9.1.3　数据库设计 ··········· 240

9.2　系统框架 👥 ··············· 244

9.2.1　创建项目 ············ 244

9.2.2　应用程序配置文件 ····· 245

9.2.3　自定义数据操作类 ····· 247

9.3　系统登录模块 👥 ··········· 249

9.3.1　系统登录模块实现 ····· 249

9.3.2　系统主界面 ·········· 252

9.4　系统管理模块 👥 ··········· 257

9.4.1　饮品信息管理 ········· 257

9.4.2　会员信息管理 ········· 264

9.4.3　员工信息管理 ········· 264

9.5　点餐服务模块 ············· 264

9.5.1　点餐收银 👥 ········· 264

9.5.2　音乐播放 ············ 272

9.6　查询统计模块 ············· 274

9.6.1　饮品信息查询 👥 ····· 274

9.6.2　会员信息查询 ········· 277

　　　9.6.3　营业信息查询 ·· 278

　　　9.6.4　业绩统计分析 🎥 ·· 279

第 10 章　宾馆管理系统 ··· 281

　10.1　系统需求分析与系统设计 🎥 ·· 281

　　　10.1.1　系统需求分析 ·· 281

　　　10.1.2　功能模块设计 ·· 282

　　　10.1.3　数据库设计 ·· 284

　10.2　储备知识——三层架构编程 🎥 ······································ 287

　　　10.2.1　三层架构工作原理 ·· 287

　　　10.2.2　三层架构的应用场景 ·· 289

　　　10.2.3　使用三层架构的优缺点 ······································ 289

　10.3　系统三层架构的搭建 ·· 290

　　　10.3.1　创建三层架构子项目 ·· 290

　　　10.3.2　实体模型层实现 ·· 292

　　　10.3.3　数据访问层实现 ·· 293

　　　10.3.4　业务逻辑层实现 ·· 297

　10.4　系统登录模块 🎥 ·· 299

　　　10.4.1　系统登录模块实现 ·· 299

　　　10.4.2　系统主界面 ·· 299

　10.5　系统管理模块 🎥 ·· 300

　10.6　前台接待模块 ·· 302

　　　10.6.1　客房状态总览 🎥 ·· 302

　　　10.6.2　客房预订 🎥 ·· 308

　　　10.6.3　住宿登记 🎥 ·· 310

　　　10.6.4　退房结账 🎥 ·· 315

　　　10.6.5　预订信息管理 🎥 ·· 320

　　　10.6.6　顾客信息管理 ·· 320

　10.7　查询统计模块 ·· 321

　　　10.7.1　客房信息查询 ·· 321

　　　10.7.2　顾客信息查询 ·· 327

　　　10.7.3　预订数据统计 🎥 ·· 327

　　　10.7.4　住宿数据统计 ·· 328

　　　10.7.5　结账数据统计 ·· 328

附录 A　部分习题参考答案 ··· 330

第1部分　C#.NET语法基础篇

第1章

C#.NET概述

本章将主要介绍 C#.NET 语言的相关背景知识以及学习过程中需要用到的开发工具,最后通过示例讲解开发工具的安装和使用方法。

【本章要点】

☞ .NET Framework 和 C#.NET 语言介绍

☞ SQL Server 2014 的安装与使用

☞ Visual Studio 2015 的安装与使用

1.1 C#.NET 入门

1.1.1 .NET Framework

.NET Framework(框架)是微软公司推出的一个功能非常丰富的平台,是开发、部署和执行所有.NET 应用程序的基础。.NET Framework 采用系统虚拟机运行的编程平台,以公共语言运行库和框架类库为核心,支持多语言的同步开发。.NET Framework 为应用程序接口提供了新功能和开发工具,主要用于开发控制台应用程序、WinForm 窗体应用程序、ASP.NET Web 应用程序、智能设备项目,以及其他组件和服务(如 Web 服务)。.NET Framework 为这些应用程序提供一个可运行的环境。.NET Framework 体系结构如图 1.1 所示。

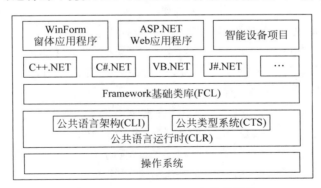

图 1.1 .NET Framework 体系结构

.NET Framework 体系主要由两部分组成:公共语言运行库和框架类库。

1. 公共语言运行库

公共语言运行库也称为公共语言运行时(Common Language Runtime,CLR),是.NET

Framework 提供的一个运行环境,它运行源代码并提供使开发过程更轻松的服务。作为.NET Framework 的核心组件,公共语言运行库是执行时管理源代码的代理,提供内存管理、线程管理和远程处理等核心服务。所有.NET 语言(包括 C♯、C++、VB、J♯等)都可以编写面向 CLR 的程序源代码,通常将在 CLR 的控制下运行的源代码称为托管源代码(Managed Code)。所有的 Managed Code 都直接运行在 CLR 上,具有与平台无关的特性。

　　各高级语言的源代码(如 C#.NET 程序源代码)通过各自的编译器(如 C♯.NET 编译器)编译成微软中间语言源代码(Microsoft Intermediate Language,MSIL),CLR 将中间语言源代码转换为可执行源代码,然后运行应用程序。.NET 编译过程如图 1.2 所示。

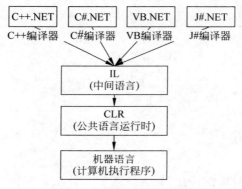

图 1.2　.NET 编译过程

　　在.NET 中,编译分为以下两个阶段。

　　(1) 把源代码编译为微软中间语言。

　　.NET 源程序首先被编译为微软中间语言(MSIL)源代码,形成扩展名为.exe 或.dll 的文件,MSIL 定义了一系列与 CPU 类型无关的可移植指令集,可在 CLR 中运行。扩展名为.exe 或.dll 的可执行文件运行时,CLR 同时运行。

　　(2) CLR 把 IL 编译为平台专用的源代码。

　　公共语言运行库通过公共类型系统(Common Type System,CTS)和公共语言规范(Common Language Specification,CLS)定义标准数据类型和语言间互操作性的规则。

　　➤ 公共类型系统:又叫通用类型系统,负责在公共语言运行库中声明、使用和管理类型,是公共语言运行库支持跨语言集成的一个重要组成部分。CTS 定义了在 IL 中的数据类型,例如,VB.NET 的 Integer 和 C♯的 int 型都被编译成 Int32。

　　➤ 公共语言规范:CTS 和 CLS 是 CLR 的子集。公共语言规范是 CLR 支持的语言功能的子集,包括几种面向对象的编程语言的通用功能。它们定义允许不同编程语言之间相互操作的标准集,由这些编程语言编写的应用程序可以互操作。

　　公共语言运行库还在应用程序运行时为其分配内存和解除分配内存。自动内存管理是公共语言运行库在托管执行过程中提供的服务之一。公共语言运行库的垃圾回收器(Garbage Collector,GC)是为应用程序管理内存的分配和释放的。对开发人员而言,这就意味着在开发托管应用程序时不必编写执行内存管理任务的源代码。自动内存管理可解决常见问题。例如,忘记释放对象并导致内存泄漏,或尝试访问已释放对象的内存。

2. 框架类库

除了运行环境,.NET 还提供了丰富的类库(也称为 Framework 类库、基础类库,即微软事先定义好的类的集合)。在图 1.1 的.NET 平台结构中,CLR 的上一层是.NET 的类库,每个类都包含许多不同功能的方法和接口,提供了一个统一的面向对象的、层次化的、可扩展的编程接口。从.NET 平台结构图中也可以看到,基础类库可以被各种语言调用和扩展,也就是说不管是 C#、VB.NET 还是 VC++.NET,都可以自由地调用.NET 的类库,因为 C#自身只有 77 个关键字,而且语法对程序员来说无须费工夫学习。C# Framework 类库包含了 4500 个以上的类和无数的方法、属性,在 C#程序中随时都可能会用到它来完成自己的任务。.NET Framework 基础类库截图如图 1.3 所示。

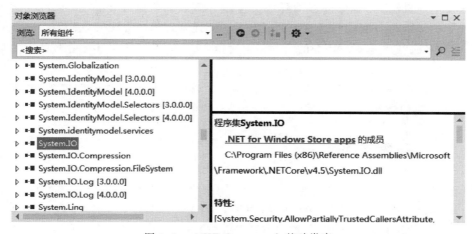

图 1.3 .NET Framework 基础类库

常用的.NET 类库包括以下几种。

(1) System:.NET Framework 类库中最基底的服务,提供数据类型、I/O 以及其他类库的基础。

(2) System.Collections:提供.NET 应用程序所需的数据结构以及集合对象的支持。

(3) System.Configuration:提供.NET 应用程序在组态设置上的支持。

(4) System.ComponentModel:提供.NET 的组件基础架构。

(5) System.Data:ADO.NET 的组成类库,是数据访问功能的核心功能。

(6) System.Drawing:提供.NET 的绘图能力,包含基本位图处理以及图像与色彩处理,打印支持也由本命名空间提供,此命名空间包装了大多数的 GDI 以及 GDI+的 API。

(7) System.EnterpriseService:提供.NET 与 COM+的互通能力。

(8) System.IO:提供数据流与文件读写的支持。

1.1.2 C#.NET 语言介绍

C#.NET 是微软公司于 2000 年 7 月发布的一种全新且简单、安全、面向对象的程序设计语言,是专门为.NET 的应用而开发的语言。它吸收了 C++、Visual Basic、Delphi、Java 等语言的优点,体现了当今最新的程序设计技术的功能和精华。C#继承了 C 语言的语法风格,同时又继承了 C++的面向对象特性。不同的是,C#的对象模型已经面向 Internet 进行了重新设计,使用的是.NET框架的类库;C♯不再提供对指针类型的支持,使得程序不能随便访问内存地址空间,从而更加健壮;C♯不再支持多重继承,避免了以往类层次结构中由于多重继承带来的可怕后果..NET框架为C♯提供了一个强大的、易用的、逻辑结构一致的程序设计环境。同时,公共语言运行库为C♯程序语言提供了一个托管的运行时环境,使程序比以往更加稳定、安全。

C♯具有以下突出特点。

(1) 语法简洁。不允许直接操作内存,不支持指针操作。

(2) 面向对象。C♯具有面向对象语言所应有的一切特性——封装、继承和多态。

(3) 与Web紧密结合。C♯支持绝大多数的Web标准,如HTML、XML、SOAP等。

(4) 安全性机制。C♯可以帮助程序员发现并解决软件开发中常见的错误(如语法错误),.NET提供的垃圾回收器能够帮助开发者有效地管理内存资源。

(5) 兼容性。C♯遵循.NET的公共语言规范,从而能够保证与其他语言开发的程序相互兼容。

(6) 完善的错误、异常处理机制。C♯提供了完善的错误和异常处理机制,使程序在交付使用时能够更加健壮。

1.2　搭建开发环境

Visual Studio是一套完整的开发工具集,用于生成ASP.NET Web应用程序、XML Web Services、桌面应用程序和移动应用程序。Visual Basic、Visual C++、Visual C♯和Visual J♯全都使用相同的集成开发环境(IDE),利用此IDE可以共享工具且有助于创建混合语言解决方案。使用Visual Studio 2015可以进行基于多个.NET Framework版本的开发,Visual Studio 2015同时支持Framework 2.0/3.0/3.5几个版本。SQL Server 2014是目前主流的关系数据库管理系统。本节详细介绍Visual Studio 2015和SQL Server 2014这两个工具的下载和安装过程。

1.2.1　下载开发工具

本书所用开发环境包括C#.NET编程软件Visual Studio 2015和数据库管理工具SQL Server 2014。这两款软件可以从微软官方网站下载,推荐下载网址为http://msdn.itellyou.cn。

1. SQL Server 2014的下载

打开网站http://msdn.itellyou.cn,从网页左侧的菜单中依次选择"服务器"→SQL Server 2014命令,如图1.4所示。

网页右侧将显示SQL Server 2014软件的各种版本,勾选SQL Server 2014 Enterprise Edition(x64)- DVD(Chinese-Simplified)复选框,单击"详细信息"按钮,将该软件的下载地址复制到剪贴板。打开下载工具(如迅雷软件、BT软件等),新建下载任务,将下载地址粘贴到下载来源输入框,即可开始下载软件。

2. Visual Studio 2015的下载

打开网站http://msdn.itellyou.cn,从网页左侧的菜单中依次选择"开发人员工具"→Visual Studio 2015命令,如图1.5所示。

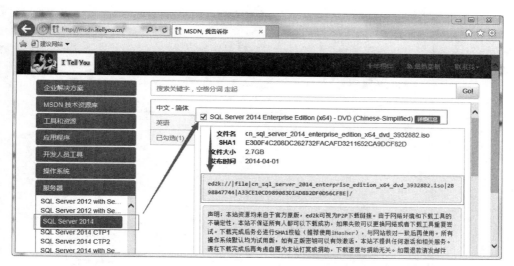

图 1.4 SQL Server 2014 下载页面

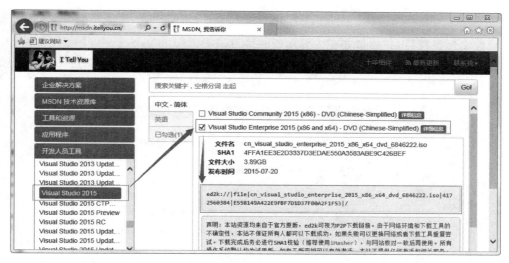

图 1.5 Visual Studio 2015 下载页面

网页右侧将显示 Visual Studio 2015 软件的各种版本,勾选 Visual Studio Enterprise 2015(x86 and x64)-DVD(Chinese-Simplified)复选框,单击"详细信息"按钮,将该软件的下载地址复制到剪贴板,使用下载工具进行下载。

1.2.2 安装 SQL Server 2014

安装 SQL Server 2014 的具体步骤如下。将安装映像文件加载到虚拟光驱,这需要事先安装虚拟光驱,安装虚拟光驱的具体步骤不在此展开。如果已经安装了虚拟光驱程序,则启动虚拟光驱,在主界面中单击"添加映像"按钮,在弹出的对话框中选择要安装的映像文件cn_sql_server_2014_enterprise_edition_x64_dvd_3932882.iso,如图 1.6 所示。

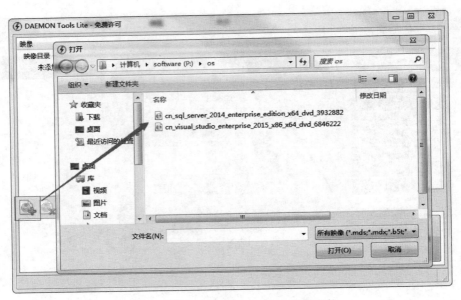

图 1.6　加载 SQL Server 2014 映像文件

　　映像文件加载后,在虚拟光驱主界面的映像目录中出现 SQL Server 2014 文件图标,启动安装程序。进入 SQL Server 2014 安装界面,选择"全新 SQL Server 独立安装或向现有安装添加功能"选项,开始 SQL Server 2014 的安装,如图 1.7 所示。

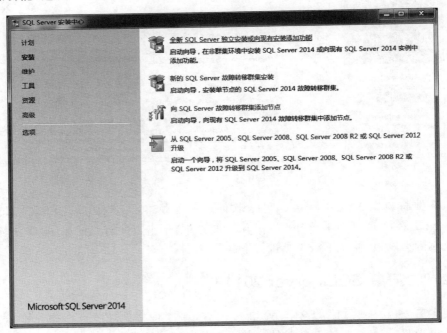

图 1.7　SQL Server 2014 安装向导界面

　　进入产品密钥输入界面,在此输入产品密钥信息;单击"下一步"按钮,进入 Microsoft 软件许可条款确认界面,勾选"我接收许可条款"复选框;单击"下一步"按钮,进入安装规则界面,检查在安装 SQL Server 程序支持文件时可能发生的问题,确定没有问题后继续安装程序,如图 1.8 所示。

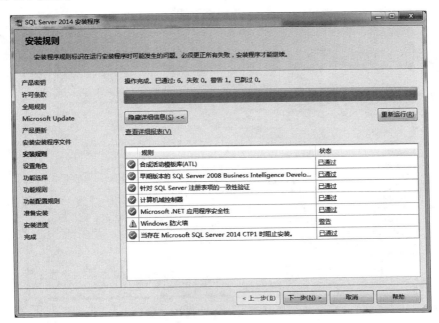

图 1.8　安装规则检查

设置角色:共有"SQL Server 功能安装""SQL Server PowerPivot for SharePoint""具有默认值的所有功能"三个选项。在此选择第一项,如图 1.9 所示。

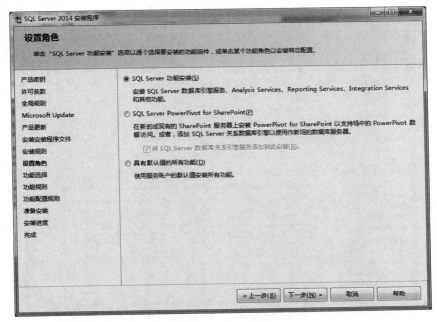

图 1.9　设置角色

　　功能选择：选择要安装的 Enterprise 功能，此处单击"全选"按钮，选择所有功能，单击"下一步"按钮，如图 1.10 所示。

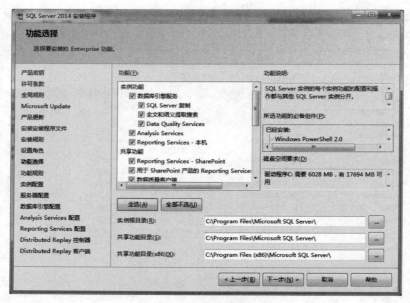

图 1.10　功能选择

　　实例配置：设置 SQL Server 实例的名称和实例 ID。实例 ID 将成为安装路径的一部分。如果操作系统中已经安装有其他版本的 SQL Server(如 SQL Server 2014)，则应当重新设置该数据库实例名称，否则将出错。这里使用默认实例名(默认为 MSSQLSERVER)，如图 1.11所示。

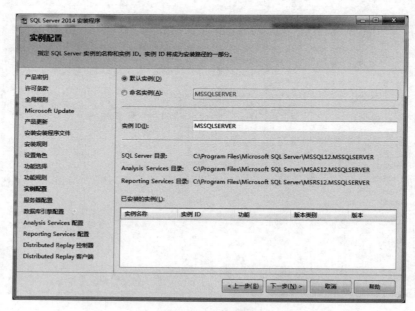

图 1.11　实例配置

　　服务器配置：指定服务账户和排序规则，可以为各种 SQL Server 服务分别设置账户信息，如图 1.12 所示。

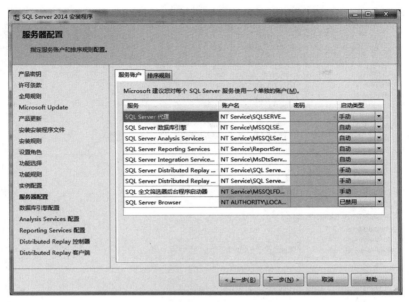

图 1.12　服务器配置

　　数据库引擎配置（设置账户）：指定数据库引擎身份验证安全模式、管理员和数据目录。在此选择“混合模式”身份验证，即 SQL Server 身份验证和 Windows 身份验证，设置内置的 SQL Server 系统管理员账户 sa，对应的密码为 123，并在“指定 SQL Server 管理员”选项中添加当前用户，如图 1.13 所示。

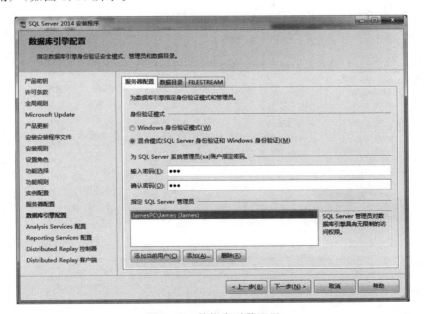

图 1.13　数据库引擎配置

Analysis Services 配置：指定具有 Analysis Services 管理权限的用户账户，单击"添加当前用户"按钮，指定操作系统当前用户具有对 Analysis Services 的管理权限，如图 1.14 所示。

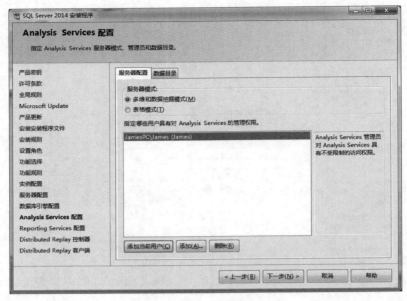

图 1.14　Analysis Services 配置

Reporting Services 配置：指定 Reporting Services 配置模式，设置报表服务安装选项，选择默认的配置，如图 1.15 所示。

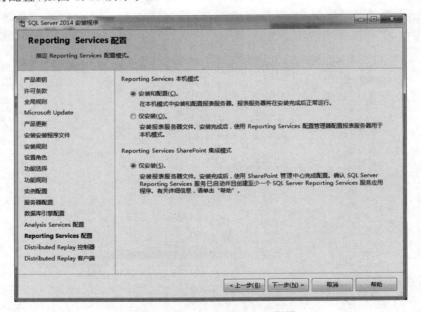

图 1.15　Reporting Services 配置

Distributed Replay 控制器：指定 Distributed Replay 控制器服务的访问权限，单击"添加当前用户"按钮，使得操作系统当前用户具有相应权限，如图 1.16 所示。

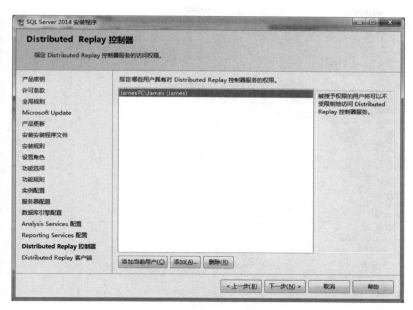

图 1.16　Distributed Replay 控制器

Distributed Replay 客户端：为 Distributed Replay 客户端指定相应的控制器和数据目录，使用默认配置即可，如图 1.17 所示。

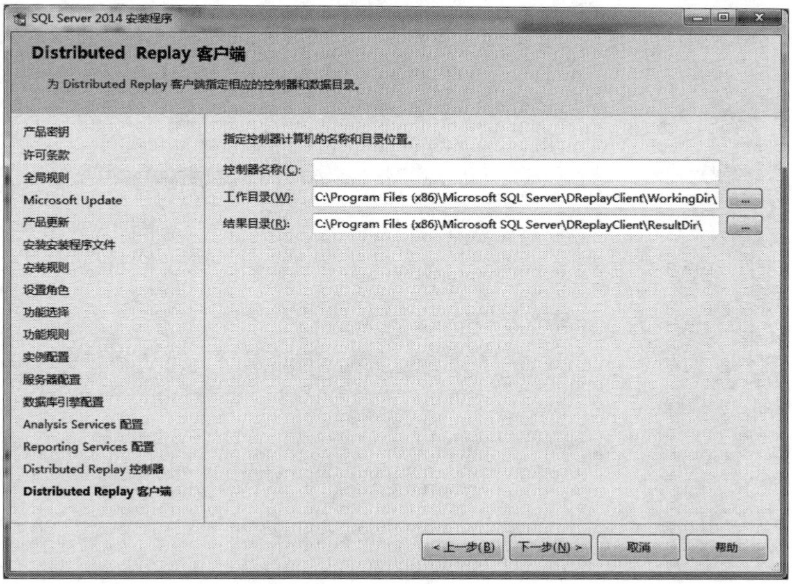

图 1.17　Distributed Replay 客户端

安装进度：当所有配置都设定后，系统将出现准备安装界面并列出安装的组件清单，经用户确认后即可进入安装进度界面，安装进度如图 1.18 所示。

安装过程完成后，系统列出已经安装的功能清单，如图 1.19 所示。至此，SQL Server 2014 数据库安装完成。

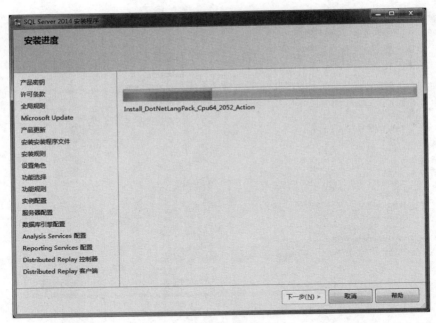

图 1.18　安装进度

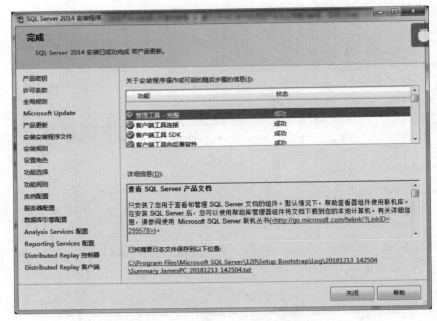

图 1.19　SQL Server 2014 安装完成

1.2.3　安装 Visual Studio 2015

Visual Studio 2015 软件的下载网址是 http://itellyou. msdn. com，读者可以访问该网站，下载所需要的版本。安装 Visual Studio 2015 的具体步骤如下。

启动虚拟光驱后,加载 Visual Studio 2015 企业版映像,然后打开"我的电脑"中的虚拟光驱。启动安装程序,出现安装界面,选择 Visual Studio 2015 进行安装,开始加载安装文件,如图 1.20 所示。

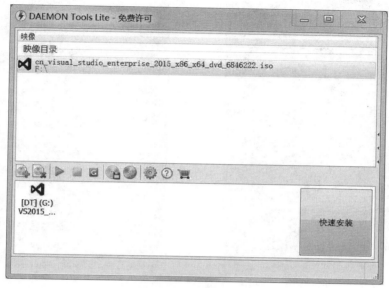

图 1.20　加载安装文件

接着出现安装位置和安装类型选择界面,选择"自定义"安装,如图 1.21 所示。

选择需要安装的功能:默认的功能已经包括 C♯、C++ 等编程语言的 Windows 窗体应用程序项目。因此,不需要安装额外功能,全部不选这些功能,如图 1.22 所示。

图 1.21　选择安装位置和类型

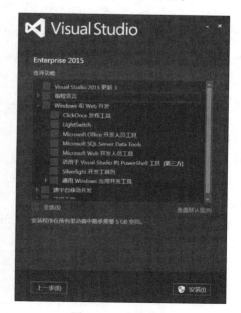

图 1.22　选择功能

安装过程和安装完成界面分别如图 1.23 和图 1.24 所示。

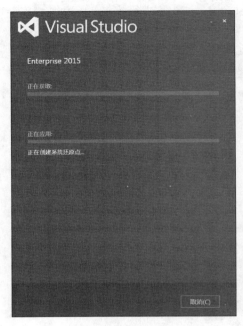

图 1.23　安装过程　　　　　　　　　　　　　　图 1.24　安装完成

1.3　熟悉开发环境

1.3.1　熟悉 Visual Studio 开发工具

Visual Studio 2015 是一套支持.NET Framework 平台的开发工具集,用于生成 ASP.NET Web 应用程序、XML Web Services、桌面应用程序和移动应用程序。它提供了在设计、开发、调试和部署 Web 应用程序、XML Web Services 和传统的客户端应用程序时所需的工具。

启动 Visual Studio,选择"文件"→"新建项目"命令,在弹出的"新建项目"对话框左侧"项目类型"列表中选中 Visual C♯ 选项,则右侧的项目模板中将显示 C♯.NET 语言所支持的多种项目模型,包括 Windows 窗体应用程序、控制台应用程序、ASP.NET Web 应用程序、WPF 应用程序等。创建一个 C♯.NET 类型的项目时,需要设置项目的存储位置和项目名称,如图 1.25 所示。

本书主要讲解控制台应用程序和 Windows 窗体应用程序。以 Windows 窗体应用程序为例,项目开发主界面如图 1.26 所示。

Visual Studio 2015 主界面包括菜单栏、工具栏、"窗体设计"面板、"代码编辑"面板、"工具箱"面板、"解决方案资源管理器"面板、"属性"面板和"错误列表"面板等。

(1) 菜单栏:菜单栏包含了 Visual Studio 工具所有的操作命令,Visual Studio 部分菜单命令及其功能说明如表 1.1 所示。

图 1.25 新建 C#.NET 项目

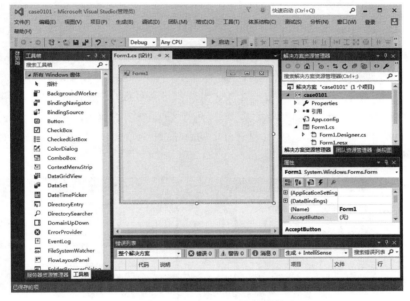

图 1.26 Visual Studio 软件主界面

表 1.1 菜单栏部分命令及其功能说明

一级菜单	二级菜单	功能说明
文件	新建	创建一个新的项目、网站、文件等
	打开	打开一个已经存在的项目、文件等
	关闭解决方案	关闭当前解决方案
	全部保存	将项目中所有文件都保存
视图	源代码	显示"源代码编辑"面板
	设计	显示"窗体设计"面板
	服务器资源管理器	显示"服务器资源管理器"面板

续表

一级菜单	二级菜单	功能说明
视图	解决方案资源管理器	显示"解决方案资源管理器"面板
	对象浏览器	显示"对象浏览器"面板
	错误列表	显示"错误列表"面板
	属性	显示"属性"面板

（2）工具栏：Visual Studio 将菜单栏中常用的操作命令按功能分组，分别添加到相应的工具栏中，编程人员通过工具栏可以便捷地访问这些操作命令。常用的工具栏有标准工具栏和调试工具栏。标准工具栏包括大多数常用的命令按钮，如新建项目、添加新项、打开文件、保存、全部保存等。调试工具栏包括对应用程序进行调试的相关命令按钮。菜单栏与工具栏如图 1.27 所示。

图 1.27　菜单栏与工具栏

（3）"窗体设计"面板和"源代码编辑"面板：在控制台应用程序中，每个类文件只有一个"源代码编辑"面板，没有"窗体设计"面板。在 Windows 应用程序中，每个窗体文件（Form）都有一个"窗体设计"面板和一个"源代码编辑"面板。"窗体设计"面板用于对窗体界面和窗体控件进行设计，"源代码编辑"面板用于编写当前窗体或者类文件的程序源代码，以实现具体的功能。Windows 应用程序的"窗体设计"面板和"源代码编辑"面板分别如图 1.28 和图 1.29 所示。

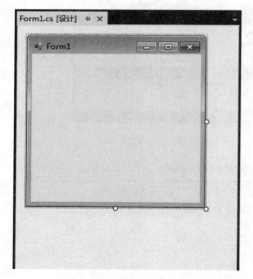

图 1.28　"窗体设计"面板

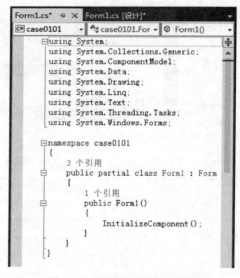

图 1.29　"源代码编辑"面板

（4）"工具箱"面板："工具箱"面板提供了进行 Windows 窗体应用程序开发、ASP.NET Web 应用程序开发所必需的控件。这正是 Visual Studio 作为可视化编程工具的一大亮点,程序员可以选择需要的控件,将其拖动到设计窗体,以便进行可视化窗体设计,达到"所见即所得"的设计效果,减少了程序设计的工作量,提高了工作效率。根据控件功能的不同,将工具箱划分为 12 个栏目。注意,只有在 Windows 窗体应用程序中打开某个窗体文件的"窗体设计"面板,工具箱中的工具才会显示。当打开"源代码编辑"面板时,工具箱中的工具并不显示。"工具箱"面板如图 1.30 所示。

　　(5)"解决方案资源管理器"面板:提供项目及文件列表的视图,并且提供对项目和文件的相关操作。可以在"解决方案资源管理器"面板中添加窗体文件、类文件到当前项目中,也可以对当前项目中的文件进行移除和编辑。"解决方案资源管理器"面板如图 1.31 所示。

图 1.30　"工具箱"面板

图 1.31　"解决方案资源管理器"面板

　　(6)"属性"面板:Windows 窗体应用程序中,各个窗体和窗体控件的属性都可以通过"属性"面板进行属性设置。"属性"面板不仅提供了属性的设置及修改功能,还提供了事件的管理功能。"属性"面板采用两种方式显示和排列属性和事件,分别为按分类方式和按字母顺序方式。各属性列表的左侧是属性名称,右侧是相对应的属性值。"属性"面板如图 1.32所示。

　　(7)"错误列表"面板:"错误列表"面板为源代码中的错误提供了即时的提示和可能的解决方法,如图 1.33 所示。错误列表是一个错误提示器,将程序中的错误源代码及时地显示给开发人员,开发人员通过提示信息能快速找到相应的错误源代码。

　　如果以上这些面板被关闭了,可以通过"文件"→"视图"命令中的相应的菜单选项重新开启。

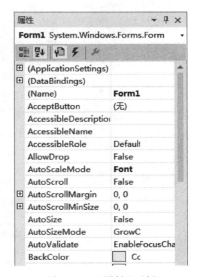

图 1.32　"属性"面板

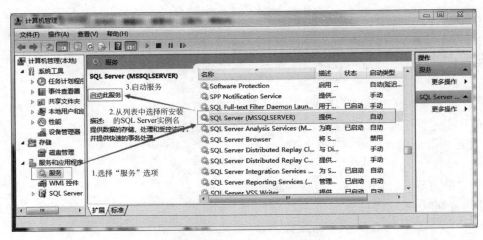

图 1.33　"错误列表"面板

1.3.2　熟悉 SQL Server 开发工具

数据库是存放数据的一种数据介质,数据以一种特定的形式,通过相关的数据库管理软件进行数据的管理。应用程序通过程序源代码与数据库接口进行交换,从而实现程序应用对数据的操作。本案例介绍与.NET 框架结合非常紧密的一种数据库,即 SQL Server 数据库,SQL Server 2014 集成了数据库引擎、数据处理、数据分析服务、数据集成服务、报表服务、通知服务等多个技术领域。

SQL Server 2014 数据库安装完毕之后,可以启动数据库的管理工具。SQL Server 2014 数据库管理工具的英文名称为 Management Studio。启动管理工具可以通过以下步骤来完成。

(1) 启动 SQL Server 服务。当安装完 SQL Server 2014 后,系统默认设置开机时自动启动 SQL Server 服务。如果只需要在用到 SQL Server 时才启动服务,则可以通过系统管理工具进行手动启动该服务。具体步骤为:右击"我的电脑",在弹出的快捷菜单中选择"管理"命令,打开"计算机管理"窗口,在该窗口左侧选择"服务"选项,此时窗口右侧会显示该计算机中所有服务项目清单,找到 SQL Server(MSSQLSERVER)这项服务,单击"启动"按钮,即可启动 SQL Server 2014 服务。启动 SQL Server 服务的过程如图 1.34 所示。

图 1.34　启动 SQL Server 服务

(2) 连接 SQL Server。选择"开始"→"程序"→Microsoft SQL Server 2014→SQL Server Management Studio 命令,打开数据库服务器连接界面,如图 1.35 所示。选择要连接的服务器名称及相应的身份验证方式,单击"连接"按钮,进入 SQL Server 管理界面。

图 1.35　连接 SQL Server 服务器

（3）SQL Server 管理主界面。可以通过 SQL Server 2014 数据库管理工具 Management Studio 来完成数据库的创建。启动 Management Studio 之后，展开数据库实例树节点，在子节点中找到"数据库"节点，右击"数据库"节点，在弹出的快捷菜单中选择"新建数据库"命令，即可根据需要创建数据库，如图 1.36 所示。具体的数据库、数据表、数据操作等知识将在第 6 章详细讲解，在此不再展开。

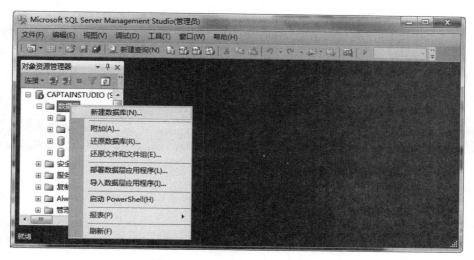

图 1.36　SQL Server 管理主界面

1.4　综合案例

1.4.1　案例 1.1　第一个 Windows 窗体应用程序

本案例中，通过设计一个系统登录界面来演示 Windows 窗体应用程序的开发过程。

【实现步骤】

(1) 创建项目：启动 Visual Studio，选择"文件"→"新建项目"命令，在弹出的"新建项目"对话框左侧"项目类型"列表中选择 Visual C♯ 选项。然后在右侧"模板"列表选择"Windows 窗体应用程序"，在"名称"文本框中输入要创建的应用程序的名称，命名为case0101，将项目保存在 E:\C♯.NET Projects 目录(本书所有案例都保存在该目录下)。项目创建过程和项目主界面分别如图 1.25 和 1.26 所示。

(2) 设置窗体属性：窗体的属性可以通过"属性"面板进行设置。先在"窗体设计"面板中选中窗体，此时"属性"面板中会自动列出该窗体的所有属性名称和对应的默认值。将窗体的 Text 属性值设置为"系统登录"，在"窗体设计"面板中看到当前窗体的标题栏自动更新为"系统登录"了。设置窗体属性的过程如图 1.37 所示。

图 1.37   设置窗体属性的过程

(3) 添加控件：准备将项目的默认窗体设计成一个系统登录窗体。系统登录窗体中共需要两个标签控件(Label)、两个文本框控件(TextBox)和两个按钮控件(Button)。打开工具栏，从工具栏中选中需要添加的控件，按住该控件并将其拖放到窗体指定位置，松开鼠标即可。

(4) 设置控件属性：添加完控件后，需要为各控件设置相应的属性。选中要设置属性的控件，在"属性"面板中修改相应属性的值即可；也可以右击该控件，在弹出的快捷菜单中选择"属性"命令进入"属性"面板(如果"属性"面板关闭了，可选择"视图"→"属性窗口"命令打开"属性"面板)，如图 1.38 所示。

各控件具体属性设置说明如表 1.2 所示。

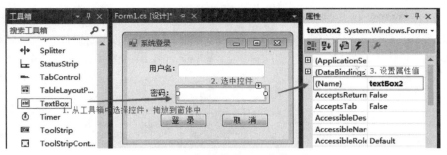

图 1.38　添加控件并设置控件属性

表 1.2　各控件具体属性设置说明

控 件	属 性	属 性 值	控 件	属 性	属 性 值
Form1	Text	系统登录	Button1	Text	登录
Label1	Text	用户名：	Button2	Text	取消
Label2	Text	密码：			

（5）编写登录功能源代码：双击系统登录窗体中的"登录"按钮，进入源代码编写窗口。或者先选中"登录"按钮，在"属性"面板中单击 ⚡ 图标进入事件列表，找到 Click 事件，双击 Click 右侧空白处，如图 1.39 所示。

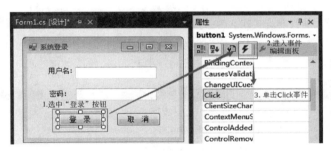

图 1.39　为"登录"按钮编写事件函数

系统会自动为该按钮的 Click 事件创建一个 button1_Click()函数。在 button1_Click()函数中编写源代码。由于还没讲解数据库编程知识和用户登录业务逻辑，此处仅实现弹出对话框并显示问候语的功能，程序源代码如下。源代码编程截图如图 1.40 所示。

图 1.40　编写源代码

（6）运行程序：源代码编写完成后，单击工具栏中的"全部保存"按钮将项目文件保存，然后单击"启动"按钮，运行程序。在"用户名"文本框中输入任意字符，单击"登录"按钮，则系统将弹出一个对话框并显示设定的问候语。程序运行效果如图 1.41 所示。

图 1.41　第一个 Windows 窗体应用程序

1.4.2　案例 1.2　第一个控制台应用程序

本案例将学习如何创建 C♯ 控制台应用程序，并了解控制台程序的结构和原理。要求实现一个可以在控制台环境中显示文字的简单控制台程序。

【实现步骤】

（1）启动 Visual Studio 2015 开发环境，选择"文件"→"新建项目"命令。在弹出的"新建项目"对话框左侧"项目类型"列表中选择 Visual C♯ 选项，然后在右侧"模板"列表中，选择"控制台应用程序"选项，在"名称"文本框中输入要创建的应用程序的名称，命名为 case0102，将项目保存在 E:\\C♯.NET Projects 目录下，如图 1.42 所示。

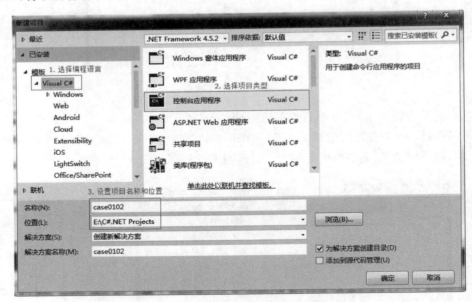

图 1.42　新建控制台应用程序项目

（2）项目创建后进入项目主界面，如图 1.43 所示。主界面包括菜单栏、工具栏、源代码区、输出窗口和解决方案资源管理器。在源代码区的 Main() 主函数中编写简单源代码如下。

```
//在控制台上输出一段话
Console.WriteLine("欢迎使用《C♯.NET项目开发案例教程》!");
Console.Read();                //等待输入
```

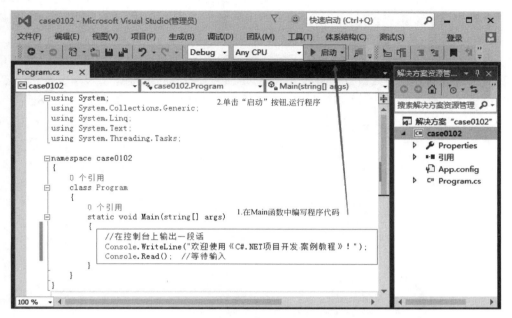

图1.43 源代码编写界面

（3）源代码编写完成后，单击工具栏中的"全部保存"按钮将项目文件保存，然后单击"启动"按钮（或按快捷键F5），程序运行效果如图1.44所示。

图1.44 控制台应用程序运行效果

注意：如果不编写"Console.Read();"语句，程序将在控制台中输出语句后直接关闭，读者看到的是一闪而过的画面。

1.5 学习C♯.NET的建议

学习每一种编程语言，都应该讲究方法、策略。别人的学习经验可以借鉴，但不要生搬硬套，应该学会自己总结、分析、整理出一套适合自己的学习方法。以下是笔者结合多年的开发和教学总结出来的学习经验，与广大C♯.NET程序开发者分享。

（1）掌握C程序设计语言知识，任何高级编程语言都是由C语言发展而来的，因此必须掌握C语言的语法、变量与表达式、函数调用等基础知识。

(2) 学会搭建 C♯.NET 开发环境,并选择一种适合自己的开发工具。

(3) 掌握 C♯.NET 基础语法和面向对象编程思想,理解 C♯.NET 程序的工作原理。一个个简单 C♯.NET 案例的开发,意味着你已经一步步迈上 C♯.NET 的编程之路。

(4) 学会使用 C♯.NET、WinForm 窗体与 SQL Server、Access 等数据库结合开发数据库存取操作程序。几乎所有软件项目都需要用到数据库存取操作,因此需要学会数据库的连接、查询、添加、修改和删除等常用数据库编程知识。

(5) 多实践、多思考、多请教。学习每一种编程语言,都应该在掌握基本语法的基础上反复实践。大部分新手之所以觉得概念难学,是因为没有通过实际操作来理解概念的意义。边学边做是最有效的方式,对于 C♯.NET 的所有语法知识都要亲自实践,只有熟悉各个程序源代码会起到什么效果之后,才会记忆深刻。

第2章

C#.NET基础语法

本章将详细讲解 C♯.NET 基础语法知识,包括 C♯.NET 的数据类型、变量与常量、运算符与表达式、C♯.NET 流程控制结构等知识。每个知识点都配套经典示例以便读者理解知识理论和掌握知识点的应用。

【本章要点】
☞ C♯.NET 的数据类型
☞ C♯.NET 的变量与常量
☞ C♯.NET 的运算符与表达式
☞ C♯.NET 的流程控制结构

2.1 C♯.NET 程序简介

2.1.1 C♯.NET 程序组成要素

C♯.NET 语言是一种面向对象的编程语言,我们采用 C♯.NET 语言开发应用程序。C♯.NET 程序结构的主要组成元素包括类、命名空间、标识符及关键字、语句、Main()方法、注释等。一个简单的 C♯.NET 程序及其组成元素如图 2.1 所示。下面介绍其中的几种。

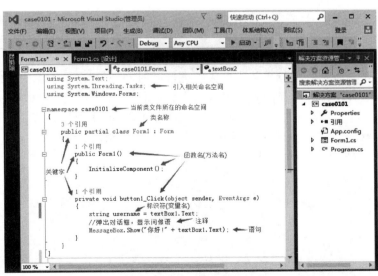

图 2.1 C♯.NET 程序结构示例

1. 类和命名空间

在面向对象的编程方法中,程序是由各种对象组成的,这些对象通过各种操作(方法)相互交互。类是对象的抽象,是C#语言的核心和基本元素。C#中所有的程序语句都必须位于具体的类文件中。

命名空间是为了避免类名出现冲突时出现的产物,一般把作用相关的类放到同一个命名空间里。如果一个程序功能比较简单,类的数量比较少,那么可以只使用一个默认的命名空间就可以了。如果一个程序功能比较复杂,包含很多类,则可以考虑通过创建不同的命名空间对这些类进一步进行管理。命名空间和类的关系,就好比文件夹和文件的关系,可以根据项目需求创建多个文件夹(命名空间),每个文件夹存储功能相关的文件(类),一个文件夹下不可以有相同的文件名(每个命名空间中不可以有相同的类名)。例如,在.NET基础类库中,System.IO命名空间中放的是与文件操作有关的类文件,System.Net命名空间中放的是与网络操作相关的类。

2. 标识符及关键字

标识符是指在程序中用来表示事物的单词,在C#程序中变量名、常量名、函数名、类名、命名空间名称等都属于标识符。例如,System命名空间中的类Console,以及Console类的方法WriteLine都是标识符。关键字是指导.NET框架预先设定好的、代表特定意义的标识符。因此,在开发程序时所定义的标识符不能与系统预先设定的关键字相同,否则会造成冲突。标识符的命名有以下三个基本规则。

➢ 标识符只能由数字、字母和下画线组成。

➢ 标识符必须以字母或者下画线开头。

➢ 标识符不能是关键字。

3. 语句

语句是构造所有C#程序的基本单位。语句可以声明局部变量或常数、调用方法、创建对象或者将值赋给变量等,语句以分号结束。

4. Main()方法

Main()方法是程序的入口点,C#程序必须包含一个Main()方法,在该方法中可以创建对象和调用其他方法,一个C#程序中只能有一个Main()方法,并且在C#中Main()方法都必须是静态的。

5. 注释

注释的主要功能是对某行或某段源代码进行说明,方便程序员对源代码的理解与维护。编译器编译程序时不执行注释的源代码或文字。注释可以分为行注释、块注释和代码段注释三种,行注释以"//"开头。对于连续多行的大段注释,可使用块注释,块注释以"/*"开始,以"*/"结束;"///"标记用于对函数、类等代码段进行注释和说明。C#控制台应用程序中的注释示例如下:

```
/// < summary >
/// 程序入口主函数(这是代码段注释)
/// </summary>
static void Main(string[ ] args)
{
    int a = 10;
```

```
        int b = 20;
        int c = a + b;              //实现两个整数相加(这是单行注释)

        /*
    两整数相加后,结果赋值给c(这是多行注释)
    然后将结果返回给被调用函数
     */
    Console.Write(c.ToString());
    Console.Read();
}
```

2.1.2 C#编码规范

1. C#的源代码书写规则

源代码书写规则通常对应用程序的功能没有影响,但它们对于源代码的理解是有帮助的。养成良好的编码习惯对于软件的开发和维护都是很有益的。C#的源代码书写规则如下:

> 尽量使用接口,然后使用类实现接口,以提高程序的灵活性。
> 一行不要超过80个字符。
> 尽量不要手工更改计算机生成的源代码,若必须更改,一定要改成和计算机生成的源代码风格一样。
> 关键的语句必须要写注释。
> 建议局部变量在最接近使用它的地方声明。
> 不要使用 goto 系列语句,除非是用在跳出深层循环时。
> 避免写超过5个参数的方法,如果要传递多个参数,则使用结构或类。
> 避免书写源代码量过大的 try…catch 模块。
> 避免在同一文件中放置多个类。
> 生成和构建一个长的字符串时,一定要使用 StringBuilder 类型,而不使用 string 类型。
> switch 分支语句中一定要有 default 语句来处理意外情况。
> 对于 if 语句,应该使用"{"和"}"把语句包含进来。
> 不同逻辑之间的源代码行与行之间相隔一个空行,函数与函数之间相隔两个空行。
> 每个函数尽量加上源代码段注释,注明函数的功能。

2. C#的命名规则

命名规则在编写源代码中起到很重要的作用,虽然不遵循命名规则,程序也可以运行,但是使用命名规则可以很直观地了解源代码所代表的含义。C#的命名规则如下:

> 用 Pascal 规则来命名方法和类型。Pascal 的命名规则是第一个字母必须大写,并且后面的连接词的第一个字母均为大写。
> 用 camel 规则(即驼峰命名规则)来命名局部变量和方法的参数,该规则是指名称中第一个单词的第一个字母小写。如 getElementById。
> 类中所有的成员变量前加前缀"_"。

> 一般将方法命名为动宾短语。如 CreateFile、GetPath。
> 所有的成员变量声明在类的顶端,用一个换行符把它和方法分开。
> 变量、函数、类和命名空间应使用有意义的名称,应能够体现其功能或用途。

2.2 C♯.NET 的数据类型

C♯.NET 中的数据类型根据其数据的存储方式可以分为两种:一种是值类型;另一种是引用类型。这两种类型的差异在于数据的存储方式,值类型的变量本身直接存储数据;而引用类型的变量则存储实际数据的引用,程序通过此引用找到真正的数据。C♯.NET 的数据类型如图 2.2 所示。

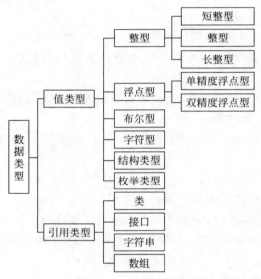

图 2.2 C♯.NET 的数据类型

2.2.1 值类型

值类型变量直接存储其数据值,主要包括整数类型(整型)、浮点类型(浮点型)以及布尔类型(布尔型)等。使用值类型的主要目的是提高性能,因为值类型变量在堆栈中进行分配,所以效率很高。值类型具有如下特性:

> 值类型变量都存储在堆栈中。
> 访问值类型变量时,直接访问其数据值。
> 复制值类型变量时,复制的是变量的值,而不是变量的地址。
> 值类型变量不能为 null,必须具有一个确定的值。

1. 整型
整型代表一种没有小数点的整数数值,C♯内置的整型及描述如表 2.1 所示。

表 2.1　C♯ 内置的整型及描述

描　　述	位数	数据类型	取　值　范　围
有符号整型	8	sbyte	−128～127
	16	short	−32 768～32 767
	32	int	−2 147 483 648～2 147 483 647
	64	long	−9 223 372 036 854 775 808～9 223 372 036 854 775 807
无符号整型	8	byte	0～255
	16	ushort	0～65 535
	32	uint	0～4 294 967 295
	64	ulong	0～18 446 744 073 709 551 615

byte 类型以及 short 类型是范围比较小的整数,如果正整数的范围没有超过 65 535,则声明为 ushort 类型即可,当然更小的数值直接以 byte 类型进行处理即可。只是使用这种类型时必须特别注意数值的大小,否则可能会导致运算溢出的错误。

2．浮点型

浮点型变量主要用于处理含有小数的数值数据,浮点型主要包含 float 和 double 两种数值类型。表 2.2 列出了这两种数值型的描述信息。

表 2.2　浮点型及描述

描　　述	位数	数据类型	取　值　范　围
单精度浮点型	32	float	1.5×10^{-45}～3.4×10^{38},7 位精度
双精度浮点型	64	double	5.0×10^{-324}～1.7×10^{308},15 位精度

如果不做任何设置,包含小数点的数值都被认为是 double 类型,例如 9.27,没有特别指定的情况下,这个数值是 double 类型。如果要将数值以 float 类型来处理,就应该通过强制使用 f 或 F 将其指定为 float 类型,如 3.4f、5.1F 等。

3．布尔型

布尔型主要用于表示 true/false 值。一个布尔型变量的值只能是 true 或者 false。不能将其他的值指定给布尔型变量,布尔型变量不能与其他类型的变量进行转换。布尔型及描述如表 2.3 所示。

表 2.3　布尔型及描述

描　　述	位数	数据类型	取　值　范　围
布尔型	8	bool	true 或 false

【例 2.1】　本例将学习各种值类型数据的声明和使用方法,分别声明 int、byte、long、float、double 和 bool 型变量并为它们赋值,然后通过 Console.WriteLine() 函数将这些变量输出到控制台。

创建一个 C♯ 控制台应用程序,命名为 case0201。在 Program 类的 Main() 函数中编写如下源代码:

```
int a = 100;                    //整型变量
byte b = 200;                   //字节变量
```

```
long c = 1000000000000;                    //长整型变量
float d = 88.8f;                           //单精度小数浮点型变量
double e = 88.888888888;                   //双精度小数浮点型变量
bool f = true;                             //布尔型变量

Console.WriteLine("a 是 int 类型,a 的值是" + a);
Console.WriteLine("b 是 byte 类型,b 的值是" + b);
Console.WriteLine("c 是 long 类型,c 的值是" + c);
Console.WriteLine("d 是 float 类型,d 的值是" + d);
Console.WriteLine("e 是 double 类型,e 的值是" + e);
Console.WriteLine("f 是 bool 类型,f 的值是" + f);
Console.Read();
```

保存项目文件并运行程序,程序运行效果如图 2.3 所示。

图 2.3　值类型数据

2.2.2　引用类型

引用类型是构建 C♯ 应用程序的主要对象类型数据。在应用程序执行的过程中,预先定义的对象类型以 new 创建对象实例,并且存储在堆栈中。堆栈是一种由系统弹性配置的内存空间,没有特定大小及存活时间,因此可以被弹性地运用于对象的访问。引用类型具有如下特征:

> 必须在托管堆中为引用类型变量分配内存。
> 必须使用 new 关键字来创建引用类型变量。
> 在托管堆中分配的每个对象都有与之相关联的附加成员,这些成员必须被初始化。
> 引用类型变量是由垃圾回收机制来管理的。
> 多个引用类型变量可以引用同一对象,这种情形下,对一个变量的操作会影响另一个变量所引用的同一对象。
> 引用类型被赋值前的值都是 null。
> 所有被称为"类"的都是引用类型,主要包括类、接口、数组和委托。

2.2.3　数据类型转换

类型转换就是将一种类型转换为另一种类型。转换可以是隐式转换或者显式转换。

1. 隐式转换

所谓隐式转换就是不需要声明就能进行的转换。进行隐式转换时,编译器不需要进行检查就能安全地进行转换。表 2.4 列出了可以进行隐式转换的数据类型。

表 2.4 可以进行隐式转换的数据类型

源 类 型	目 标 类 型
sbyte	short、int、long、float、double 或 decimal
byte	short、ushort、int、uint、long、ulong、float、double 或 decimal
short	int、long、float、double 或 decimal
ushort	int、uint、long、ulong、float、double 或 decimal
int	long、float、double 或 decimal
uint	long、ulong、float、double 或 decimal
long	float、double 或 decimal
ulong	float、double 或 decimal
char	ushort、int、uint、long、ulong、float、double 或 decimal
float	double

从 int、uint、long 或 ulong 到 float，以及从 long 或 ulong 到 double 的转换可能导致精度损失，但是不会影响其数量级。其他的隐式转换不会丢失任何信息。

2. 显式转换

显式转换也可以称为强制转换，需要在源代码中明确地声明要转换的目标类型。如果要在不能隐式转换的类型之间进行转换，就需要使用显式转换。表 2.5 列出了需要进行显式转换的数据类型。

表 2.5 需要进行显式转换的数据类型

源 类 型	目 标 类 型
sbyte	byte、ushort、uint、ulong、char
byte	sbyte、char
short	sbyte、byte、ushort、uint、ulong、char
ushort	sbyte、byte、short、char
int	sbyte、byte、short、ushort、uint、ulong、char
uint	sbyte、byte、short、ushort、int、char
long	sbyte、byte、short、ushort、int、uint、ulong、char
ulong	sbyte、byte、short、ushort、int、uint、long、char
char	sbyte、byte、short
float	sbyte、byte、short、ushort、int、uint、long、ulong、char 或 decimal
double	sbyte、byte、short、ushort、int、uint、long、ulong、char、float 或 decimal
decimal	sbyte、byte、short、ushort、int、uint、long、ulong、char、float 或 double

由于显式转换包括所有隐式转换和显式转换，因此总是可以使用强制转换表达式从任何数值类型转换为任何其他的数值类型。

另外，可以使用 System.Convert 类实现基础数据类型的转换，使用 Convert 类的方法可以方便地执行显式、隐式数据类型转换的功能。System.Convert 类的常用方法如表 2.6 所示。

表 2.6　System. Convert 类的常用方法

方 法 名 称	说　　明
ToString	将指定类型的值转换为等效的字符串
ToInt32	将指定的值转换为 32 位有符号整数
ToDateTime	将指定的值转换为时间类型数据
ToChar	将指定的值转换为 Unicode 字符
ToDouble	将指定的值转换为双精度浮点数字
ToSingle	将指定的值转换为单精度浮点数字
ToBoolean	将指定的值转换为等效的布尔值

3. 装箱和拆箱

将值类型转换为引用类型的过程叫作装箱操作；相反，将引用类型转换为值类型的过程叫作拆箱操作。

(1) 装箱。装箱允许将值类型隐式转换为引用类型。

(2) 拆箱。拆箱允许将引用类型显式转换为值类型。

【例 2.2】　本例将学习各种类型数据之间的隐式转换、显示转换、装箱和拆箱的具体方法。分别声明 int、byte、long、float、double 和 bool 型变量并为它们赋值，然后通过 Console. WriteLine() 函数将这些变量输出到控制台。

创建一个 C♯控制台应用程序，命名为 case0202。在 Program 类的 Main() 函数中编写如下源代码：

```
int a = 100;                  //声明变量 a(整型)并赋值
float b = a;                  //将 a(整型)赋值给 b(浮点型),数据被隐式转换
Console.WriteLine("整型 a 的值:" + a);
Console.WriteLine("浮点型 b 的值:" + b);

double c = 88.888888;         //声明变量 c(双精度浮点型)并赋值
int d = (int) c;              //将 c(双精度浮点型)赋值给 d(整型),数据被显式转换
Console.WriteLine("双精度浮点型 c 的值:" + c);
Console.WriteLine("整型 d 的值:" + d);

int e = 100;                  //声明变量 e(整型)并赋值
object o = e;                 //声明变量 o(对象类型),并赋值 e,此过程称为装箱
Console.WriteLine("装箱操作:e 的值{0},装箱为 o 的值{1}", e,o);
e = 800;                      //重新为变量 e 赋值
Console.WriteLine("修改 e 的值之后:e 的值{0},装箱为 o 的值{1}", e, o);

int f = (int) o;             //将变量 o(对象类型)赋值给变量 f(整型),此过程称为拆箱
Console.WriteLine("拆箱操作:o 的值{0},f 的值{1}", o, f);
Console.Read();
```

保存项目文件并运行程序，程序运行效果如图 2.4 所示。

从程序运行效果可以看出，将值类型变量的值复制到装箱得到的对象中，装箱后改变值类型变量的值，并不会影响装箱对象的值。拆箱后得到的值类型数据的值和装箱对象相等，但拆箱操作要注意数据类型的兼容性，否则会出现异常，如不能将一个值为"abc"的对象类

图 2.4 数据类型转换

型转换为 int 类型。

应用程序的开发离不开变量与常量的使用。变量本身被用来存储特定类型的数据,在程序运行过程中可以根据需要随时改变变量中所存储的数据值。变量具有名称、类型和值,变量名是变量在程序源代码中的标识。变量类型确定它所代表的内存的大小和所存储的数据类型。变量值是指它所代表的内存中的数据。在程序的运行过程中,变量的值可以发生变化。使用变量之前必须先声明变量,即指定变量的类型和名称。

2.3 变量与常量

2.3.1 变量声明与使用

变量声明也称为变量定义,声明变量就是指定变量的名称和类型。变量的声明非常重要,未经声明的变量是不合法的,不能在程序中使用。在 C# 中,声明一个变量由一个类型和跟在后面的一个或多个变量名组成。多个变量之间用逗号分开,声明变量以分号结束。变量声明的语法格式如下。

格式 1:

数据类型 变量名;

例:

int a; int b;

格式 2:

数据类型 变量名 1,变量名 2;

例:

int a,b,c;

格式 3:

数据类型 变量名 = 值;

例:

```
int a = 10;
```

格式4:

```
数据类型　变量名1=值1,变量名2=值2;
```

例:

```
int  a = 10, b = 20;
```

声明变量时,还可以初始化变量,即在每个变量名后面加上给变量赋初始值的指令。

在声明变量时,要注意变量名的命名规则。C#的变量名是一种标识符,应该符合标识符的命名规则。变量名是区分大小写的,变量的命名规则如下:

> 变量名只能由数字、字母或下画线组成。
> 变量名以字母或下画线开头。
> 不能使用关键字作为变量名。
> 如果在一个语句块中定义了一个变量名,那么在变量的作用域中不能使用相同名称的变量名。

在C#中,使用赋值运算符"="(等号)为变量赋值,将等号右边的值赋给左边的变量。变量赋值的语法格式如下:

```
数据类型 变量名;              //变量声明
变量名 = 数据值;             //变量赋值
```

例:

```
int a;
a = 30;
```

【例2.3】　本例将学习变量的声明、赋值和使用。首先声明三个整型变量a,b,c,接着分别将整数2赋值给变量a,将整数5赋值给变量b,然后将变量a和b的值相加再赋值给c,最后通过Console.WriteLine()函数将这些变量的值输出到控制台。

创建一个C#控制台应用程序,命名为case0203。在Program类的Main()函数中编写如下源代码:

```
int a, b, c;                                    //声明变量a,b,c
a = 2;                                          //变量赋值
b = 5;
c = a + b;                                      //使用变量
Console.WriteLine("{0}和{1}的和是{2}", a, b, c); //使用变量
Console.Read();
```

保存项目文件并运行程序,程序运行效果如图2.5所示。

图 2.5　变量的声明、赋值和使用

2.3.2　变量的作用域

变量的作用域就是可以访问该变量的源代码区域。根据变量的作用域,可以将变量分为全局变量和局部变量。

- ➤ 全局变量是指定义于某一个类文件中、所有函数之外的变量,此作用域为当前类文件,即类中的所有函数都可以使用该全局变量。对于全局变量,程序运行时事先分配内存空间,当程序结束时释放内存。
- ➤ 局部变量是指定义于某一个函数或语句块内部的变量,此作用域为当前函数或者当前语句块,即只在本函数或者本语句块范围有效,在作用域以外不能使用该变量。程序运行到当前函数或者语句块时给该变量分配内存空间,函数或者语句块结束则释放该内存空间。例如,在 for、while 或类似语句中声明的局部变量存在于该循环体内。

【例 2.4】　本例将学习变量的作用域,首先声明一个全局变量 a,其作用域是整个类。接着在 Main()中编写 if 结构语句,调用全局变量 a,此时调用成功。然后在 if 结构中定义一个局部变量 str,由于定义该变量的位置在 if 结构中,因此该变量的作用域只在 if 结构,在 if 结构外通过 Console.WriteLine()函数调用该变量 str,程序提示"当前上下文中不存在名称 str"的错误信息。

创建一个 C# 控制台应用程序,命名为 case0204。在 Program 类的 Main()函数中编写如下源代码:

```
class Program
{
    static int a = 50;                          //定义全局变量a,其作用域是整个类

    static void Main(string[] args)
    {
        if (a >= 60)                            //在函数内可以使用全局变量
        {
            string str = "通过";                //定义局部变量str,其作用域是if结构
        }
        Console.WriteLine("全局变量a:" + a);      //使用全局变量
        Console.WriteLine("局部变量str:" + str);  //在if结构外调用局部变量str,将会出错
    }
}
```

保存并运行程序,程序将无法编译,提示错误"当前上下文中不存在名称'str'",如图 2.6 所示。

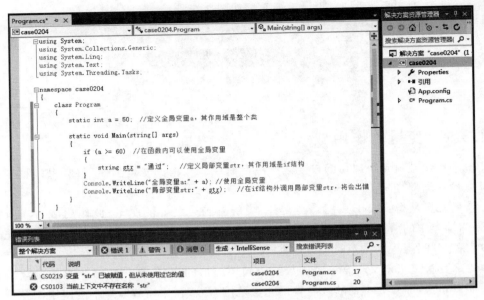

图 2.6　变量的作用域

思考：要避免本例中出现的错误，应该如何修改程序？

2.3.3　C♯.NET 常量

常量则存储不变的数据值，常量的值在声明时就已经确定了。常量一旦被定义，在常量的作用域中，常量的值就不能改变了。常量就相当于每个公民的身份证号，一旦设置就不允许修改。

常量的类型只能为下列类型之一：sbyte、byte、short、ushort、int、uint、long、ulong、char、float、double、decimal、bool、string 等。使用关键字 const 来创建常量，并且在创建常量时必须设置它的初始值。常量的定义语法格式如下：

```
const 数据类型　常量名 = 值;
```

例：

```
const float PI = 3.14159;
```

为了与变量相区别，使程序更具有可读性，通常使用大写字母来定义常量。

【例 2.5】　本例将练习常量的定义、赋值和使用。首先定义一个常量 PI 并为之赋值，作为圆周率，定义一个变量 r 作为半径，定义一个变量 area 作为面积并为之赋值，接着使用 Console.WriteLine() 函数输出圆的面积。然后分别尝试修改常量 PI 和变量 r 的值，经程序编译后出现"赋值号左边必须是变量、属性或索引器"的错误信息。

创建一个 C♯ 控制台应用程序，命名为 case0205。在 Program 类的 Main() 函数中编写如下源代码：

```
const double PI = 3.14;              //定义常量 PI,作为圆周率
int r = 5;                           //定义变量 r,作为半径
double area = PI * r * r;            //定义变量 area,作为面积
Console.WriteLine("原面积为{0}", area);

PI = 3.1415926;                      //修改常量,出现错误
r = 10;                              //修改变量,正确
area = PI * r * r;
Console.WriteLine("新面积为{0}", area);
Console.ReadLine();
```

保存并运行程序,程序将无法编译,提示错误"赋值号左边必须是变量、属性或索引器",即常量的值一经定义,无法修改。程序运行效果如图 2.7 所示。

图 2.7　常量的使用

思考:要避免本例中出现的错误,应该如何修改程序?

2.4　运算符与表达式

运算符是一些用于将数据按一定规则进行运算的特定符号的集合。运算符所操作的数据被称为操作数,运算符和操作数连接并可运算出结果的式子被称为表达式。C#的运算符分为 6 类,包括算术运算符、赋值运算符、关系运算符、逻辑运算符、位运算符和三元运算符。C#运算符如表 2.7 所示。

表 2.7　C♯运算符

运算符名称	运 算 符
算术运算符	+、-、*、/、%、++、--
赋值运算符	=、+=、-=、*=、/=、%=、.=
关系运算符	<、>、<=、>=、==、!=
逻辑运算符	&&(and)、||(or)、xor、!(not)
位运算符	&、|、^、<<、>>、~
三元运算符	? :

2.4.1　算术运算符

算术运算符用于处理算术运算操作,C♯中常用的算术运算符如表 2.8 所示。在表 2.8 中,变量 a,b,c 定义为整型 int,初始值为 10。

表 2.8　C♯中常用的算术运算符

运算符	功 能 说 明	示　　例	结　　果
+	加法运算	c=a+b	c 的值为 20
-	减法运算;也可以用作一元操作符使用,表示负数	c=a-b	c 的值为 0
		c=-b	c 的值为-10
*	乘法运算	c=a*b	c 的值为 100
/	除法运算	c=a/b	c 的值为 1
%	求余运算	c=a%b	c 的值为 0
++	自增运算	a++或++a	a 的值为 11
--	自减运算	b--或--b	b 的值为 9

【例 2.6】　本例实现算术运算符的应用,首先定义两个变量并分别赋值,接着将这两个变量分别进行加、减、乘、除和求余运算。

创建一个 C♯控制台应用程序,命名为 case0206。在 Program 类的 Main()函数中编写如下源代码:

```
int a = 50;                    //定义变量 a 并赋值
int b = 10;                    //定义变量 b 并赋值
Console.WriteLine("a={0}", a);
Console.WriteLine("b={0}", b);
Console.WriteLine("加法运算:a+b={0}", a + b);
Console.WriteLine("减法运算:a-b={0}", a - b);
Console.WriteLine("乘法运算:a*b={0}", a * b);
Console.WriteLine("除法运算:a/b={0}", a / b);
Console.WriteLine("求余运算:a%b={0}", a % b);
Console.Read();
```

保存项目文件并运行程序,程序运行效果如图 2.8 所示。

自增运算符"++"和自减运算符"--"属于特殊的算术运算符,它们用于对数值型数据进行操作。递增和递减运算符的运算对象是单操作数,使用"++"或"--"运算符,根据

图 2.8 算术运算符的应用

书写位置不同,又分为前置自增(减)运算符和后置自增(减)运算符。

【例 2.7】 本例实现递增运算符的应用,并且注意对比前置自增和后置自增的区别。

创建一个 C♯控制台应用程序,命名为 case0207。在 Program 类的 Main()函数中编写如下源代码:

```
int a = 100;                        //定义整型变量 a,赋值 100
int b = a++;                        //a 先赋值给 b,再自增,此时 b = 100,a = 101
int c = ++b;                        //b 先自增再赋值给 c,此时 b = 101,c = 101
a++;                                //a 不需要赋值给其他变量,只需要自增,此时 a = 102
++a;                                //a 自增,此时 a = 103
Console.WriteLine("a = {0}", a);
Console.WriteLine("b = {0}", b);
Console.WriteLine("c = {0}", c);
Console.Read();
```

保存项目文件并运行程序,程序运行效果如图 2.9 所示。

图 2.9 递增运算符的应用

【知识延伸】

前置自增(减)运算符表达式为"b=++a;",a 先自增,再使用值(赋值给 b);

后置自增(减)运算符表达式为"b=a++;",a 先使用值(赋值给 b),a 再自增。

2.4.2 赋值运算符

赋值运算符主要用于处理表达式的赋值操作,将赋值运算符右边表达式经过运算,再将结果值赋给运算符左边变量。赋值运算符分为简单赋值运算符和复合赋值运算符,简单赋值运算符为"=",复合赋值运算符包括＋＝、－＝、＊＝、／＝、％＝等。详细说明如表 2.9 所示。在表 2.9 的示例中,变量 a,b 定义为整型 int。

表 2.9 C♯中的常用赋值运算符

名 称	运 算 符	功 能 说 明	示 例	完 整 形 式
简单赋值	＝	将右边的值赋给左边	a＝8;	a＝8;

续表

名　　称	运　算　符	功 能 说 明	示　　例	完 整 形 式
加法赋值	+=	将右边的值加到左边	a+=8;	a=a+8;
减法赋值	-=	将右边的值减到左边	a-=8;	a=a-8;
乘法赋值	*=	将右边的值乘以左边	a*=b;	a=a*b;
除法赋值	/=	将右边的值除以左边	a/=b;	a=a/b;
取余赋值	%=	将左边的值对右边取余数	a%=b;	a=a%b;

【例 2.8】　本例实现简单的赋值运算,定义变量 a 并赋初值,然后进行各种赋值运算,分别输出运算过程中变量 a 的值。

创建一个 C# 控制台应用程序,命名为 case0208。在 Program 类的 Main()函数中编写如下源代码:

```
int a = 10;
int b = 10;
a = 8;
Console.WriteLine("执行 a = 8,a = {0}", a);
a = a + 8;
Console.WriteLine("执行 a = a + 8,a = {0}", a);
a = a - 8;
Console.WriteLine("执行 a = a - 8,a = {0}", a);
a = a * b;
Console.WriteLine("执行 a = a * b,a = {0}", a);
a = a / b;
Console.WriteLine("执行 a = a / b,a = {0}", a);
a = a % b;
Console.WriteLine("执行 a = a % b,a = {0}", a);
Console.Read();
```

保存项目文件并运行程序,程序运行效果如图 2.10 所示。

图 2.10　赋值运算符的应用

2.4.3　关系运算符

关系运算符用于对两个数值型数据或表达式的值进行比较,比较结果是一个布尔类型值。C# 中的关系运算符如表 2.10 所示。

表 2.10　C# 中的关系运算符

运算符	名　　称	示　　例	说　　明
<	小于	m<n	如果 m 的值小于 n 的值,则返回 true,否则返回 false

运算符	名　　称	示　例	说　　明
>	大于	m > n	如果 m 的值大于 n 的值,则返回 true,否则返回 false
<=	小于或等于	m <= n	如果 m 的值小于或等于 n 的值,则返回 true,否则返回 false
>=	大于或等于	m >= n	如果 m 的值大于或等于 n 的值,则返回 true,否则返回 false
==	相等	m == n	如果 m 与 n 值相等,则返回 true,否则返回 false
!=	不等	m != n	如果 m 与 n 值不相等,则返回 true,否则返回 false

注意：如果比较对象是数值,则按数值大小进行比较；如果比较对象是字符串,则按每个字符所对应的 ASCII 值比较。

【例 2.9】 本例学习 C#中各种关系运算符的应用。创建一个 C#控制台应用程序,命名为 case0209。在 Program 类的 Main()函数中编写如下源代码：

```
int a = 200;
int b = 100;
Console.WriteLine("整数 a = {0},整数 b = {1}", a, b);
Console.WriteLine("a == b 是否成立:{0}", a == b);
Console.WriteLine("a > b 是否成立:{0}", a > b);
Console.Read();
```

保存项目文件并运行程序,程序运行效果如图 2.11 所示。

图 2.11　关系运算符的应用

2.4.4　逻辑运算符

逻辑运算符用于处理逻辑运算操作,对布尔型数据或表达式进行操作,并返回布尔型结果。C#中的逻辑运算符如表 2.11 所示。

表 2.11　C#中的逻辑运算符

运算名称	符　　号	示　　例	意　　义
逻辑与	&&	m && n	当 m 和 n 都为 true 时,则返回 true,否则返回 false
逻辑或	||	m || n	当 m 和 n 有一个及以上为 true 时,则返回 true,否则返回 false
逻辑异或	^	m ^ n	当 m 与 n 中只有一个值为 true 时,则返回 true,否则返回 false
逻辑非	!	! m	当 m 为 true 时,则返回 false；当 m 为 false 时,则返回 true

【例 2.10】 本例使用逻辑运算符判断变量的值。创建一个 C#控制台应用程序,命名为 case0210。在 Program 类的 Main()函数中编写如下源代码：

```
bool a = true;
bool b = true;
bool c = false;
Console.WriteLine("a = true,b = true,c = false");
if (a && b)
{ Console.WriteLine("变量 a 和变量 b 都为 true"); }
else
{ Console.WriteLine("变量 a 和变量 b 不全为 true"); }

if (a || c)
{ Console.WriteLine("变量 a 或变量 c 为 true"); }
else
{ Console.WriteLine("变量 a 或变量 c 都不为 true"); }

if (a ^ c)
{ Console.WriteLine("变量 a 异或变量 c 为 true"); }
else
{ Console.WriteLine("变量 a 异或变量 c 为 false"); }

if (a ^ b)
{ Console.WriteLine("变量 a 异或变量 b 为 true"); }
else
{ Console.WriteLine("变量 a 异或变量 b 为 false"); }

Console.Read();
```

保存项目文件并运行程序,程序运行效果如图 2.12 所示。

图 2.12　逻辑运算符的应用

2.4.5　位运算符

C#中的位运算符主要用于整型数据的运算,运算时先将整型数据转换为相应的二进制数,再对二进制数进行运算。C#中的位运算符如表 2.12 所示。

表 2.12　C#中的位运算符

运　算　符	功　能　说　明	示　　例	示　例　说　明
&	与运算,按位与	a&b	0&0=0,0&1=0,1&0=0,1&1=1
|	或运算,按位或	a | b	0|0=0,0|1=1,1|0=1,1|1=1
^	异或运算,按位异或	a ^ b	0^0=0,0^1=1,1^0=1,1^1=0
~	非运算,按位取反	~a	~0=1,~1=0
>>	向右移位	a >> b	
<<	向左移位	a << b	

【例2.11】 本例使用位运算符对变量中的值进行位运算操作。创建一个C#控制台应用程序,命名为case0211。在Program类的Main()函数中编写如下源代码:

```
int a = 2;                        //定义整型变量a,赋值2,运算时将被转换为二进制码0010
int b = 3;                        //定义整型变量b,赋值3,运算时将被转换为二进制码0011
Console.WriteLine("变量a的值:{0}", a);
Console.WriteLine("变量b的值:{0}", b);
int c = a & b;                    //将0010和0011做与操作后为0010,再转换为十进制码2
Console.WriteLine("变量a&b的值:{0}", c);
c = a | b;                        //将0010和0011做或操作后为0011,再转换为十进制码3
Console.WriteLine("变量a|b的值:{0}", c);
c = a ^ b;                        //将0010和0011做异或操作后为0001,再转换为十进制码1
Console.WriteLine("变量a^b的值:{0}", c);
c = ~a;                           //将0010做非操作后为1101,再转换为十进制码 - 3
Console.WriteLine("变量~a的值:{0}", c);
Console.Read();
```

保存项目文件并运行程序,程序运行效果如图2.13所示。

图2.13 位运算符的应用

【知识延伸】

本案例中"c=~a"的结果为1101,很多读者可能会误认为是-5。其实不然,因为计算机存储的是二进制的补码形式,需要将其转换为原码形式再进行显示。转换过程:符号位不变,其余位取反,最后加1。即补码为1101,取反后原码为1010,加1后的结果为1011,转换为10进制为-3。关于更详尽的进制表示及转换知识请查阅《计算机系统原理》等相关书籍。

2.4.6 三元运算符

三元运算符也称为条件运算符,提供简单的逻辑判断,语法格式如下:

```
表达式1?表达式2: 表达式3
```

执行过程说明:如果表达式1的值为true,则执行表达式2,否则执行表达式3。

【例2.12】 本例学习三元运算符的应用方法,实现工资扣税计算功能。假设当工资不超过2000元时不扣税,工资超过2000元时,超过部分按10%扣税。

创建一个C#控制台应用程序,命名为case0212。在Program类的Main()函数中编写如下源代码:

```
double pay = 5000;                    //定义整型变量 pay,作为工资
Console.WriteLine("税前工资是{0}", pay);
double tax = pay >= 2000 ? (pay - 2000) * 0.1 : 0;
pay = pay - tax;

Console.WriteLine("税后工资是{0}", pay);
Console.Read();
```

保存项目文件并运行程序,程序运行效果如图 2.14 所示。

图 2.14　三元运算符的应用

2.5　流程控制结构

C♯.NET 程序的默认执行顺序是从第一条语句到最后一条语句按顺序逐条执行。流程控制语句用于根据实际业务流程改变程序的执行次序。流程控制结构分为 3 种,分别是顺序控制结构、条件控制结构和循环控制结构。实际项目开发过程中,可以灵活运用各种结构或者将 3 种结构结合使用。

(1) 顺序控制结构。

顺序控制结构是最基本的程序结构,程序由若干条语句组成,执行顺序从上到下依次逐句执行。这里不再特别介绍。

(2) 条件控制结构。

条件控制结构用于实现分支程序设计,就是对给定条件进行判断,条件为真时执行一个程序分支,条件为假时执行另一个程序分支。C♯ 提供的条件控制结构包括 if 条件控制语句和 switch 多分支语句。

(3) 循环控制结构。

循环控制结构是指在给定条件成立的情况下重复执行一个程序块。C♯ 提供的循环控制结构包括 while 语句、do…while 语句、for 语句和 foreach 语句。

2.5.1　条件控制结构

条件控制结构也称为选择控制结构,用于实现分支程序设计,就是对给定条件进行判断,条件为真时执行一个程序分支,条件为假时执行另一个程序分支。C♯ 提供的条件控制语句包括 if 条件控制语句和 switch 多分支语句。

1. if 条件控制语句

if 条件控制语句通过判断条件表达式的不同取值执行相应程序块,有三种编写方式,语法格式分别如下:

```
if(条件表达式) {程序块}                         //如果条件成立,则执行程序块
if(条件表达式) {程序块 1} else {程序块 2}   //如果条件成立,则执行程序块 1,否则,执行程序块 2
if(条件表达式 1) {程序块 1}else if(条件表达式 2) {程序块 2} else{程序块 3}   //可以判断多个条件
```

if 条件控制语句的流程如图 2.15 所示。

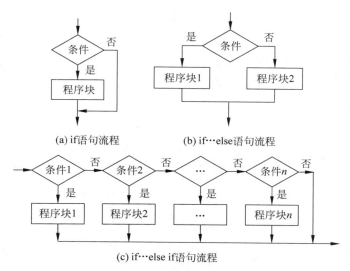

(a) if语句流程　　　　　　(b) if…else语句流程

(c) if…else if语句流程

图 2.15　if 条件控制语句的流程

【例 2.13】　本例通过 if 语句来判断用户提交的登录信息是否为空。

（1）创建项目。启动 Visual Studio,创建一个 Windows 窗体应用程序,命名为 case0213。

（2）添加控件。接下来将该窗体设计为用户登录界面。本案例实现的系统登录界面共需要两个标签控件（Label）、两个文本框控件（TextBox）和两个按钮控件（Button）。

（3）设置控件属性。添加完控件后,需要为各控件设置相应的属性。选中要设置属性的控件,在“属性”面板中修改相应属性的值即可。也可以右击该控件,在弹出的快捷菜单中选择“属性”命令进入“属性”面板（如果“属性”面板关闭了,可通过选择“视图”→“属性窗口”命令打开“属性”面板）。为控件设置属性的过程如图 2.16 所示。

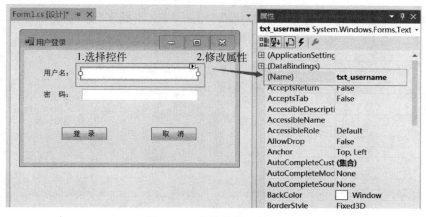

图 2.16　为控件设置属性

各控件具体属性设置说明如表 2.13 所示。

表 2.13 各控件具体属性设置说明

控 件	属 性	属 性 值	控 件	属 性	属 性 值
Form1	Text	用户登录	Button1	Text	登录
Label1	Text	用户名：	Button2	Text	取消
Label2	Text	密码：			

（4）编写源代码。双击系统登录界面的"登录"按钮，进入源代码编写窗口，系统将自动为"登录"按钮创建一个 Click 事件函数，名称为 button1_Click。在 button1_Click 事件中，编写如下源代码：

```
if (textBox1.Text.Trim() == "")
{
    MessageBox.Show("对不起,用户名不能为空!");
}
else if (textBox2.Text.Trim() == "")
{
    MessageBox.Show("对不起,密码不能为空!");
}
else
{
    MessageBox.Show("可以连接数据库了!");
}
```

说明：

① textBox1.Text.Trim()语句用于获取"用户名"文本框的文本内容，并清除文本内容两端的空格。

② MessageBox.Show()语句用于弹出对话框。这些控件的具体使用方法将在第 5 章详细讲解。

（5）运行程序。源代码编写完成后，保存项目文件并运行程序，程序运行效果如图 2.17(a)和图 2.17(b)所示。当在"用户名"文本框和"密码"文本框中输入信息，单击"登录"按钮，将弹出"登录成功"对话框。如果在"用户名"文本框和"密码"文本框中不输入任何信息，将弹出"用户名和密码不能为空"对话框。

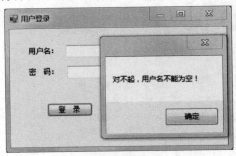

(a) 用户名和密码为空

(b) 用户名和密码不为空

图 2.17 系统登录功能运行效果

【知识延伸】

程序源代码中 textBox1.Text.Trim()和 textBox2.Text.Trim()分别是"用户名"文本框的值和"密码"文本框的值,相应知识将在第7章学习。

2. switch 多分支语句

switch 多分支语句的功能是将条件表达式的值与 case 子句的值逐一进行比较,如有匹配,则执行该 case 子句对应的程序块,直到遇到 break 跳转语句时才跳出 switch 语句。如果该 case 子句没有 break 语句,程序将执行这个 case 以下所有 case 中的源代码,直到遇到 break 语句。switch 多分支语句的语法格式如下:

```
switch( 条件表达式)
{
  case 值 1:
          程序块 1;
          break;
  case 值 2:
          程序块 2;
          break;
  …
  default:
          程序块 n;
          break;
}
```

说明:当条件表达式的值和所有 case 子句的值都不匹配的情况下,执行 default 中的语句块,然后跳出 switch 结构。

switch 多分支语句的流程控制如图 2.18 所示。

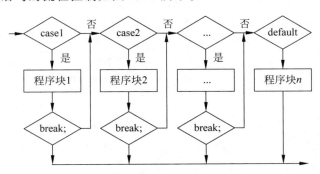

图 2.18　switch 多分支语句的流程控制

【例 2.14】　本例使用 switch 语句来判断成绩的等级情况。创建一个 C♯控制台应用程序,命名为 case0214。在 Program 类的 Main()函数中编写如下源代码:

```
string a = "A";                    //设置变量 a,并赋值字符串"A"
switch (a)
{
    case "A":
```

```
        Console.WriteLine("你的成绩是 A,属于优秀.");
        break;
    case "B":
        Console.WriteLine("你的成绩是 B,属于良好.");
        break;
    case "C":
        Console.WriteLine("你的成绩是 C,属于及格.");
        break;
    default:
        Console.WriteLine("你的成绩是 D,属于不及格.");
        break;
}
Console.Read();
```

保存项目文件并运行程序,程序运行效果如图 2.19 所示。

图 2.19　使用 switch 语句实现成绩判断

【例 2.15】　本例使用 switch 语句判断一年中的四季,即 3~5 月为春天,6~8 月为夏天,9~11 月为秋天,12~2 月为冬天。创建一个 C♯ 控制台应用程序,命名为 case0215。在 Program 类的 Main()函数中编写如下源代码:

```
int month = DateTime.Now.Month;                    //获取当前月份
Console.WriteLine("当前月份:{0}", month);
switch (month)
{
    case 12:
    case 1:
    case 2:
        Console.WriteLine("现在是冬天"); break;
    case 3:
    case 4:
    case 5:
        Console.WriteLine("现在是春天"); break;
    case 6:
    case 7:
    case 8:
        Console.WriteLine("现在是夏天"); break;
    case 9:
    case 10:
    case 11:
        Console.WriteLine("现在是秋天"); break;
    default:
        Console.WriteLine("系统时间错误"); break;
}
Console.Read();
```

保存项目文件并运行程序,程序运行效果如图2.20所示。

图 2.20　使用 switch 语句实现季节判断

【知识延伸】

条件控制语句中,if 语句和 switch 语句实现相同的功能,两种语句可以相互替换。一般情况下判断条件较少时使用 if 语句,多条件判断时使用 switch 语句。

2.5.2　循环控制结构

循环控制结构是指在给定条件成立的情况下重复执行一个程序块。C#提供的循环控制结构包括 while 语句、do…while 语句、for 语句和 foreach 语句。

1. while 语句

while 语句属于前测试型循环语句,即先判断后执行。执行顺序是先判断表达式,当条件为真时,执行一次循环体程序块,然后回到 while 条件进行判断,反复此过程,直到条件为假时跳出循环结构,继续执行 while 循环结构后面的语句。while 语句流程图如图2.21所示,语法格式如下:

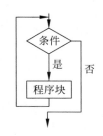

图 2.21　while 前测试型
循环结构

```
while ( 条件表达式 ) {            //先判断条件,当条件满足时执行语句块,否则不执行
    程序块;
}
```

【例 2.16】　本例使用 while() 输出数据比较信息。创建一个 C#控制台应用程序,命名为 case0216。在 Program 类的 Main() 函数中编写如下源代码:

```
int a = 1;
int b = 10;
while (a <= b)
{
    Console.WriteLine("{0}<={1}", a, b);
    a++;
}
Console.Read();
```

保存项目文件并运行程序,程序运行效果如图2.22所示。

2. do…while 语句

do…while 语句属于后测试型循环语句,即先执行后判断。执行顺序是执行一次循环程序块,再判断表达式,当条件为真时,再次执行循环程序块,然后再判断表达式,反复此过程,直到条件为假时,跳出循环,继续执行循环后面的语句。do…while 语句流程图如图2.23

所示,语法格式如下:

 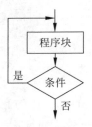

图 2.22 while 语句实现数字比较　　图 2.23 do…while 后测试型循环结构

```
do {
    程序块;
}while ( 条件表达式 )
```

注意:while 语句和 do…while 语句对于条件表达式一开始时就为真的情况,这两种结构是没有区别的。如果条件表达式一开始就为假,则 while 语句不执行任何语句就跳出循环,do…while 语句则执行一次循环之后才跳出循环。

【例 2.17】 本例的条件与案例 2.16 相似,用 do…while 语句输出数据比较信息。由此理解 while 语句和 do…while 语句的区别。创建一个 C♯ 控制台应用程序,命名为 case0217。在 Program 类的 Main()函数中编写如下源代码:

```
int a = 1;
int b = 10;
do
{
    Console.WriteLine("{0}<= {1}", a, b);
    a++;
} while (a <= b);
Console.Read();
```

保存项目文件并运行程序,程序运行效果如图 2.24 所示。

图 2.24 do…while 语句实现
数字比较

3. for 语句

当不知道所需重复循环的次数时,使用 while 语句或 do…while 语句。如果已经知道循环次数时,可以使用 for 语句,语法格式如下:

```
for ( 循环初始值;循环条件;循环增量) {
    循环体程序块;
}
```

for 语句执行过程:先执行循环初始值语句,接着执行循环条件判断语句,并对循环条件判断语句的值进行判断,如果为 true,则执行循环体程序块,否则结束循环,跳出 for 语句;最后执行循环增量语句,对循环增量进行计算后,继续执行循环条件判断语句进入下一轮循环流程。

【例 2.18】　本例使用 for 语句来计算整数 0～5 的和,并输出每次循环所得到的结果。创建一个 C# 控制台应用程序,命名为 case0218。在 Program 类的 Main() 函数中编写如下源代码:

```
int sum = 0;
for (int i = 0; i < 5; i++)
{
    sum += i;
    Console.WriteLine("循环第{0}次,sum 的值为{1}", i, sum);
}
Console.Read();
```

保存项目文件并运行程序,程序运行效果如图 2.25 所示。

图 2.25　应用 for 语句计算整数 0～5 的和

【例 2.19】　本例使用 for 语句的语法知识,实现九九乘法表。创建一个 C# 控制台应用程序,命名为 case0219。在 Program 类的 Main() 函数中编写如下源代码:

```
Console.WriteLine("九九乘法表");
for (int i = 1; i <= 9; i++)
{
    for (int j = 1; j <= i; j++)
    {
        int sum = i * j;
        Console.Write("{0} * {1} = {2}\t", j, i, sum);
    }
    Console.WriteLine();
}
Console.Read();
```

保存项目文件并运行程序,程序运行效果如图 2.26 所示。

图 2.26　九九乘法表

4. foreach 语句

foreach 语句用于枚举一个集合的元素,并对该集合的每个元素都执行一次嵌入语句。但是,foreach 语句不应用于更改集合内容,以避免发生不可预知的错误。foreach 语句基本形式如下:

```
foreach ( 类型 变量名 in 集合类型表达式 )
{
    循环体程序块
}
```

参数说明:

[类型]和[变量名]用于声明迭代变量,迭代变量相当于一个范围覆盖整个语句块的局部变量。在 foreach 语句执行期间,迭代变量表示当前正在为其执行迭代的集合元素。

[集合类型表达式]必须有一个从该集合的元素类型到迭代变量的类型的显式转换,如果[集合类型表达式]的值为 null,则会出现异常。foreach 语句的示例源代码如下:

```
int[] arr = new int[4] { 1, 2, 3, 4 };
foreach (int a in arr)
{
    Console.WriteLine(a);
}
```

2.5.3　跳转语句

1. break 语句

break 语句用于终止并跳出当前的循环,可以用于 switch、while、do…while 和 for 控制语句。

【例 2.20】　本例应用 while 语句输出随机数。在 while 程序块中定义一个随机数变量 a,当生成的随机数等于 5 时,使用 break 语句跳出 while 循环。创建一个 C#控制台应用程序,命名为 case0220。在 Program 类的 Main()函数中编写如下源代码:

```
Random a = new Random();               //实例化一个随机数变量 a
while (true)                            //使用全真循环
{
    int b = a.Next(20);                //获取 0～20 的随机数
    Console.WriteLine(b);
    if (b == 5)                        //判断变量 b 是否等于 5
    {
        Console.WriteLine("变量等于 5,循环终止");
        break;                         //跳出 while 循环
    }
}
Console.Read();
```

保存项目文件并运行程序,程序运行效果如图 2.27 所示。

图 2.27　产生随机数

【知识延伸】

Rand 类用于产生随机数,Random 类的 Next()方法用于产生一个指定范围的随机数。由于每次运行时,选取的随机数不同,循环输出的随机数也不同,因此本案例每次运行的结果都有可能不同。

2. continue 语句

continue 语句的作用是终止本次循环,跳转到循环条件判断处,继续进入下一轮循环判断。

【例 2.21】　本例使用 continue 语句和 for 语句,输出 1~20 的所有奇数。创建一个 C#控制台应用程序,命名为 case0221。在 Program 类的 Main()函数中编写如下源代码:

```csharp
for (int i = 1; i < 20; i++)          //使用 for 循环,输出 1~20 的奇数
{
    if (i % 2 == 0)                   //判断变量 i 是否能被 2 整除
        continue;                     //跳出本次循环,继续下一次循环
    else
        Console.Write("{0} ",i);
}
Console.Read();
```

保存项目文件并运行程序,程序运行效果如图 2.28 所示。

图 2.28　应用 continue 语句输出 1~20 的奇数

读者可以根据本案例的知识,实现使用 continue 语句和 for 语句,输出 1~20 的所有偶数。

3. return 语句

return 语句用于向函数调用者返回函数执行后的相关数据值,如果定义函数时有声明返回值类型,则需要使用 return 语句返回相应数据值;如果该函数不需要返回数据值,则定义函数时不需要定义返回值类型,也不需要编写 return 语句。

2.6　习题

一、选择题

1. 下面变量名的命名(　　)是合法的。

　　A. your name　　　　B. Main　　　　C. fun　　　　D. @5new

2. 在 C#中可用作程序变量名的一组标识符是(　　)。

　　A. void、namespace、＋word　　　　　　B. a3_b3、_123、YourName

　　C. for、－abc、Case　　　　　　　　　　D. 2a、good、ref

3. 下列选项中,(　　)是引用类型。

　　A. enum 类型　　　　B. struct 类型　　　C. string 类型　　　D. int 类型

4. String 对象中转换为小写字母的方法是(　　)。

　　A. Split()　　　　　B. ToUpper()　　　　C. ToLower()　　　D. Trim()

5. C#的数据类型有(　　)。

　　A. 值类型和调用类型　　　　　　　　　　B. 值类型和引用类型

　　C. 引用类型和关系类型　　　　　　　　　D. 关系类型和调用类型

6. String 对象中去掉字符串两端空格的方法是(　　)。

　　A. Split()　　　　　B. ToUpper()　　　　C. ToLower()　　　D. Trim()

7. C#语法中,关于 for 循环结构中各语句的执行顺序,正确的是(　　)。

　　for (①循环初始值;　②循环条件;　③循环增量)

　　{

　　　　④ 循环体程序块;

　　}

　　A. ①②③④①②③　　　　　　　　　　　B. ①②④③②④③

　　C. ①②③④②③④　　　　　　　　　　　D. ①②③④①②③

8. 下列关于 C#语法规则的说法不正确的是(　　)。

　　A. 字母区分大小写

　　B. 同一行可以书写多条语句,但语句之间必须用分号分隔

　　C. "//"用于注释语句,被注释的语句不会被编译

　　D. 值类型变量在使用之前必须声明,一旦声明后,就具有初始值

9. 下列关于 C#标识符的命名规则说明,错误的是(　　)。

　　A. 标识符只能由数字、字母和下画线组成

　　B. C#语言中不区分大小写

　　C. 标识符必须以字母或下画线开头

　　D. 标识符不能是关键字

10. 下面源代码的输出结果是(　　)。

```
int x = 5;
int y = x++;
Console.WriteLine(y);
y = ++x;
Console.WriteLine(y);
```

　　A. 5、5　　　　　　　B. 6、7　　　　　　C. 5、6　　　　　　D. 5、7

11. 下面源代码运行后,s 的值是(　　)。

```
int s = 0;
for (int i = 1; i < 100;i++)
```

```
   if (s > 10)
      break;
  if (i % 2 == 0)
      s += i;
```

  A. 20 B. 12 C. 10 D. 6

12. 如果 x＝35,y＝80,则下面源代码的输出结果是(　　)。

```
if (x < - 10 || x > 30)
    if (y > = 100)
          Console.WriteLine("危险!");
      else
          Console.WriteLine("报警!");
else
      Console.WriteLine("安全");
```

  A. 危险 B. 报警
  C. 报警　安全 D. 危险　安全

二、填空题

1. 在 C# 中,使用_____标记对单行语句进行注释,用_____和_____标记对多行语句进行注释,使用_____标记对函数、类等源代码段进行注释。

2. if 分支结构中,条件表达式的值必须是_____类型的数据。

3. 三元运算符也称为条件运算符,提供简单的逻辑判断,其语法格式为_____。

4. C♯数据转换是指将一种数据类型转换为另一种类型,数据转换可分为_____转换和_____转换。

5. C♯流程控制结构分为 3 种,分别是_____、_____、_____。

6. C♯数据类型中,值类型变量直接存储其数据值,主要包括_____类型、_____类型以及_____类型。

7. C♯条件控制结构(也称为选择控制结构)中,包括两种选择语句结构,分别是_____和_____。

三、判断题

1. (　　)枚举(Enum)类型属于引用类型。

2. (　　)引用类型变量是指向它要存储的值。

3. (　　)C♯数据类型分为值类型和引用类型,结构、枚举、数组、类都属于引用类型。

4. (　　)"//"用于注释语句,被注释掉的语句其语法的正确与否不影响程序的运行结果。

5. (　　)C♯程序中,同一命名空间中允许存在两个名称相同的类。

6. (　　)C♯运算符可以分为 5 类,分别是算术运算符、赋值运算符、位运算符、判断运算符和打印运算符。

7. (　　)C♯运算符中,符号"＝＝"代表相等,符号"＝"代表赋值。

8. (　　)在 C♯跳转语句中,break 语句的作用是终止本次循环,进入下一轮循环判断。

9. (　　)变量的作用域就是可以访问该变量的源代码区域。

第 3 章

C#.NET语法进阶

本章将详细讲解 C#.NET 的语法进阶知识,包括数组知识及应用、函数的定义与调用等。每个知识点都配套经典示例以便学生理解相关理论和掌握知识点的应用。还介绍 C#编程过程中的一些编码规范,包括源代码书写规则和标识符命名规则。

【本章要点】

☞ 数组的创建与使用

☞ 函数的定义与调用

☞ 程序调试与异常处理

☞ C#编码规范

3.1 数组

3.1.1 一维数组的创建和使用

在 C#.NET 程序设计中,数组与字符串一样,是最常用的引用类型之一,数组能够按一定的规律把相关的数据组织在一起,并能通过“索引”或“下标”快速地管理这些数据。

标量变量只能存储单个数据;数组是一组相同类型数据连续存储的集合,这一组数据在内存中的存储空间是相邻接的,每个存储空间都存储了多个数组元素。通过数组可以对性质相同的数据进行存储和管理。数组与变量的对比效果如图 3.1 所示。

图 3.1 数组与变量的对比

数组由数组元素组成,每个元素都包含一个“键”(Key)和一个“值”(Value),可以通过键名来访问相应的数组元素值,数组元素的“键”由整数组成,数组元素的“值”可以是任何数据类型,包括数组或对象。如果数组元素的值是另外一个数组,那么这个数组就是二维数组,因此,数组又可以分为一维数组、二维数组和多维数组。

一维数组即数组的维数为 1,它相当于一组小抽屉,抽屉格子的数量就是一维数组元素的个数。

1．一维数组的创建

数组的索引由数字组成，默认从 0 开始自增，每个索引号都对应数组元素在数组中的位置。创建一维数组的语法格式如下：

格式 1：

```
元素类型[] 数组名称;
```

格式 2：

```
元素类型[] 数组名称 = new 元素类型[元素个数]{"元素值1","元素值2",… };
```

例如：

```
int[] a = new int[3]{8,10,12};
```

2．一维数组的使用

一维数组的使用包括数组元素的赋值和取值，对一维数组的赋值比较简单，通过索引号找到相应数组元素，然后对该数组元素进行赋值和取值。一维数组的使用示例源代码如下：

```
int[] a = new int[3];                //定义数组
a[0] = 8;                            //为数组元素赋值
a[1] = 10;
a[2] = 12;
```

对一维数组的操作可以通过索引号对指定数组元素进行访问，也可以采用 for 循环语句或 foreach 循环语句对数组进行遍历访问。

【例 3.1】 本例学习一维数组的创建及使用，首先创建一个长度为 4 的字符串类型数组并赋初始化值，接着使用 for 循环语句遍历输出该数组的各个元素，然后访问并修改各数组元素的值，最后再次使用 for 循环语句遍历输出数组各元素值。

创建一个 C♯ 控制台应用程序，命名为 case0301。在 Program 类的 Main() 函数中编写如下源代码：

```
string[] a = new string[4]{"春天", "夏天", "秋天","冬天"};        //创建一维数组并赋初始化值

//采用 for 循环语句遍历数组元素
Console.WriteLine("中文的一年四季:");
for (int i = 0; i < a.Length; i++)
{
    Console.WriteLine(a[i]);
}

a[0] = "Spring";                                              //对数组元素重新赋值
a[1] = "Summer";
a[2] = "Autumn";
a[3] = "Winter";

Console.WriteLine("Seasons in English:");
for (int i = 0; i < a.Length; i++)
```

```
{
    Console.WriteLine(a[i]);
}
Console.Read();
```

保存项目文件并运行程序,程序运行效果如图3.2所示。

图 3.2   一维数组的创建和使用

3. 一维数组的遍历

使用 for 和 foreach 语句可以实现数组的遍历操作,可以访问数组中的每个元素。for 循环语句的语法格式如下:

```
for (int i = 0; i < 数组名称.数组长度; i++)
{
    Console.WriteLine(数组名称[i]);
}
```

例如:

```
int[] a = new int[3] { 8,88,888 };
for (int i = 0; i < a.Length; i++)
{
    Console.WriteLine(a[i]);
}
```

foreach 循环语句的语法格式如下:

```
foreach (元素类型 元素对象 in 数组名称)
{
    Console.WriteLine(元素对象);
}
```

例如:

```
string[] b = new string[3] {"专科","本科","研究生" };
foreach (string c in b)
{
    Console.WriteLine(c);
}
```

【例 3.2】　本例学习一维数组的创建及使用,首先创建一个长度为 3 的整型数组并赋初始化值,然后对数组第二个元素进行访问并重新赋值,最后分别使用 for 循环语句和 foreach 循环语句遍历输出该数组的各个元素。

创建一个 C# 控制台应用程序,命名为 case0302。在 Program 类的 Main() 函数中编写如下源代码:

```csharp
int[] a = new int[3] { 10,20,30 };        //创建一维数组并赋初始化值
a[1] = a[1] + 1;                          //对数组第二个元素进行访问并重新赋值

Console.WriteLine("for 循环输出:");
//采用 for 循环语句遍历数组元素
for (int i = 0; i < a.Length; i++)
{
    Console.WriteLine(a[i]);
}
Console.WriteLine("foreach 循环输出:");
//采用 foreach 循环语句遍历数组元素
foreach (int b in a)
{
    Console.WriteLine(b);
}
Console.Read();
```

保存项目文件并运行程序,程序运行效果如图 3.3 所示。

图 3.3　数组的遍历

【例 3.3】　本例学习使用冒泡排序法对数组元素进行排序。冒泡排序的过程是:假设数组长度为 n,以从大到小排序为例,先将第一个元素值与第二个元素值比较,如果第一个元素值小于第二个元素值,则将两者值对调。以此类推,直到完成最后一个元素值的比较,至此完成一趟冒泡排序,此时最后一个元素值已经是本数组中最小的元素值了。然后执行 $n-1$ 趟冒泡排序,就可以实现将整个数组元素值进行降序排列了。

创建一个 C# 控制台应用程序,命名为 case0303。在 Program 类的 Main() 函数中编写如下源代码:

```csharp
int[] arr = new int[10] {0, 6, 12, 18, 24, 30, 46, 42, 48, 54 };    //定义整型数组并赋初始值
Console.WriteLine("初始数组:");
foreach (int a in arr)
    Console.Write("{0} ", a);                                      //遍历排序前数组
```

```
Console.WriteLine("\n 开始排序...");
//冒泡排序(降序)
for (int i = 0; i < arr.Length - 1; i++)
{
    for (int k = 0; k < arr.Length - i - 1; k++)
    {
        if (arr[k] < arr[k + 1])
        {
            int temp = arr[k];                    //两者值对调
            arr[k] = arr[k + 1];
            arr[k + 1] = temp;
        }
    }
}

foreach (int a in arr)
    Console.Write("{0} ", a);                     //遍历排序后的数组

Console.Read();
```

保存项目文件并运行程序,运行效果如图 3.4 所示。

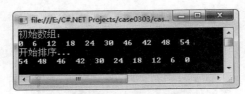

图 3.4　数组元素的冒泡排序

读者可以尝试使用冒泡排序法实现对数组元素的升序排序,将升序排序算法与降序排序算法进行对比,总结两种算法的区别与联系。

3.1.2　二维数组的创建和使用

二维数组即数组的维数是 2,二维数组本质上是一种以一维数组作为数组元素的数组。二维数组相当于一个表格,表格由行和列组成,每一行相当于一个一维数组。二维数组又称为矩阵,行列数相等的矩阵称为方阵。

1. 二维数组的创建

创建二维数组的语法格式如下。

格式 1:

元素类型[,] 数组名称;

格式 2:

元素类型[,] 数组名称 = new 元素类型[行数,列数]{{"元素值 1","元素值 2",…},{…}};

例如：

```
int[,] a = new int[2,2];
int[,] a = new int[2,2]{{11,12},{21,22}};
```

2．二维数组的使用

二维数组的使用与一维数组相同，也包括数组元素的赋值和取值。

【例3.4】 本例学习二维数组的创建及使用，首先创建一个3行2列的字符串类型二维数组并赋初始化值，接着尝试访问第1行第2列数组元素并为之重新赋值，最后使用嵌套for循环语句遍历输出该数组的各个元素值。

创建一个C#控制台应用程序，命名为case0304。在Program类的Main()函数中编写如下源代码：

```
string[,] booklist = new string[3, 2] { { "1", "C++项目开发" }, { "2", "PHP 项目开发" },
{ "3", "Java项目开发" } };

booklist[0,1] = "C#.NET项目开发";                //访问数组元素并重新赋值

for (int i = 0; i < booklist.GetLength(0); i++)     //获取二维数组第一维的长度，即行数
{
    for (int j = 0; j < booklist.GetLength(1); j++)  //获取二维数组第二维的长度，即列数
    {
        Console.Write("{0} ", booklist[i, j]);
    }
    Console.WriteLine();
}
Console.Read();
```

保存项目文件并运行程序，程序运行效果如图3.5所示。

图3.5 二维数组的创建和使用

【知识延伸】

booklist.GetLength(0) 返回第一维的长度（即行数）。
booklist.GetLength(1) 返回第二维的长度（即列数）。

3.1.3 ArrayList 对象的创建和使用

ArrayList 类相应于一种高级的动态数组，它是 Array 类的升级版本。ArrayList 类位于 System.Collections 命名空间下，它可以动态地添加、修改和删除元素，在使用 ArrayList 类时需要先引用命名空间 System.Collections。可以将 ArrayList 类看作扩充了功能的数组，但它并不等同于数组。与数组相比，ArrayList 类为开发人员提供了以下功能。

（1）数组的容量是固定的,而 ArrayList 的容量可以根据需要动态扩充。

（2）ArrayList 提供添加、删除和插入某一范围元素的方法,但在数组中,只能一次获取或设置一个元素的值。

（3）ArrayList 提供将只读和固定大小返回到集合的方法,而数组不提供。

（4）ArrayList 只能是一维形式,而数组可以是多维的。

1. 定义 ArrayList 对象

ArrayList 的声明方式有三种,具体如下。

方式一:

```
ArrayList 对象名 = new ArrayList();          //以默认(16)的大小来初始化内部的数组
```

方式二:

```
ArrayList 对象名 = new ArrayList(现有数组名称);   //将该集合的元素添加到 ArrayList 中
```

方式三:

```
ArrayList list = new ArrayList(int 整型数据);     //用指定的大小初始化内部的数组
```

【例 3.5】　本例学习 ArrayList 对象的创建及使用,首先分别使用三种声明方式创建 ArrayList 对象并赋值,最后使用 foreach 循环语句遍历输出各个对象值。

创建一个 C♯ 控制台应用程序,命名为 case0305。由于 ArrayList 类位于 System.Collections 命名空间下,因此需要在 Program 类文件中先引用命名空间 System.Collections,接着编写如下源代码:

```
//增加
using System.Collections;

namespace case0305
{
    class Program
    {
        static void Main(string[] args)
        {
            //方式一
            string[] studentlist = new string[3] { "张三", "李四", "王五" };
            ArrayList arr = new ArrayList(studentlist);

            //采用 foreach 循环语句遍历集合元素
            Console.WriteLine("集合 1");
            foreach (string stu in arr)
            {
                Console.WriteLine(stu);
            }

            ArrayList arr2 = new ArrayList();
```

```
        arr2.Add(100);
        arr2.Add(200);
        arr2.Add(300);
        Console.WriteLine("集合 2");
        foreach (int number in arr2)
        {
            Console.WriteLine(number);
        }
        Console.Read();
    }
    }
}
```

保存项目文件并运行程序,程序运行效果如图3.6所示。

图3.6 ArrayList 对象的创建

2. 向 ArrayList 添加元素

向 ArrayList 集合中添加元素时,可以使用 ArrayList 类提供的 Add()方法和 Insert() 方法。Add()方法用于将对象添加到 ArrayList 集合的结尾处,Insert()方法用于将元素插入 ArrayList 集合的指定索引处,语法格式如下。

定义:

```
ArrayList  arr = new ArrayList();
```

Add()方法:

```
arr.Add(Object 元素);
```

Insert()方法:

```
arr.Insert (int 插入位置索引号, Object 元素);
```

3. 删除 ArrayList 的元素

在 ArrayList 集合中删除元素时,可以使用 ArrayList 类提供的 Clear()方法、Remove()方法、RemoveAt()方法和 RemoveRange()方法。其中,Clear()方法用于从 ArrayList 中移除所有元素,Remove()方法用于从 ArrayList 中移除特定对象的第一个匹配项,RemoveAt()方法用于移除 ArrayList 的指定索引处的元素(索引号从 0 开始),RemoveRange()方法用于移除 ArrayList 列表中从指定索引处开始的若干元素。各个方法的具体语法格式如下。

定义：

```
ArrayList  arr = new ArrayList();
```

Clear()方法：

```
arr.Clear();
```

Remove()方法：

```
arr.Remove(Object 元素);
```

RemoveAt()方法：

```
arr. RemoveAt(int 删除位置索引号);
```

RemoveRange()方法：

```
arr. RemoveRange(int 起始索引号, int 删除元素个数);
```

4. ArrayList 的遍历

ArrayList 集合的遍历与数组的遍历相似,可以使用 foreach 语句。

【例 3.6】 本例学习 ArrayList 对象元素的添加、使用及删除。由于 ArrayList 类位于 System. Collections 命名空间下,因此需要先引用命名空间 System. Collections,接着创建一个 ArrayList 对象,分别使用 Add()方法和 Insert()方法为该对象添加元素,然后分别使用 Remove()、RemoveAt()方法从该对象中删除指定元素,最后使用 foreach 循环语句遍历输出各个元素值。

创建一个 C♯控制台应用程序,命名为 case0306。在 Program 类文件中先引用命名空间 System. Collections,接着编写如下源代码:

```
//新增加
using System.Collections;

namespace case0306
{
    class Program
    {
        static void Main(string[] args)
        {
            ArrayList arr = new ArrayList();
            arr.Add("第 1 章");
            arr.Add("第 2 章");
            arr.Add("第 3 章");
            arr.Insert(0,"前言");              //在第 1 个元素前插入值
```

```
        foreach (string a in arr)
        {
            Console.WriteLine(a);
        }
        Console.WriteLine("开始删除...");
        arr.Remove("第 2 章");              //删除值为"第 2 章"的元素
        arr.RemoveAt(1);                   //删除索引号为 1 的元素,即第 2 个元素
        foreach (string a in arr)
        {
            Console.WriteLine(a);
        }
        Console.Read();
    }
  }
}
```

保存项目文件并运行程序,程序运行效果如图 3.7 所示。

图 3.7 ArrayList 元素操作

【例 3.7】 本例学习使用 ArrayList 存储图书信息。创建一个 C#控制台应用程序,命名为 case0307。在 Program 类文件中先引用命名空间 System.Collections,接着编写如下源代码:

```
//新增加
using System.Collections;

namespace case0307
{
    class Program
    {
        static void Main(string[] args)
        {
            ArrayList arr = new ArrayList();
            string[] book1 = new string[4] { "1", "XML 程序设计", "32 元", "2011 - 10 - 1" };
            string[] book2 = new string[4] { "2", "C#程序设计", "59 元", "2014 - 03 - 1" };
            string[] book3 = new string[4] { "3", "PHP 程序设计", "53 元", "2013 - 07 - 1" };

            arr.Add(book1);
            arr.Add(book2);
            arr.Add(book3);
```

```
        Console.WriteLine("序号\t 书名\t\t 价格\t 出版日期");
        foreach (string[] b in arr)
        {
            Console.Write("{0}\t", b[0]);
            Console.Write("{0}\t", b[1]);
            Console.Write("{0}\t", b[2]);
            Console.Write("{0}\n", b[3]);
        }
        Console.Read();
    }
}
```

保存项目文件并运行程序,程序运行效果如图 3.8 所示。

图 3.8　使用 ArrayList 存储图书信息

读者在本例的基础上,可以尝试分别使用 Add()方法和 Insert()方法为该对象添加元素,然后分别使用 Remove()、RemoveAt()方法从该对象中删除指定元素,最后使用 foreach 循环语句遍历输出各个元素值。

3.2　函数

在程序开发过程中,经常要重复某些操作或处理,如果每次都重复编写相同功能的源代码,不仅造成工作量加大,还会使程序源代码产生冗余、可读性差,项目后期的维护及运行效率也受到影响,因此引入函数的概念。所谓函数,就是将一些重复使用到的功能写在一个独立的源代码块中,在需要时单独调用。

3.2.1　函数的定义和调用

1. 函数的定义

C# 函数分为系统内置函数和用户自定义函数两种。定义函数的语法格式如下:

```
访问修饰符 返回值类型 函数名(参数类型 参数名 1,…)
{
    函数体;
    [return 返回值;]
}
```

C# 中的函数命名应遵循以下规则:

➢ 函数名不能与内部函数名、C# 关键字重名;

➢ 函数名区分大小写,但建议按照大小写规范进行命名和调用;

➢ 函数名只能以字母开头,不能由下画线和数字开头,不能使用点号和中文字符。

2. 函数的调用

函数的调用可以在函数定义之前或之后,调用函数的语法格式如下:

```
函数名(实际参数列表);
```

【例3.8】　本例学习函数的定义和调用,首先定义函数 GetSum(),其功能是计算传入的两个参数的和并输出结果。然后在 Main()主函数中调用 GetSum()函数,输出结果到控制台。

创建一个 C # 控制台应用程序,命名为 case0308。本章实例都保存在 E:\C # . NET Projects 目录下。在 Program 类的 Main()函数中编写如下源代码:

```
static void Main(string[ ] args)
{
    int i = 80, j = 90;
    int k = GetSum(i, j);              //调用函数
    Console.WriteLine("{0}和{1}的和是{2}", i, j, k);
    Console.Read();
}

static int GetSum(int a, int b)        //定义函数
{
    int c = a + b;                     //计算并返回结果
    return c;
}
```

保存项目文件并运行程序,程序运行效果如图 3.9 所示。

图 3.9　函数的定义和调用

3.2.2　参数传递

函数的使用经常需要用到参数,参数可以将数据传递给函数。在调用函数时需要填写与函数形式参数个数和类型相同的实际参数,实现数据从实际参数到形式参数的传递。参数传递方式有值传递、引用传递两种。

1. 值传递

值传递是指将实参的值复制到对应的形参中,然后使用形参在被调用函数内部进行运行,运算的结果不会影响到实参,即函数调用结束后,实参的值不会发生改变。值传递的语法格式如下:

```
//1 定义函数
访问修饰符 返回值类型 函数名(参数类型 参数名1,…)
//2 调用函数时
函数名(实际参数1,…);
```

【例3.9】　本例实现函数参数的值传递调用,观察函数调用是否对实际参数造成影响。创建一个C#控制台应用程序,命名为case0309。在Program类的Main()函数中编写如下源代码:

```csharp
static void Main(string[] args)
{
    int a = 20;
    Console.WriteLine("调用函数之前,函数外a的值:{0}", a);          //函数调用前

    example(a);          //调用函数,a为实参,调用函数,此处传递的是值

    Console.WriteLine("调用函数之后,函数外a的值:{0}", a);      //函数调用后,实参值不变,a=20
    Console.Read();
}

static void example(int a)                                    //定义函数,a为形参
{
    a = a * a;
    Console.WriteLine("自定义函数内a的值:{0}", a);              //输出形参的值
}
```

保存项目文件并运行程序,程序运行效果如图3.10所示。

图3.10　值传递的应用

2. 引用传递

引用传递也称为按地址传递,就是将实际参数的内存地址传递到形式参数中。此时被调用函数内形式参数的值发生改变时,实际参数也发生相应改变。引用传递的语法格式如下:

```
//1 定义函数时,在形式参数前面加上 ref 符号
访问修饰符 返回值类型 函数名(ref 参数类型 参数名1,…)
//2 调用函数时,在实际参数前面加上 ref 符号
函数名(ref 实际参数1,…);
```

【例3.10】　本例实现函数参数的引用传递调用,与例3.9相似,仅在定义函数的形式参数前面和调用函数时实际参数前面多了一个ref符号。注意观察比较函数调用是否对实际参数造成影响。

创建一个 C♯ 控制台应用程序,命名为 case0310。在 Program 类的 Main()函数中编写如下源代码:

```
static void Main(string[] args)
{
    int a = 20;
    Console.WriteLine("调用函数之前,函数外 a 的值:{0}", a);        //函数调用前

    example(ref a);            //调用函数,a 为实参,此处传递的是地址

    Console.WriteLine("调用函数之后,函数外 a 的值:{0}", a);        //函数调用后,实参值改变了
    Console.Read();
}

static void example(ref int a) //定义函数,a 为形参
{
    a = a * a;
    Console.WriteLine("自定义函数内 a 的值:{0}", a);            //输出形参的值
}
```

保存项目文件并运行程序,程序运行效果如图 3.11 所示。

图 3.11　引用传递的应用

3.3　程序调试与跟踪

程序调试是指对编写程序进行跟踪,以检查源代码正确性的过程。在开发过程中,程序调试是检查源代码并验证它能够正常运行的有效方法。在开发时,如果发现程序不能正常工作,就必须找出并解决有关问题。程序调试的基本操作包括断点设置、程序调试和变量跟踪。

3.3.1　程序调试

断点是一个信号,它通知调试器在某个特定点上暂时将程序执行挂起。当程序执行到某个断点处时,程序将挂起,称为程序处于中断模式。中断模式并不会终止或结束程序的执行。可以手动选择逐条语句继续执行、逐语句块继续执行或全部继续执行。一个程序中可以设置多个断点。

【例 3.11】　以例 3.10 中的程序为例,演示如何在程序中设置断点,并且对程序运行过程进行跟踪,查看各个变量的值的变化。

(1)断点设置。

在程序源代码窗口中,找到需要开始跟踪调试的源代码位置,在要设置断点的源代码行左边的灰色空白处单击。此时就会出现红色圆点,代表断点设置成功,如图3.12所示。

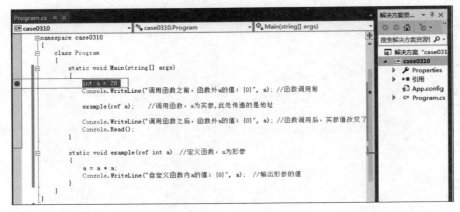

图 3.12　断点设置

也可以先选中某行源代码并右击,在弹出的快捷菜单中选择"断点"→"插入断点"命令即可为该行源代码设置断点。想要删除断点时,再次单击源代码行左侧的红色圆点即可。

(2) 程序调试。

断点设置完成后,运行程序,当程序运行到断点处时,程序自动暂停。此时代表断点的红色圆点就会变为黄色箭头,如图3.13所示。

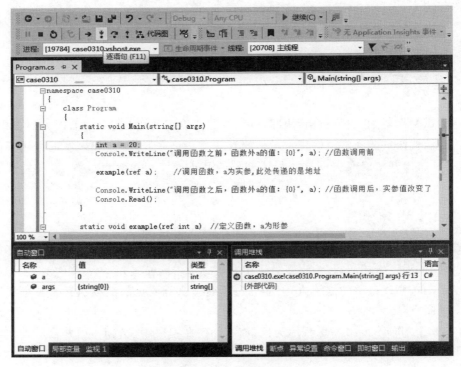

图 3.13　程序调试

　　注意,此时该行语句尚未被执行。接下来开始进行程序的调试,程序的调试运行方式主要有三种,分别是"逐语句""逐过程""全部执行"。

　　① 逐语句。

　　逐语句的调试快捷键是 F11 键,即每按一次 F11 键,程序执行一条语句。可以跟踪每个变量在程序执行过程中值的变化情况,如图 3.14 所示。

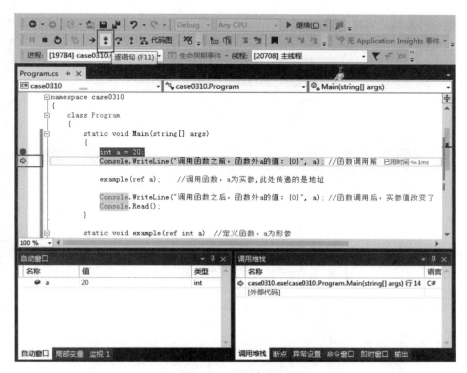

图 3.14　逐语句调试

　　② 逐过程。

　　逐过程的调试快捷键是 F10 键,即每按一次 F10 键,程序执行一个过程块。在简单的语句跟踪时,逐过程调试也是一条一条语句地跟踪执行。但当调试过程中遇到调用其他函数时,逐条语句调试将继续进入被调用函数并逐语句跟踪。而逐过程调试则将被调用函数当成一个整体,只跟踪被调用函数的运行结果返回值,而不监视被调用函数内部语句。

　　③ 全部执行。

　　全部执行的快捷键是 F5 键,即按一次 F5 键,程序将从断点处往下全部执行,直到遇到下一处断点。

　　(3) 变量值的跟踪。

　　在程序调试过程中,系统将自动显示一个"自动窗口",用于实时显示当前程序中各个变量的值。如果该窗口被关闭,也可以使用"添加监视"和"快速监视"等命令对各变量值进行监视。跟踪变量值的方法为:右击要跟踪的变量,在弹出的快捷菜单中选择"添加监视"命令,系统就会将该变量添加到监视面板中,如图 3.15 所示。

　　为变量添加监视后,可以实时查看每条语句执行时该变量的值的变化情况,从而使程序

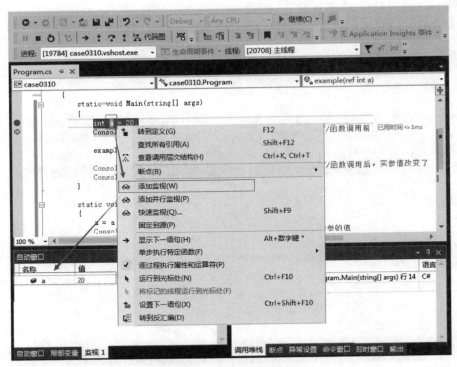

图 3.15　为变量添加监视

员更加清楚地知道程序的运行情况,方便程序员找出程序中的错误。

3.3.2　程序错误分析

程序的错误主要有三种,分别是语法错误、运行时错误和逻辑错误。

1. 语法错误

语法错误也称为编译错误,是指在源代码编写过程中不符合语法规则导致的错误,如变量名错误、表达式书写错误等。Visual Studio 编辑器会在发生错误的源代码处使用红色波浪线标出,编译后在集成开发环境下的错误列表窗口列出所有错误,双击错误条目就可以定位到出现错误的位置。语法错误示例如图 3.16 所示。

2. 运行时错误

运行时错误是指程序已经通过编译并能够正常运行,但是在运行过程中由于用户输入错误、磁盘出错、数据库无法使用、网络不可用等造成的程序出错。

例如,下面程序尝试计算 100 的阶乘,但由于计算的值超出了变量 b 的范围,造成程序运行错误。

```
int a = 1,b = 1;
while (a <= 100)
{
    b * = a;
    a++;
}
```

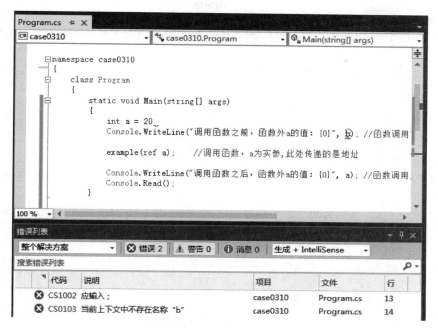

图 3.16 语法错误示例

3. 逻辑错误

如果程序没有出现语法错误,但运行后得到的实际结果与预期结果不符合,则说明该程序存在逻辑错误。例如,语句次序不对、逻辑判断不正确、循环语句条件不正确等。程序员应仔细阅读分析程序、通过调试器来帮助分析错误位置并分析产生错误的原因。

3.3.3 程序异常处理

在软件项目开发过程中,经常出现由于程序本身的缺陷或程序输入的不确定性原因,如程序源代码的错误、用户输入非法数据等,这些都会导致程序运行时发生错误或出现意外的情况,这就是程序的异常。.NET 环境提供了一个基于异常对象和保护源代码块的异常处理模型,它提供了能在程序中定义一个异常控制处理模块的程序控制机制来处理异常情况,并自动将出错时的流程交给异常控制处理模块处理,以保证程序能继续向前执行或正常结束。

try…catch…finally 语句允许在 try 子句中放置可能发生异常情况的程序源代码,对这些程序源代码进行监控。在 catch 子句中放置处理错误的程序源代码,以处理程序发生的异常。在 finally 子句中放置最后要执行的操作源代码,即在任何情形中都必须执行的源代码。try…catch…finally 语句的语法格式如下:

```
try
{   被监控代码   }
catch (异常类名 2 异常变量名 1)
{   异常处理代码   }
catch (异常类名 2 异常变量名 2)
{   异常处理代码   }
finally
{   最后要执行的代码   }
```

语法说明：

（1）try 语句只能出现一次，catch 语句可以出现多次，每一个 catch 语句分别负责一种类型的异常处理。

（2）如果程序运行过程中没有出现异常，则不会运行 catch 语句。在 catch 子句中，异常类名必须为 System.Exception 或从 System.Exception 派生的类型。

（3）不论程序运行过程中是否出现异常，都会执行 finally 语句。finally 语句块用于清除 try 语句块中分配的任何资源以及运行任何即使在发生异常时也必须执行的源代码。系统控制总是传递给 finally 语句块，与 try 语句块的退出方式无关。

【例 3.12】　本例学习使用 try…catch…finally 语句完成对输入信息中异常的处理。

【实现步骤】

创建一个控制台应用程序，命名为 case0312，实现输入用户的姓名和年龄并且输出，具体源代码如下：

```
static void Main(string[ ] args)
{
    Console.WriteLine("请输入您的姓名:");
    string name = Console.ReadLine();
    Console.WriteLine("您的姓名是:" + name);
    Console.WriteLine("请输入您的年龄:");
    int age = int.Parse(Console.ReadLine());
    Console.WriteLine("您的年龄是:" + age + "岁");
    Console.Read();
}
```

保存项目文件并运行程序，在界面中分别输入用户名"Jianguo"和年龄"18"，程序将输入的年龄字符串"18"成功转换为整数 18 并且显示，程序运行效果如图 3.17 所示。

图 3.17　程序运行效果

重新运行程序，当输入错误的年龄格式（例如"aaa"）时，程序由于无法将其转换为整数，导致整个程序崩溃，效果如图 3.18 所示。

由于用户可以在界面上输入任意字符，因此，年龄输入这个功能属于潜在的异常输入场景，程序需要对此进行防范控制。接下来使用 try…catch 语句进行可能出现的异常情况的捕捉和处理，具体源代码如下：

```
static void Main(string[ ] args)
{
    Console.WriteLine("请输入您的姓名:");
    string name = Console.ReadLine();
    Console.WriteLine("您的姓名是:" + name);
    Console.WriteLine("请输入您的年龄:");
    try
    {
```

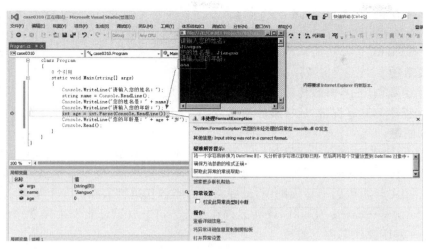

图 3.18　程序遇到异常情况运行效果

```
        int age = int.Parse(Console.ReadLine());
        Console.WriteLine("您的年龄是:" + age + "岁");
    }
    catch (Exception er)                 //如果出现异常
    {
        Console.WriteLine("对不起,您输入的年龄格式不正确!,提示信息是:" + er.Message);
    }
    Console.Read();
}
```

　　运行程序,重新输入错误的年龄字符,此时,程序并没有崩溃,而是根据预定义的异常处理流程,给予相应的提示,程序运行效果如图 3.19 所示。

图 3.19　程序异常处理结果

　　在本书后续的所有编程实验中,读者可以对各个程序中的潜在异常场景进行判断,自行在相应的源代码段中增加异常处理功能。

3.4　习题

一、选择题

1. 要使用程序逐语句运行需要按(　　　)键。

　　A. F4　　　　　　　　B. F5　　　　　　　　C. F7　　　　　　　　D. F11

2. C♯程序中,ArrayList 集合类是位于(　　　)命名空间下。

    A. System. Data   B. System. Collections

    C. System. IO   D. System. Windows

二、填空题

1. C♯函数调用中,参数传递方式有两种,分别是_____和_____。

2. C♯程序调试过程中,运行程序需要按_____键,逐条语句运行需要按_____键。

三、判断题

1. (　　　)在 C♯中,int[ ][ ]是定义一个 int 型的二维数组。

2. (　　　)C♯源代码书写规则中,每个函数都不能写注释,也不需要解释函数的功能。

3. (　　　)C♯源代码书写规则中,最好将所有类源代码都写在同一个文件中。

4. (　　　)try…catch…finally 语句允许在 try 子句中放置可能发生异常情况的程序源代码,对这些程序源代码进行监控。

5. (　　　)程序开发过程中,可以手动选择逐条语句执行、逐语句块执行或全部执行。

第 4 章
C#.NET面向对象编程

本章将详细讲解 C♯.NET 面向对象编程技术,包括面向对象编程思想、类的定义与使用、面向对象特性等知识。每个知识点都配套经典示例,以便学生理解相关理论和掌握知识点的应用。

【本章要点】
☞ 面向对象编程思想
☞ 类的定义与使用
☞ 面向对象特征

4.1 面向对象技术

面向对象程序设计(Object-Oriented Programming,OOP)是一类以对象作为基本程序结构单位的程序设计语言,是目前主流的编程思想之一。面向对象就是将要处理的实际问题抽象为一个个对象,通过设置各个对象的属性和行为来解决该对象的实际问题。使用面向对象编程思想开发的程序具有易维护、可重用、可扩展等特点。C++、Java、C♯、Python等主流编程语言都支持面向对象编程。

4.1.1 面向对象的基本概念

类和对象是面向对象编程的基础,面向对象的基本概念包括对象和类。

1. 对象

面向对象的一个重要理念就是世间万物皆为对象。对象包括实体对象和抽象对象。例如,各种动物、植物、物体等可以触及的事物都是实体对象。除了实体对象,还有一些抽象对象,例如,各种应用程序中的窗口、窗口中的每个控件、生活中的一次活动、购物网站上的商品信息、银行账户信息等都是抽象对象。

一个对象通常具有两个方面的特征:静态特征(属性)和动态特征(方法)。用属性来描述对象的静态特征,用方法来描述对象的动态特征。例如,将学生“张三”当成一个对象,则他的静态特征是指用来描述他的各种特征属性,包括姓名、性别、年龄、学号、所在专业、所在班级等,他的动态特征是指他能够执行的一些方法(也称为行为、动作),包括听课、打球、玩游戏等。一个学生对象“张三”的结构如图 4.1 所示。

由此可见,对象是由具有一些特定属性和具体方法结合在一起所构成的实体。一个对象可以非常简单,也可以非常复杂。一个复杂的对象可以由若干个简单对象组合而成。例

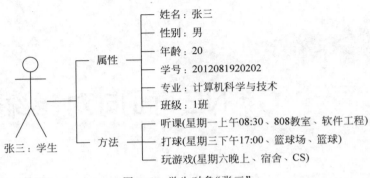

图4.1 学生对象"张三"

如,一台计算机是一个对象,它可以由CPU、内存、硬盘、屏幕、键盘、鼠标等对象组成。

2. 类

类是面向对象编程中的重要概念之一。类是某一类具有相同特征(属性)的事物(对象)的集合。世间万物都具有自身的特征(属性)和行为(方法),通过这些属性和方法可以将不同物质(对象)区分开,将具有相同或相似属性的对象归为一类,形成类。也就是说,类是属性和方法的集合。例如,创建一个"学生"类,包括6个属性:姓名、性别、年龄、学号、专业、班级,包括3个方法:听课、打球、玩游戏,如图4.2所示。

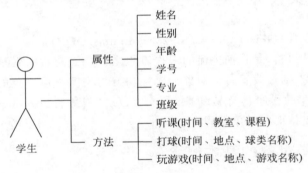

图4.2 学生类

属于某个类的一个具体的对象称为该类的一个实例。实际应用中还需要对类进行具体化(实例化),对象是类进行实例化后的产物,是一个实体。例如,张三是一名学生,那么可以说"张三是学生",但不能说"学生是张三"。因为除了张三,还有其他学生。因此,"张三"是"学生"这个类的一个实例对象,这样就可以理解对象与类的关系。类和对象的关系是抽象与具体的关系。

4.1.2 面向对象的特征

1. 封装

封装是将类的实现和使用分开,将数据(存储在属性中)与方法封装在一起,只通过方法存取数据。对于需要用到该类数据的程序员,只需要知道该类的方法如何调用,不需要也不能知道该类的内部结构。这样可以控制数据的存取方式,解决了数据存取的权限问题。类的封装是通过访问修饰符进行控制的。例如,计算机是一个封装的对象,计算机内部的结构细节和组成原理被封装起来了,只对外提供各种接口(USB插口、电源插口、键盘、屏幕显示器等)。作为使用者,只需要知道如何使用这些接口,并且通过这些接口来操作计算机就可以了,并不需要知道计算机内部的具体结构和工作原理。

封装可以将一个对象分为两个部分:实现部分和接口部分。接口部分是对用户(使用该对象的实体,可以是人、程序或者是另外的对象)可见的,而实现部分对用户是不可见的。只有拥有编辑权限的程序员才可以编辑对象的实现部分。

封装对对象提供了两种保护。首先,封装可以保护对象,防止用户直接操作对象的内部细节,而破坏了对象的内部结构。另外,封装也保护了用户,当修改对象内部细节(对象的实现部分)时,只要保持接口部分不变,就不影响用户的使用。例如,许多应用软件都会不定期地更新或者安装补丁程序,但用户并不了解其具体更新了哪些功能,也不需要重新安装系统或者修改配置,而是继续按原来的方式使用该软件。

2. 继承

继承是面向对象技术最重要的特征之一,也是与传统面向过程编程思想最不同的。继承表示了类与类之间、实体与实体之间的一种层次关系。现实世界中,许多知识都是通过层次结构方式进行管理的。例如,汽车、火车、地铁等都属于陆上交通工具,飞机、热气球、太空船等都属于空中交通工具;轮船、水上摩托车、竹筏等都属于水上交通工具;而这三类交通工具又可称为交通工具。交通工具具有的某些特征(例如,能够运载乘客或者物品、具有有限的运载容量、能够移动等),它的子类也都具有。不同类型的交通工具除了拥有这些特征之外,还具有区别与其他同级类别的独特特征。例如,空中交通工具能够在空中飞行,水上交通工具能够在水中游动等。因此,交通工具是父类,陆上、水上、空中交通工具是它的子类,继承了它的基本特征,同时又有各自的特征。相似地,汽车、火车、地铁等都是陆上交通工具的子类,也继承了它的基本特征,同时又有各自的特征。交通工具的类的层次关系和继承关系如图4.3所示。

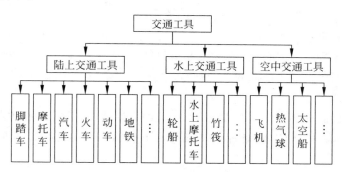

图4.3 类的层次关系和继承关系

继承是指一个类(称为子类)继承于另一个类(称为父类),子类自动拥有父类的相关属性和方法(private修饰的属性和方法不能被继承),子类还可以根据需要声明自己的属性和方法。通过继承能够提高源代码的重用性和可维护性。

3. 多态

多态是面向对象编程的一种重要特征,是指一个类实例的相同方法在不同情形中具有不同表现形式的一种编程技术。具体而言,多态是指一个应用程序中(一个类文件,或者父类和子类文件)同时拥有多个相同名称的方法,但每个方法的具体执行内容都不同。当调用该方法名称时,会根据其传递的参数内容或者调用的子类名称,具体执行相应的方法。多态特征增加了面向对象编程的灵活性和重用性。面向对象编程的多态特征包括两种形式:方法重载和方法覆盖。

4.2 类的定义和使用

4.2.1 类的定义

类是一系列具有相同特征的对象的抽象,类为这些对象统一定义了属性和方法。在程序中,一个类被使用之前必须事先定义。类由属性和方法组成,类的定义使用 class 关键字来标识,语法格式如下:

```
访问修饰符 class 类名
{
    访问修饰符 $ 属性名 1;              //声明成员属性 1
    访问修饰符 $ 属性名 2;              //声明成员属性 2

    访问修饰符 返回值类型 方法名 1(参数列表 )
    { //方法体 1 }
    访问修饰符 返回值类型 方法名 2(参数列表 )
    { //方法体 2 }
    ...
}
```

参数说明如下。

访问修饰符:用于控制类的可访问性,取值范围为 public、protected、private 等。public 修饰符是允许的最高访问级别,所修饰的类、属性以及方法对外公开,可以在程序的任何地方调用。protected 所修饰的类、属性以及方法只能在本类和子类中能够被调用,在其他类中不可以被调用。private 所修饰的类、属性及方法只能在本类中被调用,不可以在子类和其他类中被调用。

类名:类的名称,命名规则与变量相同,此后的大括号"{ }"分别标识类的开始与结束。

类体:在此处编写类的成员,包括类的属性和方法等。类的成员的详细知识将在 4.3 节介绍。

(1)属性。

类的属性是指在类中声明的变量,可以使用访问修饰符控制类属性的访问范围,访问修饰符包括 public、protected、private 等。

(2)方法。

类的方法是指在类中声明的函数,声明方法和声明函数的语法相同,但是可以使用访问修饰符控制类方法的访问范围,访问修饰符包括 public、protected、private 等。关于访问修饰符的知识将在 4.4.1 节中详细介绍。

【例 4.1】 本例创建一个"学生"类,并添加成员属性和成员方法。在 Visual Studio 中创建一个 C♯ 控制台应用程序,命名为 case0401。项目创建后进入项目主界面,在解决方案资源管理器中,右击项目名称,在弹出的快捷菜单中选择"添加"→"类"命令,将添加的类命名为 Student.cs,如图 4.4 所示。

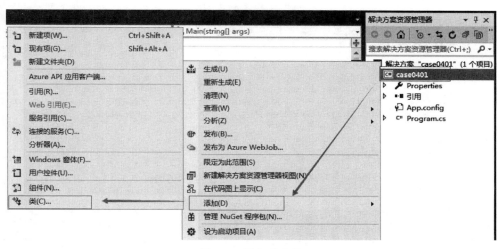

图 4.4 添加类文件

打开 Student.cs 文件,在源代码窗口中定义"学生"类,声明成员属性和成员方法,具体源代码如下:

```csharp
//定义"学生"类
class Student
{
    //定义属性
    public string Name;              //姓名
    public string Sex;               //性别
    public int Age;                  //年龄
    public string Number;            //学号
    public string Special;           //专业
    public string MyClass;           //班级

    //定义方法
    public void SayHello()
    {
        Console.WriteLine("大家好,我是" + Name);
        Console.WriteLine("我的性别是" + Sex);
        Console.WriteLine("我今年" + Age + "岁了");
        Console.WriteLine("我学的专业是" + Special);
    }
}
```

4.2.2　对象的创建

1.创建对象

对象是类的实例,类创建完后,就可以创建相应的对象。创建对象通常也称为类的实例化,语法格式如下:

```
类名　对象名 = new 类名([参数 1,…]);
```

参数说明:

new:类实例化关键字;

参数 1,…:实例化类时传递的参数,默认为空。实例化类时将根据参数个数和类型调用相应的构造函数。

2.访问对象成员

在对象中使用"->"运算符访问类中声明的成员属性和方法,语法格式如下:

```
类名 对象名 = new 类名([参数 1,…]);          //类的实例化
对象名.成员属性名称 = 数据值;                //为成员属性赋值
对象名.成员方法名称();                       //调用对象中指定的方法
```

【例 4.1(续)】　根据例 4.1 中定义的"学生"类,创建两个学生对象,并为各对象设置属性值,最后调用方法。在 case0401 项目中,在 Program 类的 Main()函数中创建学生对象,为各对象设置属性并调用相关方法,具体源代码如下:

```csharp
class Program
{
    static void Main(string[] args)
    {
        Student stu1 = new Student();            //创建第一个学生对象
        stu1.Name = "张晓虹";
        stu1.Sex = "女";
        stu1.Age = 20;
        stu1.Special = "计算机科学与技术";

        Student stu2 = new Student();            //创建第二个学生对象
        stu2.Name = "王宏";
        stu2.Sex = "男";
        stu2.Age = 18;
        stu2.Special = "软件工程";

        stu1.SayHello();
        stu2.SayHello();
        Console.Read();
    }
}
```

保存项目文件并运行程序,程序运行效果如图 4.5 所示。

图 4.5 类的实例化

4.3 类的成员

4.3.1 字段和属性

字段和属性表示类包含的静态特征,可以直接声明具有 public 访问修饰符的字段作为类的成员变量,也可以对成员变量进行封装。

1. 字段

字段类似于变量,将字段设置为类的成员变量,可以直接读取或设置它们。成员变量的访问权限与类之间具有一定的独立性。例如,可以将一个类的访问修饰符设置为 public,表示该类是公开访问的,但只能访问该类的 public 成员。即,可以对该类中的各个成员变量分别设置不同的访问修饰符,如果设置为 private,则说明该成员是私有的。

例如,定义一个"人"类,并声明一个字段变量 name:

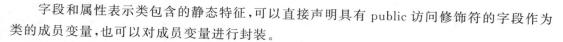

```
class Humanity
{
    public string name;
}
```

2. 属性

为了更好地实现类的封装特征,并有效地保护类的成员变量的安全。可以将字段和属性分开。即创建私有字段来存储属性值,然后通过设置公开属性进行访问。具体地,在定义公开属性时,分别实现 get{} 和 set{} 操作。通过 get{} 操作获取字段所存储的属性值,可以直接将属性值返回给调用者,也可以进一步加工处理后再返回。通过 set{} 操作,将传入的值保存到私有字段中,同样地,可以直接将值进行保存,也可以进一步加工处理后再保存。因此,通过将属性和字段分开,可以有效地保护字段信息的私有性和安全性,避免了调用者对私有字段的访问。

例如,下面的 Humanity 类中定义了两个私有字段 name 和 age,并且定义了相应的公开属性 Name 和 Age。在 Name 属性中的 get{} 和 set{} 操作只是简单地实现值的传递。但在 Age 属性中的 set{} 操作中,对传入的值进行了判断,如果传入的值为 0~120,则表示有效年龄,给予保存。否则,表示传入的年龄无效,并将年龄赋值为 0。

```
class Humanity
{   //字段(私有)
    private string _name;
    private int age;

    //属性(公开)
    public string Name
    {
        get { return _name; }          //将字段 _name 的值返回给调用者
        set { _name = value; }         //将属性 Name 的值保存到字段 _name 中
    }

    public int Age //年龄
    {
        get { return age; }
        set
        {
            if (value > 0 && value < 120)
            {   age = value;   }
            else
            {   age = 0;   }
        }
    }
}
```

4.3.2　成员方法

1. 类的方法

类的方法是指在类中声明的函数。声明方法和声明函数的语法相同,包括访问修饰符、方法名、参数列表、返回值类型、方法体等。类的方法的定义语法如下:

```
访问修饰符 返回值类型 方法名(参数列表 )
{
    //方法体
}
```

类的方法也充分应用到面向对象的封装、继承和多态特征。根据面向对象的封装特征,可以通过访问修饰符控制各个方法的访问级别。通过继承特征,子类可以自动继承父类的 public 和 protect 修饰的方法。此外,根据面向对象的多态特征,还可以对方法进行覆盖和重载操作,这部分内容将在 4.4 节介绍。

2. 构造函数

构造函数是一种类方法,它们在创建给定类型的对象时自动执行。构造函数通常用于初始化新对象的数据成员。构造函数只能在创建类时运行一次。此外,构造函数中的源代码始终在类中所有其他源代码之前运行。当某个类实例化一个对象时,有时需要对这个对象进行一些初始化操作,而不是等对象创建完成后再逐个赋值,这就用到构造函数。构造函数在类被实例化时自动调用,用于初始化对象。构造函数必须与类同名,并且没有返回值,

可以没有参数,也可以有多个参数。构造函数语法格式如下:

```
class 类名
{
    …属性
    public 构造函数名([参数1,…]) {
    方法体;
    }
    …方法
}
```

利用类的多态特征中的方法重载原理,可以按照为任何其他方法创建重载的方式,创建多个构造函数重载。这些构造函数名称相同,但参数类型或参数个数不同。根据调用时传递的参数分别调用相应的构造函数。

3. 析构函数

类的对象和所有变量一样,都具有生命周期,生命周期结束时这些对象和变量就会被销毁。析构函数的作用和构造函数正好相反,在对象被销毁时被自动调用,用于释放内存。析构函数的命名与构造函数相同,即与类同名,但析构函数要在名字前面加上一个波浪号(～),没有参数,没有返回值。析构函数的语法格式如下:

```
class 类名
{
    …属性
    ～析构函数名() {
    方法体;
    }
    …方法
}
```

一个类只能有一个析构函数,并且无法人为调用析构函数,只能由.NET Framework类库的内存回收功能自动调用。

【例4.2】　本例学习构造函数和析构函数的使用。创建一个"教师"类并定义属性、构造函数和方法,接着为"教师"类创建教师对象并赋初值,然后调用成员方法,最后系统自动调用"教师"类的析构函数实现内存垃圾回收。

创建一个C#控制台应用程序,命名为case0402。在解决方案资源管理器中,右击项目名称,在弹出的快捷菜单中选择"添加"→"类"命令,将添加的类命名为Teacher.cs,编写源代码如下:

```
namespace case0402
{
    //定义"教师"类
    class Teacher
    {
        //定义属性
        public string Name;              //姓名
        public string Sex;               //性别
```

```
public int Age;                    //年龄
public string ResearchInterest;   //研究方向

//构造函数 1
public Teacher()
{
}
//构造函数 2
public Teacher(string name)
{
    this.Name = name;
}
//构造函数 3
public Teacher(string name, string sex, int age, string researchinterest)
{
    this.Name = name;
    this.Sex = sex;
    this.Age = age;
    this.ResearchInterest = subject;
}

//定义方法
public void SayHello()
{
    Console.WriteLine("大家好,我是" + this.Name);
    Console.WriteLine("我的性别是" + this.Sex);
    Console.WriteLine("我今年" + this.Age + "岁");
    Console.WriteLine("我的研究方向是" + this.ResearchInterest);
}
    }
}
```

接着编写创建教师对象的源代码。在 Program 类的 Main()函数中创建教师对象,分别使用三种构造函数进行实例化,然后为各对象设置属性并调用相关方法,具体源代码如下:

```
namespace case0402
{
    class Program
    {
        static void Main(string[] args)
        {
            Teacher t1 = new Teacher();                //方式一
            t1.Name = "李老师";
            t1.Sex = "男";
            t1.Age = 45;
            t1.ResearchInterest = "软件开发";

            Teacher t2 = new Teacher("陈老师");           //方式二
            t2.Sex = "女";
```

```
        t2.Age = 28;
        t2.ResearchInterest = "市场营销";

        Teacher t3 = new Teacher("王教授", "男", 55, "项目管理");        //方式三

        t1.SayHello();
        t2.SayHello();
        t3.SayHello();
        Console.Read();
        }
    }
}
```

保存项目文件并运行程序,程序运行效果如图 4.6 所示。

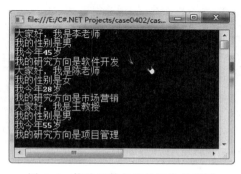

图 4.6　构造函数与析构函数的应用

4.4　面向对象特征的具体实现

面向对象的三大特征就是封装、继承和多态。

4.4.1　封装

封装用于隐藏对象内部的实现及保护数据完整性,是将类的实现和使用分开,将数据(存储在属性中)与方法封装在一起,只通过方法存取数据。对于需要用该类数据的程序员,只需要知道该类的方法如何调用,不需要也不能知道该类的内部结构。这样可以控制数据的存取方式,解决了数据存取的权限问题。类的封装是通过访问修饰符进行控制的。

访问修饰符是控制类、属性和方法的被访问范围,访问修饰符包括 public、private、protected、internal、abstract 和 sealed 等。具体访问修饰符的说明见表 4.1。

表 4.1　访问修饰符

访问修饰符	类　　型	说　　　明
public	公共	public 修饰符是允许的最高访问级别,所修饰的类、属性以及方法对外公开,可以在程序的任何地方调用
private	私有类	private 是一种私有访问修饰符,所修饰的类、属性及方法只能在本类中被调用,不可以在子类和其他类中被调用

访问修饰符	类　　型	说　　明
protected	保护类	protected 用于修饰类的成员,用 protected 修饰的类成员,在本类和子类中能够被调用,在其他类中不可以被调用
internal	内部类	只有其所在类才能访问
abstract	抽象类	该类不允许被实例化,即不允许创建该类的对象
sealed	密封类	该类不允许被继承

属性是 C♯ 提供的一种访问数据机制,属性属于类的成员,它是对变量成员的一种扩展,用于对变量成员进行读写操作。属性定义和属性封装的语法格式如下:

```
class 类名
{
    private  数据类型  变量名;
    public  数据类型  属性名
    {
      get {  return 变量名;  }          //将变量值通过属性传递给外界
      set {  变量名 = value;  }          //外界将值传递给属性,通过属性为变量赋值
    }
}
```

【例 4.3】　本例在例 4.1 的基础上只做了小修改,仅将私有成员变量 sex 的访问修改符由 private 修改为 protected,重新运行程序,即可发现此时子类可以访问父类中的保护成员变量了。

创建一个 C♯ 控制台应用程序,命名为 case0403。项目创建后进入项目主界面,在解决方案资源管理器中,右击项目名称,在弹出的快捷菜单中选择"添加"→"类"命令,将添加的类命名为 Student.cs,编写源代码如下:

```
namespace case0403
{
    class Student
    {
      //字段(私有)
      private string name;              //姓名
      private string sex;               //性别
      private int age;                  //年龄
      //属性(公共)
      public string Name               //姓名
      {
          get { return name; }
          set { name = value; }
      }
      public string Sex                //性别
      {
          get { return sex; }
          set
          {
```

```
                if (value == "男" || value == "女")
                { sex = value; }
                else
                { sex = "未知"; }
            }
        }
        public int Age                          //年龄
        {
            get { return age; }
            set
            {
                if (value > 0 && value < 120)
                { age = value;    }
                else
                { age = 0;        }
            }
        }
        //定义方法
        public void SayHello()
        {
            Console.WriteLine("大家好,我是" + Name);
            Console.WriteLine("我的性别是" + Sex);
            Console.WriteLine("我今年" + Age + "岁了");
        }
    }
}
```

在 Program 类的 Main()函数中创建学生对象,分别使用三种构造函数进行实例化,然后为各对象设置属性并调用相关方法,具体源代码如下:

```
namespace case0403
{
    class Program
    {
        static void Main(string[] args)
        {
            Student s1 = new Student();          //创建对象 1
            s1.Name = "小王";
            s1.Sex = "男";                        //赋正确的值
            s1.Age = 18;
            s1.SayHello();

            Student s2 = new Student();          //创建对象 2
            s2.Name = "小潘";
            s2.Sex = "不告诉你哦";                  //赋错误的值
            s2.Age = 300;                        //赋值超出 0～120 的范围
            s2.SayHello();
            Console.Read();
        }
    }
}
```

保存项目文件并运行程序,程序运行效果如图4.7所示。

图 4.7　属性封装的应用

4.4.2　继承

继承是指一个类(称为子类)继承于另一个类(称为父类),子类自动拥有父类的相关属性和方法(private 修饰的属性和方法不能被继承),子类还可以根据需要声明自己的属性和方法。通过继承能够提高源代码的重用性和可维护性。C# 只支持单继承,即每个子类只能有一个父类,不允许多重继承。继承的作用是促进源代码的重用。

从例 4.1 和例 4.2 中可以发现,"学生"类和"教师"类的有些属性是相同的,它们都具有姓名、性别、年龄等特征,它们的有些方法也是相同的,可以将"学生"类和"教师"类的相同属性进一步提取形成一个新的类,命名为"人类",即所有人类都具有姓名、性别、年龄等特征。"学生"类和"教师"类继承于人类。"学生"类和"教师"类都自动拥有"人类"的相关属性和方法,同时,还可以根据需要声明自己的属性和方法。

继承分为单继承和多继承。C♯ 仅支持单继承,即一个子类只能有一个父类。类的继承的语法格式如下:

```
class 子类名称 : 父类名称
{
    //子类成员变量列表
}
```

利用类的继承特征,程序员可以在现有类的基础上构造新的类,增加、修改或替换现有类中的属性和方法,体现面向对象的灵活性。

【例 4.4】　本例实现父类和子类的定义和继承关系。其中,通过继承关系,子类会自动拥有父类的所有属性和方法。同时,每个子类都可以继续定义属于自己的属性和方法,而父类和其他子类则不能使用。

(1) 定义父类。

首先定义一个父类"人类",为"人类"定义三个成员变量:姓名、性别、年龄,并且定义一个方法 SayHello()。

```
//定义父类"人类"
class Humanity
{   //字段(私有)
    private string name;              //姓名
    private string sex;               //性别
    private int age;                  //年龄
```

```
//属性(公共)
public string Name                    //姓名
{
    get { return name; }
    set { name = value; }
}

public string Sex                     //性别
{
    get { return sex; }
    set { sex = value; }
}

public int Age                        //年龄
{
    get { return age; }
    set { age = value; }
}

//方法
public void SayHello()
{
    Console.WriteLine("大家好!我是" + this.Name);
}
}
```

（2）定义子类。

接着定义两个子类,分别是一个"学生"类和一个"教师"类,都继承于"人类"。在定义"学生"类时,"学生"类已经自动继承了人类的所有属性和方法,无须为"学生"类重新定义姓名、性别和年龄成员变量就可以直接使用这些变量。当然,也可以继续为"学生"类定义三个成员属性：学号 Number、专业 Special、班级 MyClass,定义一个成员方法 doHomework()。

```
class Student : Humanity               //定义"学生"子类,继承于"人类"
{   //字段(私有)
    private string number;             //学号
    private string special;            //专业
    private string myclass;            //班级

    //属性(公共)
    public string Number               //学号
    {
        get { return number; }
        set { number = value; }
    }

    public string Special              //年龄
    {
        get { return special; }
```

```
        set { special = value; }
    }

    public string MyClass                    //年龄
    {
        get { return myclass; }
        set { myclass = value; }
    }

    //定义成员方法
    public void doHomework ()
    {
        Console.Write("我是一名学生,");
        Console.WriteLine("我的主修专业是" + this.Special);
        Console.WriteLine("我在做作业!");
    }
}
```

依同样的方法定义一个"教师"类继承于"人类",并根据需要定义其他成员变量、属性和方法。例如,定义一个成员属性——主讲课程名称 CourseName,定义一个成员方法 teaching()。

```
class Teacher : Humanity                    //定义"教师"类,继承于"人类"
{   //字段(私有)
    private string coursename;              //主讲课程名称

    //属性(公共)
    public string CourseName                //主讲课程名称
    {
        get { return coursename; }
        set { coursename = value; }
    }

    //定义成员方法
    public void teaching ()
    {
        Console.Write("我是一名教师,");
        Console.WriteLine("我的主讲课程名称是" + this.CourseName);
        Console.WriteLine("我在上课!");
    }
}
```

(3) 实例化子类并调用函数。

在程序中实例化学生子类和教师子类,分别为其成员属性赋值,然后调用相应的方法,查看运行效果。创建一个 C♯控制台应用程序,命名为 case0404。在项目中创建三个类文件,分别命名为 Humanity.cs、Student.cs、Teacher.cs,并分别在类文件中编写上面的相应源代码。

接着,在 Program 类的 Main() 函数中编写如下源代码:

```
namespace case0404
{
    class Program
    {
        static void Main(string[] args)
        {
            Student s1 = new Student();        //实例化学生对象
            s1.Name = "张三";                  //属性赋值,注意该属性为父类属性
            s1.Special = "计算机科学系";        //属性赋值
            s1.SayHello();
            s1.doHomework();

            Teacher t1 = new Teacher();        //实例化教师对象
            t1.Name = "陈丹";                  //属性赋值,该属性为父类属性
            t1.CourseName = "软件界面设计";     //属性赋值
            t1.SayHello();
            t1.teaching();
            Console.Read();
        }
    }
}
```

保存项目文件并运行程序,程序运行效果如图 4.8 所示。从运行效果可以看到,虽然在 Student 类中没有定义 Name 属性、SayHello()方法,但是可以成功赋值和调用。因此,可以看出 Student 类已经成功继承了 Humanity 类的成员属性和方法。

图 4.8 类的继承

4.4.3 多态

面向对象的多态特征是指在各个子类中定义与父类具有相同方法名称但具有不同方法体的一种编程技术。面向对象的多态特征的有方法重载和方法覆盖两种实现方式。

1. 方法重载

方法重载是指在一个类中可以同时定义多个具有相同名称的方法,这些方法的参数个数或者参数类型各不相同。因此,可以通过方法的参数个数或者参数类型将这些同名方法区分开。调用时,虽然函数名称相同,但系统将根据参数个数或者参数类型不同自动调用对应的函数,不发生混淆。例如,在例 4.5 中,为 Compute 类声明了多个同名的加法运算函数。

【例 4.5】　本例定义一个"计算"类,定义四个同名方法 getSum(),用于接收传递参数并对传递参数值进行求和运算,四个函数根据参数个数不同或参数类型不同进行区分。

创建一个 C♯ 控制台应用程序,命名为 case0405。在 Program 类文件中编写如下源代码。

```
namespace case0405
{
    class Compute
    {
        //加法运算(两个整数相加)
        public int getSum(int a, int b)
        {
            return a + b;
        }
        //加法运算(三个整数相加)
        public int getSum(int a, int b, int c)
        {
            return a + b + c;
        }
        //加法运算(两个小数相加)
        public double getSum(double a, double b)
        {
            return a + b;
        }
        //加法运算(两个字符串相加)
        public string getSum(string a, string b)
        {
            return a + b;
        }
    }

    class Program
    {
        static void Main(string[] args)
        {
            Compute op = new Compute();
            int sum1 = op.getSum(10,20);
            Console.WriteLine("两个整数相加的结果:{0}", sum1);
            int sum2 = op.getSum(10, 20,30);
            Console.WriteLine("三个整数相加的结果:{0}", sum2);
            double sum3 = op.getSum(8.8, 88.8);
            Console.WriteLine("两个小数相加的结果:{0}", sum3);
            string sum4 = op.getSum("爱情", "传说");
            Console.WriteLine("两个字符串相加的结果:{0}", sum4);
            Console.Read();
        }
    }
}
```

保存项目文件并运行程序,程序运行效果如图4.9所示。

图4.9 方法重载的应用

2. 方法覆盖

方法覆盖就是在子类中重写父类的方法,当子类中的成员与父类成员重名时,子类中的成员覆盖父类中的成员。例如,在例4.4中,"学生"子类和"教师"子类中都继承了父类"人类"中的方法SayHello()。在此,在"学生"子类中重新实现该方法,即对该方法进行覆盖。作为对比,"教师"子类不进行方法覆盖,则该类依然是继承父类的方法。

```csharp
class Student : Humanity //定义"学生"子类,继承于"人类"
{
    …

    //方法
    public void SayHello()
    {
        Console.WriteLine ("Hello! My name is " + this.Name);
        Console.WriteLine ("I am a " + this.Sex);
        Console.WriteLine ("I am " + this.Age + " years old this year.");
    }
}
```

修改Program类中的Main()函数,分别为s1和t1对象的属性赋值,并调用SayHello()方法。

```csharp
namespace case0404
{
    class Program
    {
        static void Main(string[] args)
        {
            Student s1 = new Student();        //实例化学生对象
            s1.Name = "张三";                   //属性赋值,注意该属性为父类属性
            s1.Sex = "boy";                    //属性赋值,注意该属性为父类属性
            s1.Age = 21;                       //属性赋值,注意该属性为父类属性
            s1.Special = "计算机科学系";         //属性赋值
            s1.SayHello();

            Teacher t1 = new Teacher();        //实例化教师对象
            t1.Name = "陈丹";                   //属性赋值,该属性为父类属性
            t1.Coursename = "软件界面设计";      //属性赋值
```

```
            t1.SayHello();
            Console.Read();
        }
    }
}
```

保存项目文件并运行程序,程序运行效果如图 4.10 所示。从运行效果可以看到,学生对象 s1 执行的 SayHello()方法是在自己的子类中重新实现的方法内容,而教师对象执行的 SayHello()方法是继承父类的方法内容。

图 4.10　方法覆盖的应用

4.5　类和命名空间

命名空间的设计目的是提供一种让一组名称与其他名称分隔开的方式。在一个命名空间中声明的类的名称与另一个命名空间中声明的相同的类的名称不冲突。C# 程序是利用命名空间组织起来的,将各个类根据用途等方式进行分类,存储在相应的命名空间中,同一个命名空间中不允许存在两个名称相同的类。如果要调用某个命名空间中的类或方法,首先需要使用 using 指令引入命名空间,using 指令将各命名空间所标识的命名空间内的类型成员导入当前编译单元中,从而可以直接使用每个被导入的类型的标识符,而不必加上它们的完全限定名。

关于命名空间与类的理解,可以简单理解为:.NET Framework 平台将相同类型的操作集中编写在各个类文件中,每个类对应一个文件。例如,SQL 数据库连接类 SqlConnection、SQL 数据执行操作类 SqlCommand 等。然后再将类文件按用途进行分组存放,将相同用途的类文件存放在同一个命名空间中。例如,将数据库连接类和数据执行操作类等与数据库有关的类文件存放在命名空间 Sql.Data.SqlClient 中。

命名空间就像文件夹,类就像文件。命名空间支持嵌套存放,就像文件夹中还可以再创建文件夹一样。C# 中的各命名空间就好像是一个存储了不同类型文件的文件夹,而 using 指令就像是打开命令,命名空间的名称就好比文件夹的名称,可以通过指令打开指定名称的文件夹,从而在文件夹中访问所需要的文件。

1. 定义命名空间

命名空间的定义是以关键字 namespace 开始,后跟命名空间的名称,语法如下:

```
namespace 命名空间名称
{
    //class 类的声明及其他内容
}
```

类似于文件夹之间的嵌套关系(文件夹中可以包含文件,也可以再包含其他文件夹),命名空间也可以嵌套,各层命名空间之间使用“.”来识别。例如,系统默认的命名空间 System 下面包括 System.Data 等数十个子空间,而 System.Data 空间中又包含 System.Data. SqlClient 等子空间,如图 4.11 所示。

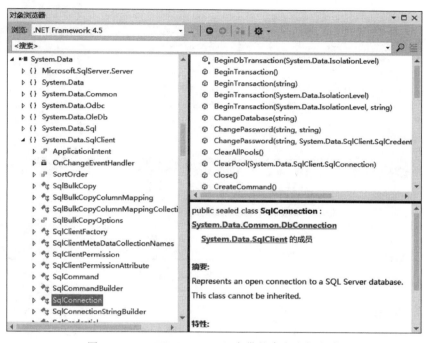

图 4.11　.NET Framework 自带的命名空间和类

2. 引入命名空间

当在程序中需要使用位于不同命名空间中的某个类时,需要将该命名空间引入。引入命名空间的关键字是 using,语法如下:

```
using 命名空间名称;
```

例如,准备使用 System.Data.SqlClient 命名空间中的 SqlConnection 类和 SqlComand 类来访问 SQL Server 数据库时,则需要先引入 System.Data.SqlClient 命名空间,才能使用这些类。

在 Visual Studio 创建的 C#控制台程序和 Windows 窗体应用程序中,C#程序默认地将每个项目定义为一个命名空间,每个窗体文件定义为一个类文件。

可以通过修改前面的实例(例 4.3～例 4.5)来演示命名空间的声明和引入。以例 4.4 为例,由于项目名称为 case0404,则 Humanity.cs、Student.cs、Teacher.cs、Program.cs 这四个类都在同一个命名空间 case0404 中。为了演示命名空间的引入,将 Humanity.cs、Student.cs、Teacher.cs 这三个类文件中的 namespace case0406 修改为 namespace myspace,那么此时如果直接运行程序,则会提示未能找到类型或者命名空间名“Student”和“Teacher”的错误,如图 4.12 所示。

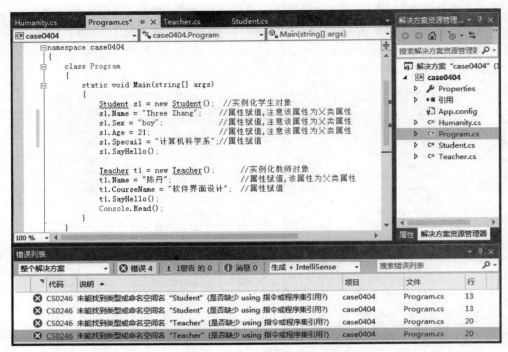

图 4.12　未引入命名空间导致的错误

接着，在 Program.cs 的程序头部使用语句"using myspace;"将 myspace 命名空间引入，则 Program.cs 类文件中就会识别到 myspace 命名空间中的三个类，程序可以正常运行。

【例 4.6】　本例以 System.Data.SqlClient 命名空间和 SqlConnection 类为例，演示命名空间的引入和类的调用。

首先需要打开 SQL Server 2014 数据库服务器，并新建一个数据库，命名为 DB_CASE04。由于本例只是演示数据库的连接，因此不需要在数据库中创建数据表和添加数据。

接着创建一个 C♯控制台应用程序项目，命名为 case0406。在 Program.cs 文件中，先使用"using System.Data.SqlClient;"语句引入命名空间，然后在 Main()函数中实例化 SqlConnection 类的一个对象，命名为 conn，在实例化时可以对数据库访问参数进行赋值。其中，Captainstudio 表示当前数据库服务器名称（读者需要将该内容修改为自己计算机中所安装的数据库服务器名称），DB_CASE04 表示要连接的数据库名称，Integrated Security＝SSPI 表示数据访问的身份验证方式为 Windows 集成验证。

```
using System;
using System.Collections.Generic;
using System.ComponentModel;
using System.Data;
using System.Drawing;
using System.Linq;
```

```
using System.Text;
//新增加
using System.Data.SqlClient;

namespace case0406
{
    //数据库连接测试
    class Program
    {
        static void Main(string[] args)
        {
            try
            {
                string connstr = " Data Source = Captainstudio; database = DB _ CASE04;
Integrated Security = SSPI";                          //连接字符串
                SqlConnection conn = new SqlConnection(connstr);     //创建连接对象
                conn.Open();                                         //打开连接
                Console.Write("数据库连接成功!");
                Console.Read();
            }
            catch
            {
                Console.Write("数据库连接失败!");
            }
        }
    }
}
```

4.6 习题

一、选择题

1. 下列关于构造函数的描述正确的是( )。
   A. 构造函数可以声明返回类型   B. 构造函数不可以用 private 修饰
   C. 构造函数必须与类名相同   D. 构造函数不能带参数

2. 下面对 C# 中类的构造函数描述正确的是( )。
   A. 与方法不同的是,构造函数只有 int 这一种返回类型
   B. 构造函数如同方法一样,需要人为调用才能执行其功能
   C. 构造函数一般被声明成 private 类型
   D. 在类中可以重载构造函数,C# 会根据参数匹配原则来选择执行合适的构造函数

3. 以下选项中,不属于面向对象的三大特点的是( )。
   A. 继承   B. 唯一   C. 封装   D. 多态

二、填空题

1. 实例化对象用的是类的_____方法/函数。

2. C# 数组的索引是由数字组成,默认从_____开始自增。

3. 面向对象的三大特征是_____、_____、_____。

三、判断题

1.（　　　）在C#中,类中的静态成员一般是通过类名来调用。

2.（　　　）一个类的构造函数通常与类名相同。

3.（　　　）在C#中,任何类都可以被继承。

4.（　　　）类只是某一类具有相同特征(属性)的事物(对象)的抽象模型,实际应用中还需要对类进行具体化(实例化)；对象是类进行实例化后的产物,是一个实体。

5.（　　　）类和对象是面向对象编程的基础。

第2部分　C#.NET窗体程序设计篇

第 5 章

Windows窗体设计

本章将详细讲解 Windows 窗体及窗体控件的设计与编程，包括 Form 窗体基本操作，Windows 控件设计，文本类控件设计，选择类控件设计，分组类控件设计，菜单、工具栏和状态栏控件设计等知识。每个知识点都配套经典示例，以便学生理解知识理论和掌握知识点的应用。

【本章要点】
☞ Form 窗体设计
☞ Windows 控件设计
☞ 分组类控件设计
☞ 菜单、工具栏和状态栏控件设计

5.1　Form 窗体

Windows 环境中主流的应用程序都是窗体应用程序，Windows 窗体应用程序比命令行应用程序要复杂得多，理解它的结构的基础是要理解窗体。Form 窗体也称为窗口，是 .NET Framework 的智能客户端技术。在 Windows 中，使用窗体可以显示信息、接收用户输入以及通过网络与远程计算机通信等。

使用 Visual Studio 2015 可以轻松地创建 Form 窗体程序。Form 窗体是 Windows 应用程序的基本单元，窗体都具有自己的特征，可以通过编程来设置。窗体也是对象，窗体类定义了生成窗体的模板，每实例化一个窗体类，就产生一个窗体对象。.NET Framework 类库的 System. Windows. Forms 命名空间中定义的 Form 类是所有窗体类的基类。

编写窗体应用程序时，首先需要设计窗体的外观并在窗体中添加控件。Visual Studio 2015 提供了一个图形化的可视化窗体设计器，可以实现所见即所得的设计效果，还可以快速开发窗体应用程序。

5.1.1　Form 窗体基本操作

Form 窗体的基本操作包括窗体的添加和删除、窗体的属性设置以及窗体事件和方法的应用。

【例 5.1】　本例将学习 Form 窗体的基本操作，包括窗体的添加、启动窗体的设置以及窗体的删除。启动 Visual Studio 2015，创建一个 Windows 窗体应用程序项目，命名为 case0501。

（1）添加新窗体。

在"解决方案资源管理器"面板中右击项目名称，在弹出的快捷菜单中选择"添加"→"Windows 窗体"或者"添加"→"新建项"命令，如图 5.1 所示，弹出"添加新项"对话框。

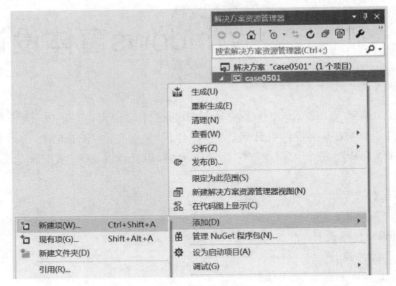

图 5.1　添加新建项

在"添加新项"对话框中，选择"Windows 窗体"选项，如图 5.2 所示，输入窗体名称后，单击"添加"按钮，即可向当前项目添加一个新窗体。

图 5.2　设置新窗体名称

（2）设置启动窗体。

所谓启动窗体，是指当项目运行时首先显示的窗体。每个项目都默认有一个启动窗体。

向项目中添加了多个窗体以后,根据需要可以修改要首先显示的窗体。

如图 5.3 所示,case0501 项目中有两个窗体,分别是 Form1 和 Form2,程序默认启动窗体是 Form1。如果需要将 Form2 设置为启动窗体,具体做法是:打开 Program.cs 文件,找到 Main()函数中的"Application.Run(new Form1());"语句,将其修改为"Application.Run(new Form2());"即可。

图 5.3　设置启动窗体

(3) 删除窗体。

删除窗体的方法非常简单,打开"解决方案资源管理器"面板,在要删除的窗体名称上右击,在弹出的快捷菜单中选择"删除"命令即可。

(4) Form 窗体剖析。

在 Windows 窗体应用程序项目中,每个项目都是一个命名空间,每个 Form 窗体都是一个类文件。每个 Form 窗体都由三个文件组成,以项目 case0501 中的 Form1 窗体为例,Form1 窗体文件分别包括 Form1.cs、Form1.Designer.cs 和 Form1.resx 文件。Windows 窗体的结构如图 5.4 所示。

图 5.4　Windows 窗体的结构

文件系统中的 Form 窗体文件清单和 Visual Studio 工具中的 Form 窗体文件清单分别如图 5.5 和图 5.6 所示。

Form1.cs 文件用于存放逻辑处理方法的源代码,Form1.Designer.cs 文件用于存放窗体布局的源代码,Form1.resx 文件用于存放窗体资源。这三个文件之间的关系分别介绍如下。

① Form1.cs 文件和 Form1.Designer.cs 文件。

图 5.5   文件系统中的 Form 窗体文件清单

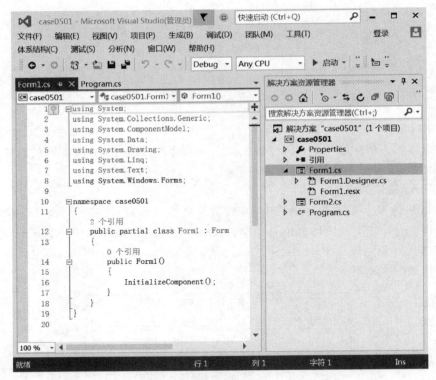

图 5.6   Visual Studio 工具中的 Form 窗体文件

Form1.cs 和 Form1.Designer.cs 是同一个类，Visual Studio 为了方便管理源代码，用 partial(部分)关键字把窗体类给拆开了，即将一个类写在两个文件中，分别定义部分类，Form1.Designer.cs 用于存放窗体布局的源代码，包括窗体的控件以及各控件的属性等信息；Form1.cs 用于存放逻辑处理方法的源代码，例如按钮的单击事件函数等。

2.1.1节已经讲解了同一个命名空间中不允许存在两个名称相同的类,但从图 5.7 和图 5.8 中可以看到这两个文件的类名都是 Form1,这是否有矛盾? 答案是没有矛盾。因为 Form1.cs 和 Form1.Designer.cs 对类的定义都使用了 partial 关键字,代表在 Form1.cs 中的 Form1 类是部分类,在 Form1.Designer.cs 中的 Form1 类也是部分类,两个文件是同一个类。

图 5.7 Form1.cs 文件　　　　　　　图 5.8 Form1.Designer.cs 文件

② Form1.Designer.cs 文件和 Form.cs[设计]。

Form1.Designer.cs 文件用于存放窗体布局的源代码,在 Visual Studio 还有一个 Form.cs[设计]的界面,该界面的作用又是什么呢?

Form.cs[设计]是可视化编程技术的结晶。所谓可视化编程,是以"所见即所得"的编程思想为原则,实现编程工作的可视化,即随时可以看到结果,程序与结果的调整同步。"可视"指的是无须编程,仅通过直观的拖放操作方式即可完成界面的设计工作。Visual Studio 是目前最好的 Windows 应用程序开发工具。

Visual Studio 工具中,如果用户需要在 Form1 窗体中添加控件,只需要在工具箱中选择所需要的控件,然后将其拖放到窗体中指定位置即可。例如,向 Form1 窗体中拖放一个按钮控件,将设置该控件显示文本为"登录",添加控件的过程如图 5.9 所示。

图 5.9 为窗体添加控件

此时 Visual Studio 工具将自动在 Form1.Designer.cs 生成该控件所需要源代码,如图 5.10 所示。也就是说,窗体上的所有控件都是通过源代码生成的,只是使用 Visual

Studio 通过拖放控件来完成。

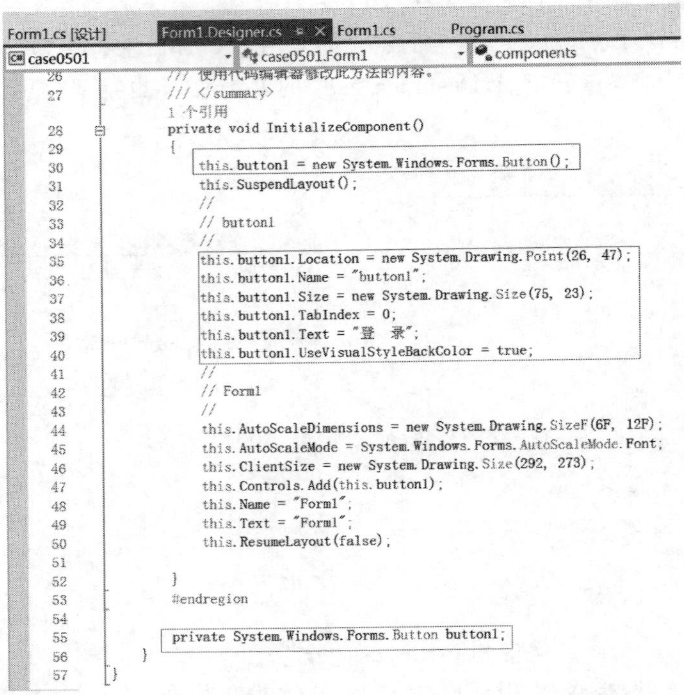


```
/// 使用代码编辑器修改此方法的内容。
/// </summary>
1 个引用
private void InitializeComponent()
{
    this.button1 = new System.Windows.Forms.Button();
    this.SuspendLayout();
    //
    // button1
    //
    this.button1.Location = new System.Drawing.Point(26, 47);
    this.button1.Name = "button1";
    this.button1.Size = new System.Drawing.Size(75, 23);
    this.button1.TabIndex = 0;
    this.button1.Text = "登  录";
    this.button1.UseVisualStyleBackColor = true;
    //
    // Form1
    //
    this.AutoScaleDimensions = new System.Drawing.SizeF(6F, 12F);
    this.AutoScaleMode = System.Windows.Forms.AutoScaleMode.Font;
    this.ClientSize = new System.Drawing.Size(292, 273);
    this.Controls.Add(this.button1);
    this.Name = "Form1";
    this.Text = "Form1";
    this.ResumeLayout(false);

}
#endregion

private System.Windows.Forms.Button button1;
    }
}
```

图 5.10 Form1.Designer.cs 文件中按钮的生成源代码

Form1.resx 用于存放窗体资源，如果窗体中使用图像、图标等，这些图像资源就会出现在 Form1.resx 中。

5.1.2 窗体属性、事件和方法

1. 窗体属性

WinForm 窗体包含一些基本的属性特征，包括图标、标题、位置和背景等，这些属性特征可以通过窗体的“属性”面板进行设置，也可以通过源代码实现。为了快速开发窗体应用程序，通常都是通过“属性”面板进行设置。窗体的常用属性及说明如表 5.1 所示。

表 5.1 窗体的常用属性及说明

属性名称	说明
Name	获取或设置窗体的名称
WindowState	获取或设置窗体的窗口状态，即窗体是最大化显示还是正常显示
StartPosition	获取或设置运行时窗体的起始位置，即窗体是显示在屏幕中间还是默认位置
Text	设置或返回在窗口标题栏中显示的文字
Width	获取或设置窗体的宽度
Height	获取或设置窗体的高度
ControlBox	获取或设置在该窗体的标题栏中是否显示控制框，即“最大化”和“最小化”按钮
MaximumBox	获取或设置是否在窗体的标题栏中显示“最大化”按钮
MinimizeBox	获取或设置是否在窗体的标题栏中显示“最小化”按钮

属 性 名 称	说　明
AcceptButton	获取或设置一个按钮的名称,当用户按 Enter 键时就相当于单击了窗体上的该按钮
CancelButton	获取或设置一个按钮的名称,当用户按 Esc 键时就相当于单击了窗体上的该按钮
BackColor	获取或设置窗体的背景色
BackgroundImage	获取或设置窗体的背景图像
Font	获取或设置控件显示的文本的字体
ForeColor	获取或设置控件的前景色
IsMdiChild	获取该窗体是否为多文档界面(MDI)子窗体
IsMdiContainer	获取或设置该窗体是否为多文档界面(MDI)中的子窗体的容器
Icon	设置窗体的图标(图标文件格式为.ico)
FormBorderStyle	设置窗体的边框效果
Opacity	设置窗体的不透明度,取值范围为 0%～100%,100%为完全不透明,0%为完全透明

1）设置窗体边框效果

窗体的 FormBorderStyle 属性用于设置窗体的边框效果。FormBorderStyle 属性有 7 个属性值,其属性值及说明如表 5.2 所示。

表 5.2　FormBorderStyle 属性值及说明

属 性 值	说　明
Fixed3D	固定的三维边框,不可调整大小
FixedDialog	固定的对话框样式的粗边框,不可调整大小
FixedSingle	固定的单行边框,不可调整大小
FixedToolWindow	不可调整大小的工具窗口边框
None	无边框
Sizable	可调整大小的边框
SizableToolWindow	可调整大小的工具窗口边框

2）控制窗体的显示位置

窗体的 StartPosition 属性用于设置加载窗体时窗体在显示器中的位置。StartPosition 属性有 5 个属性值,其属性值及说明如表 5.3 所示。

表 5.3　StartPosition 属性值及说明

属 性 值	说　明
CenterParent	窗体在其父窗体中居中
CenterScreen	窗体在当前显示器屏幕中居中
Manual	窗体位置由 Location 属性确定
WindowsDefaultBounds	窗体定位在 Windows 默认位置,其边界由 Windows 默认确定
WindowsDefaultLocation	窗体定位在 Windows 默认位置,其位置根据窗体大小指定

2. 窗体事件

现在的很多软件项目开发都被称为事件驱动型开发。所谓事件就是用户操作窗体或窗体自身状态发生变化时,所引起的一系列动作。Windows 是事件驱动的操作系统,对 Form 类的任何交互都是基于事件来实现的。Form 类提供了大量的事件用于响应对窗体执行的各种操作。常用的窗体事件有窗体加载事件 Load、窗体关闭事件 FormClosing 等。窗体常用事件及说明如表 5.4 所示。

表 5.4　窗体常用事件及说明

事 件 名 称	说　　明
Load	窗体加载事件，当窗体被打开时，将触发窗体的 Load 事件
FormClosing	窗体关闭事件，当窗体关闭时，触发该窗体的 FormClosing 事件
Activate	当窗体变为活动窗体时发生此事件，此事件比 Load 事件发生得晚
Deactivate	变为非激活
Click	当用户单击窗体时发生此事件
DragDrop	当完成一个完整的拖放动作或使用 Drag()方法时，发生此事件
Initialize	当应用程序创建 Form、MDIForm、User 控件、PropertyPage 或类的实例时发生
KeyDown	当窗体上没有能获得焦点的控件(如文本框控件)时，用户按下键盘上某个键时发生此事件

【例 5.2】　本例以系登录模块为例，学习 Form 窗体常用属性的设置，常用方法和事件的编程。

(1) 创建项目并新建窗体。

创建一个 Windows 窗体应用程序项目，命名为 case0502。系统默认创建一个 Form1 窗体，该窗体将作为系统登录窗体。因此，需要为项目添加一个新窗体作为系统主界面，将新窗体命名为 Frm_Main。

(2) 修改系统登录窗体名称。

将项目的默认窗体 Form1 作为系统登录窗体，修改该窗体名称为 Form_Login。在"解决方案资源管理器"面板中右击窗体 Form1，在弹出的快捷菜单中选择"重命名"命令，将窗体重命名为 Frm_Login 并按 Enter 键，弹出"您正在重命名一个文件。您也想在这个对源代码元素'Form1'的所有引用的项目中执行重命名吗"的对话框，单击"是（Y）"按钮，如图 5.11 所示。

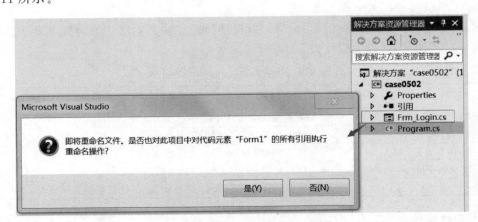

图 5.11　修改窗体名称

(3) 设置 Frm_Login 窗体属性。

在设计界面中选中 Frm_Login 窗体，在"属性"面板中设置该窗体属性。Frm_Login 窗体的具体属性设置及说明如表 5.5 所示。

表 5.5 Frm_Login 窗体的具体属性设置及说明

属 性 名 称	属 性 值	说 明
Name	Frm_Login	设置窗体的名称为 Frm_Login
WindowState	normal	设置窗体的窗口状态为"正常"
StartPosition	CenterScreen	设置运行时窗体的起始位置为"屏幕中间"
Text	系统登录	设置在窗口标题栏中显示的文字为"系统登录"
Width	300	设置窗体的宽度为 300(像素)
Height	200	设置窗体的高度 200(像素)
MaximizeBox	False	在窗体标题栏中不显示"最大化"按钮
MinimizeBox	True	在窗体标题栏中显示"最小化"按钮
FormBorderStyle	FixedSingle	设置窗体边框为不可拖动大小的效果

Frm_Login 窗体的属性设置过程如图 5.12 所示。

图 5.12 Frm_Login 窗体的属性设置过程

(4) 为 Frm_Login 窗体添加控件并设置属性。

Frm_Login 窗体需要添加两个标签控件(Label)、两个文本框控件(TextBox)和两个按钮控件(Button)。添加完控件后,需要为各控件设置相应的属性。设置控件属性的过程与设置窗体属性的过程相同,各控件具体属性设置及说明如表 5.6 所示。

表 5.6 各控件具体属性设置及说明

控 件	属 性	属 性 值	控 件	属 性	属 性 值
Label1	Text	用户名:	Button1	Name	btn_Login
Label2	Text	密码:		Text	登录
TextBox1	Name	txt_username	Button2	Name	btn_Cancel
TextBox2	Name	txt_password		Text	取消
	PasswordChar	*			

控件属性设置结束后,保存项目文件并运行程序,程序运行效果如图 5.13 所示。在程序运行的系统登录窗口分别输入用户名 admin、密码 123,可以看到密码以星号"*"显示。

图 5.13　系统登录窗体界面设计

（5）编写"登录"按钮单击事件。

关闭系统登录窗口或结束程序调试，返回项目开发环境中，双击"系统登录"窗口的"登录"按钮，进入源代码编写窗口。也可以单击"登录"按钮，在"属性"面板中选择 ⚡ 事件选项，进入事件列表面板，双击 Click 事件，进入源代码编写窗口（Frm_Login.cs 文件），如图 5.14 所示。

在 Frm_Login.cs 文件中，Visual Studio 已经自动创建一个 btn_Login_Click()事件函数。由于还没学习数据库编程知识，在此编写直接进入系统主窗体的源代码，在 btn_Login_Click 事件函数中编写如下源代码。

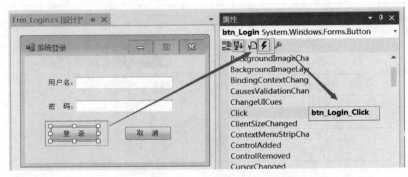

图 5.14　编写"登录"按钮 Click 事件

```
Frm_Main frm = new Frm_Main();          //实例化主窗体类
frm.Show();                             //显示主窗体
this.Hide();                            //隐藏登录窗体
```

注意：此时登录窗体不能关闭，因为该窗体是程序的启动窗体，关闭该窗体后，整个程序将会结束运行。

"登录"按钮单击事件源代码编写结束后，保存项目文件并运行程序，在程序运行的"系统登录"窗口直接单击"登录"按钮，可以看到"系统登录"窗口不见了，此时显示系统主界面。在系统主界面(Frm_Main)中，单击"关闭"按钮，发现系统主窗体关闭了，但程序没有结束，原因在于系统登录窗体还没关闭（刚才单击"登录"按钮时，系统登录窗体被隐藏了）。我们希望在关闭系统主窗体时，弹出"关闭提示"对话框，确定关闭后，结束程序运行。

（6）编写 Frm_Main 窗体关闭事件。

结束程序调试，返回项目开发环境中，在设计界面中选中 Frm_Main 窗体，在"属性"面板中选择 ⚡ 事件选项，进入事件列表面板，双击 FormClosing 事件，进入源代码编写窗口，如图 5.15 所示。

在 Frm_Main.cs 文件中，Visual Studio 已经自动创建一个 Frm_Main_FormClosing 事件函数。在该函数中编写如下源代码。

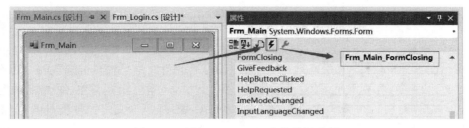

图 5.15　添加 Frm_Main 窗体关闭事件

```
//弹出确定对话框,获取选择结果
DialogResult result = MessageBox.Show("确定关闭系统?", "关闭提示", MessageBoxButtons.
YesNo, MessageBoxIcon.Question);

if (result == DialogResult.Yes)            //如果选择"是"
{
    e.Cancel = false;
    Application.Exit();                    //关闭程序
}
```

源代码编写完成后,保存项目文件并运行程序,通过"系统登录"窗口进入系统主界面,单击系统主界面的"关闭"按钮,弹出"关闭提示"对话框,如图 5.16 所示。确定关闭后,结束程序运行。

3. Windows 窗体常用方法

Windows 窗体常用方法包括 Show()、Hide()、Refresh()、Activate()、Close()和 ShowDialog()等。窗体常用方法及说明如表 5.7 所示。

图 5.16　窗体关闭提示

表 5.7　窗体常用方法及说明

方　　法	说　　明
Show()	显示窗体
Hide()	隐藏窗体
Refresh()	刷新并重画窗体
Activate()	激活窗体并给予它焦点
Close()	关闭窗体
ShowDialog()	将窗体显示为模式对话框

5.2　Windows 基本控件

控件是窗体设计的基本组成单位,通过使用控件可以高效地开发 Windows 应用程序。Windows 应用程序中的控件包括文本类控件、选择类控件、分组类控件、菜单控件、工具栏控件和状态栏控件等。

5.2.1　Windows 控件

1. 控件分类

在 Visual Studio 2015 开发环境中,常用控件可以分为文本类控件、选择类控件、分组类控件、菜单控件、工具栏控件以及状态栏控件。Windows 应用程序控件的基类是位于 System. Windows. Forms 命名空间的 Control 类。Control 类定义了控件类的共同属性、方法和事件,其他的控件类都直接或间接地派生自这个基类。常用控件及说明如表 5.8 所示。

表 5.8　常用控件及说明

控　　件	说　　明
文本类控件	可以在控件上显示文本
选择类控件	主要为用户提供选择的项目
分组类控件	可以将窗体中的其他控件进行分组显示
菜单控件	为系统制作功能菜单,将应用程序命令分组,使它们更容易访问
工具栏控件	提供了主菜单中常用的相关命令的快捷方式
状态栏控件	用于显示窗体上的对象的相关信息,或者可以显示应用程序的信息

2. 控件对齐

在 WinForm 窗体界面设计时,可以使用控件对齐功能对控件进行摆放位置设置。选定需要对齐的两个以上的控件,再选择菜单栏中的"格式"→"对齐"命令,然后选择对齐方式,或者选择工具栏上相应的对齐按钮,如图 5.17 所示。对齐方式分别有左对齐、居中对齐、右对齐、顶端对齐、中间对齐和底部对齐。

图 5.17　控件对齐

在执行对齐之前,首先选定主导控件(首先被选定的控件就是主导控件),该组对齐控件的最终对齐位置取决于主导控件的位置。

3. 控件命名规范

在使用控件的过程中,可以使用控件的默认名称,也可以自定义控件名称。为了提高程序的可读性和规范性,建议根据控件命名规范对控件命名。目前行业内主流的通用命名规范如表 5.9 所示。

表 5.9　行业内主流的通用命名规范

控 件 名 称	开 头 缩 写	控 件 名 称	开 头 缩 写
TextBox	txt	Panel	pl
Button	btn	GropuBox	gbox
ComboBox	cbox	TabControl	tcl
Label	lab	ErrorProvider	epro
DataGridView	dgv	ImageList	ilist
ListBox	lb	HelpProvider	hpro
Timer	tmr	ListView	lv
CheckBox	chb	TreeView	tv
LinkLabel	llbl	PictureBox	pbox
RichTextBox	rtbox	NotifyIcon	nicon
CheckedListBox	clbox	DateTimePicker	dtpicker
RadioButton	rbtn	MonthCalendar	mcalen
NumericUpDown	nudown	ToolTip	ttip

推荐控件的命名格式为：控件类型单词缩写 ＋ "_" ＋ 控件用途说明。如，"姓名"文本框的命名为 txt_Name。

5.2.2　文本类控件

文本类控件主要包括按钮控件（Button）、标签控件（Label）、链接标签控件（LinkLabel）、文本框控件（TextBox）和带格式的文本框控件（RichTextBox），如图 5.18 所示。

下面介绍最常用的几种文本类控件。

1. 按钮控件（Button）

Button 控件允许用户通过单击来执行操作，Button 控件既可以显示文本，也可以显示图像。常用的 Button 控件的事件为单击事件。

图 5.18　文本类控件

2. 标签控件（Label）

Label 控件主要用于显示用户不能编辑的文本，描述窗体上的对象（例如，为文本框、列表框等添加描述信息）。Label 控件上显示的文本信息可以直接在 Label 控件的"属性"面板中设置 Text 属性，也可以通过编写源代码来设置。

3. 文本框控件（TextBox）

TextBox 控件为用户提供信息输入接口，用于获取用户输入的数据或者显示文本。TextBox 控件通常用于可编辑文本，也可以设置为只读控件。文本框可以显示多行或密码框。文本框控件的常用属性及说明如表 5.10 所示。

表 5.10　文本框控件的常用属性及说明

属 性 名 称	属 性 值	说 明
ReadOnly	True ｜ False	True 为只读状态，False 为可编辑状态
PasswordChar	＊、＃ 等	将文本框设置为密码框时，输入密码时以掩码形式显示
Multiline	True ｜ False	True 为多行文本框

文本框控件的常用事件及说明如表 5.11 所示。

表 5.11　文本框控件的常用事件及说明

事件名称	说　　明
TextChanged	文本改变事件：当文本框中的文本内容发生更改时,将触发该事件
OnEnter	获取焦点事件：当光标移入文本框时,将触发该事件
OnLeave	失去焦点事件：当光标移出文本框时,将触发该事件

4. 带格式的文本框控件(RichTextBox)

RichTextBox 控件用于显示、输入和操作带有格式的文本。RichTextBox 控件除了执行 TextBox 控件的所有功能之外,还可以显示字体、颜色和链接,也可以从文件加载文本、嵌入图像等。带格式文本框控件的常用属性及说明如表 5.12 所示。

表 5.12　带格式文本框控件的常用属性及说明

属性名称	属　性　值	说　　明
Multiline	True｜False	是否多行显示
ScrollBars	Both｜None｜Horizontal 等	是否显示滚动条
SelectionFont	字体、大小、样式	设置字体属性

【例 5.3】　本例继续以系统登录模块为例,学习文本类控件的使用,包括各控件属性的设置,常用方法和事件的编程。

(1) 界面设计。

创建一个 Windows 窗体应用程序项目,命名为 case0503。在 Form1 窗体中添加三个 Label 控件、两个 TextBox 控件和一个 Button 控件,并为各控件设置相应的属性,如表 5.13 所示。

表 5.13　各控件具体属性设置及说明

控件名称	属性名称	属　性　值	控件名称	属性名称	属　性　值
Label1	Text	欢迎使用 QQ 软件		Name	txt_password
Label2	Text	QQ 号码：	TextBox2	PasswordChar	
Label3	Text	密码：		ForeColor	InactiveCaption
	Name	txt_username		Text	请输入密码
TextBox1	ForeColor	InactiveCaption	Button1	Name	btn_Login
	Text	请输入号码		Text	登录

(2) 编写"QQ 号码"文本框获取焦点事件。

界面设计完成后,接下来开始源代码编程,分别为"QQ 号码"和"密码"文本框编写获取焦点和失去焦点的事件。在 QQ 登录窗体中选中"QQ 号码"文本框(注意不是"QQ 号码："标签),在"属性"面板中选择 ⚡ 事件选项,进入事件列表面板,双击 Enter 事件(获取焦点),进入源代码编写窗口,如图 5.19 所示。

"QQ 号码"文本框获取焦点事件流程是：当光标移入"QQ 号码"文本框(即该文本框获取焦点)时,先判断文本框的内容是否为"请输入号码",如果是,则将"请输入号码"这几个字清空,等待用户输入。"QQ 号码"文本框获取焦点事件流程如图 5.20 所示。

图 5.19　"QQ 号码"文本框的 Enter 事件

"QQ 号码"文本框失去焦点事件流程是：当光标移出"QQ 号码"文本框（即该文本框失去焦点）时，判断"QQ 号码"文本框的内容是否为空，如果是，则将该文本框内容恢复为"请输入号码"。"QQ 号码"文本框失去焦点事件流程如图 5.21 所示。

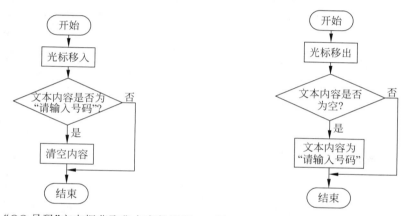

图 5.20　"QQ 号码"文本框获取焦点事件流程　图 5.21　"QQ 号码"文本框失去焦点事件流程

"QQ 号码"文本框获取焦点事件和失去焦点事件的源代码如下。添加"文本框失去焦点"的事件为 Leave，具体方法与添加"文本框获取焦点事件"相同。

```
//"QQ 号码"文本框获取焦点事件
private void txt_username_Enter(object sender, EventArgs e)
{
    if (txt_username.Text == "请输入号码")
    {
        txt_username.Text = "";              //清空内容
    }
}

//"QQ 号码"文本框失去焦点事件
private void txt_username_Leave(object sender, EventArgs e)
{
    if (txt_username.Text == "")
    {
```

```
            txt_username.Text = "请输入号码";
        }
    }
```

　　源代码编写完成后,保存项目文件并运行程序,读者可以将光标移入和移出"QQ 号码"文本框,体验"QQ 号码"文本框的使用效果。

　　(3) 编写"密码"文本框获取焦点事件。

　　接着分别为"密码"文本框添加获取焦点和失去焦点的事件,具体方法与步骤(4)相同。

　　"密码"文本框获取焦点事件流程是:当光标移入"密码"文本框(即"密码"文本框获取焦点)时,先判断"密码"文本框的内容是否为"请输入密码",如果是,则将"请输入密码"这几个字清空,等待用户输入密码。注意,应将"密码"文本框的 PasswordChar 属性值设为星号"＊","密码"将以掩码形式显示。"密码"文本框获取焦点事件流程如图 5.22 所示。

　　"密码"文本框失去焦点事件流程是:当光标移出"密码"文本框(即"密码"文本框失去焦点)时,判断文本框的内容是否为空,如果是,则将该"密码"文本框内容恢复为"请输入密码",注意此时应设为明码形式显示(才能看到具体文字信息)。"密码"文本框失去焦点事件流程如图 5.23 所示。

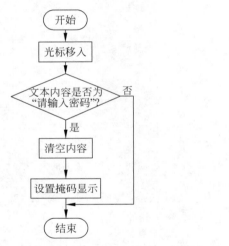
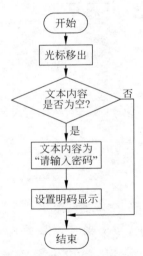

图 5.22　"密码"文本框获取焦点事件流程　　　　图 5.23　"密码"文本框失去焦点事件流程

"密码"文本框获取焦点事件和失去焦点事件的源代码如下:

```
//"密码"文本框获取焦点事件
private void txt_password_Enter(object sender, EventArgs e)
{
    if (txt_password.Text == "请输入密码")
    {
        txt_password.Text = "";                    //清空内容
        txt_password.PasswordChar = '＊';          //设置掩码显示
    }
}
//"密码"文本框失去焦点事件
private void txt_password_Leave(object sender, EventArgs e)
```

```
    {
        if (txt_password.Text == "")
        {
            txt_password.Text = "请输入密码";
            txt_password.PasswordChar = '\0';        //设置明码显示
        }
    }
```

源代码编写完成后,保存项目文件并运行程序,读者可以将光标移入和移出"密码"文本框,体验"密码"文本框的使用效果。

(4) 编写"登录"按钮单击事件。

源代码如下:

```
//"登录"按钮单击事件
private void btn_Login_Click(object sender, EventArgs e)
{
    if (txt_username.Text.Trim() == "" || txt_username.Text.Trim() == "请输入号码")
    {
        txt_username.Focus();                    //将光标移入"QQ号码"文本框,即获取焦点
    }
    else if (txt_password.Text.Trim() == "" || txt_password.Text.Trim() == "请输入密码")
    {
        txt_password.Focus();                    //将光标移入"密码"文本框,即获取焦点
    }
    else
    {
        MessageBox.Show("可以开始连接数据库了!");
    }
}
```

源代码编写完成后,保存项目文件并运行程序,程序运行效果如图 5.24 所示。读者可以综合体验该 QQ 登录功能,理解各文本类控件的属性设置和事件原理。

5.2.3 选择类控件

选择类控件主要包括下拉列表框控件(ComboBox)、单选按钮控件(RadioButton)、复选框控件(CheckBox)、数值选择控件(NumericUpDown)和列表框控件(ListBox),如图 5.25 所示。

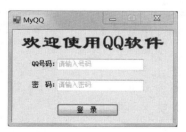

图 5.24 文本类控件事件

图 5.25 选择类控件

1. 下拉列表框控件(ComboBox)

ComboBox 控件用于在下拉列表框中显示数据,下拉列表框控件的常用属性及说明如表 5.14 所示。

表 5.14　下拉列表框控件的常用属性及说明

属 性 名 称	属 性 值	说　明
DropDownStyle	Simple	使该控件的列表部分总是可见
	DropDown	用户可以编辑该控件的文本框部分
	DropDownList	用户不能编辑该控件的文本框部分,只能选择下拉操作
DropDownWidth	像素	获取或设置该控件下拉部分的宽度
DropDownHeight	像素	获取或设置该控件下拉部分的高度
Items		获取或设置该控件中所包含项的集合
MaxDropDownItems		获取或设置要在 ComboBox 中显示的内容项

下拉列表框控件的常用事件及说明如表 5.15 所示。

表 5.15　下拉列表框控件的常用事件及说明

事 件 名 称	说　明
TextChanged	在 Text 属性值更改时触发该事件
SelectedIndexChanged	在 SelectedIndex 属性更改后触发该事件
SelectedValueChanged	当 SelectedValue 属性更改时触发该事件

【例 5.4】　本例学习下拉列表框控件的使用,重点学习 DropDownStyle 属性、Items 属性和 SelectedValueChanged 事件。创建一个 Windows 窗体应用程序,分别添加文本框、下拉列表框、标签控件和按钮控件。编写按钮单击事件,将文本框内容添加到下拉列表框中。然后编写下拉列表框的选择项改变事件,将下拉列表框的选中项的值显示在标签中。程序运行效果如图 5.26 所示。

图 5.26　下拉列表框控件使用

(1) 界面设计。

创建一个 Windows 窗体应用程序项目,命名为 case0504。在 Form1 窗体中分别添加 TextBox、ComboBox、Label 和 Button 控件。

(2) 编写按钮单击事件。

为"添加"按钮编写 Click 事件函数,具体源代码如下:

```
//按钮单击事件
private void button1_Click(object sender, EventArgs e)
{
    comboBox1.DropDownStyle = ComboBoxStyle.DropDown;    //设置下拉列表框只能选择下拉

    comboBox1.Items.Add(textBox1.Text);                  //将文本框内容添加到下拉列表框的行
}
```

（3）编写下拉列表框的选择项改变事件。

为下拉列表框控件编写 SelectedValueChanged 事件函数，具体源代码如下：

```
//下拉列表框选择项改变时
private void comboBox1_SelectedValueChanged(object sender, EventArgs e)
{
    label1.Text = comboBox1.Text;
}
```

2. 单选按钮控件（RadioButton）

RadioButton 控件为用户提供由两个或多个互斥选项组成的选项集。当用户选中某单选按钮时，同一组中的其他单选按钮不能同时选定。单选按钮控件的常用属性及说明如表 5.16 所示。

表 5.16 单选按钮控件的常用属性及说明

属 性 名 称	属 性 值	说　　　明
Text		单选按钮显示的文本
Checked	True|False	判断单选按钮是否被选中
AutoCheck	True|False	单选按钮在选中时自动改变状态，默认为 True

单选按钮控件的常用事件及说明如表 5.17 所示。

表 5.17 单选按钮控件的常用事件及说明

事 件 名 称	说　　　明
CheckedChanged	当单选按钮控件的选择状态发生改变时触发该事件
Click	单击控件时触发该事件

【例 5.5】 本例学习单选按钮控件的使用，创建一个 Windows 窗体应用程序，分别添加两个标签控件、三个单选按钮控件。分别编写每个单选按钮的 CheckedChanged 事件，分别显示相应信息。程序运行效果如图 5.27 所示。

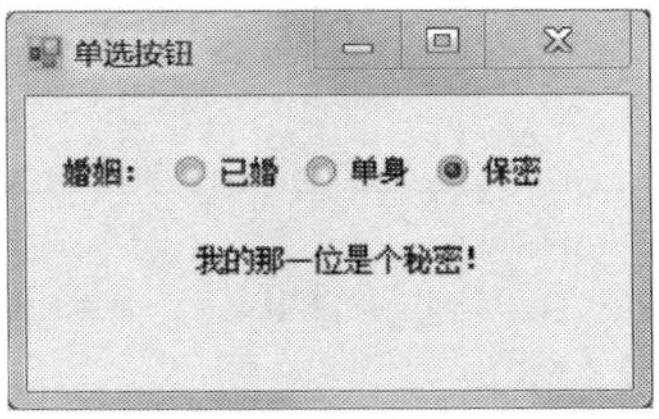

（1）界面设计。

创建一个 Windows 窗体应用程序项目，命名为 case0505。在 Form1 窗体中添加两个 Label 控件和三个 RadioButton 控件。

（2）编写单选按钮的 CheckedChanged 事件。

分别为三个单选按钮编写 CheckedChanged 事件

图 5.27 单选按钮控件使用

函数,具体源代码如下:

```csharp
//已婚
private void radioButton1_CheckedChanged(object sender, EventArgs e)
{
    if (radioButton1.Checked)
    {
        label2.Text = "我已经结婚啦!";
    }
}

//单身
private void radioButton2_CheckedChanged(object sender, EventArgs e)
{
    if (radioButton2.Checked)
    {
        label2.Text = "我是单身一族哦!";
    }
}

//保密
private void radioButton3_CheckedChanged(object sender, EventArgs e)
{
    if (radioButton3.Checked)
    {
        label2.Text = "我的那一位是个秘密!";
    }
}
```

3. 复选框控件(CheckBox)

CheckBox 控件用来表示是否选取了某个选项条件,常用于为用户提供具有是/否或者是真/假值的选项。复选框控件的常用属性及说明如表 5.18 所示。

表 5.18　复选框控件的常用属性及说明

属性名称	属 性 值	说　　　明
TextAlign	TopLeft、TopCenter 等	设置文字对齐方式,有 9 种选择
Checked	True|False	获取或设置复选框是否被选中,值为 True 表示选中,值为 False 表示没被选中。当 ThreeState 属性值为 True 时,中间态也表示选中
CheckState	True|False	获取或设置复选框的状态。当 ThreeState 属性值为 False 时,取值有 Checked 或 Unchecked。当 ThreeState 属性值为 True 时,取值还有 Indeterminate,复选框显示为浅灰色选中状态,表示该选项下的子选项未完全选中
ThreeState	True|False	获取或设置复选框是否能表示三种状态。属性值为 True 表示可以表示三种状态(选中、没选中和中间态),属性值为 False 表示两种状态(选中和没选中)

复选框控件的常用事件及说明如表 5.19 所示。

表 5.19　复选框控件的常用事件及说明

事 件 名 称	说　　明
CheckedChanged	当复选框的 Checked 属性发生改变时,引发该事件
CheckedStateChanged	当 CheckedState 属性改变时,引发该事件

4. 数值选择控件(NumericUpDown)

NumericUpDown 控件是一个显示和输入数值的控件,该控件提供一对上下箭头,用户可以单击上下箭头选择数值,也可以直接输入。NumericUpDown 控件的常用属性及说明如表 5.20 所示。

表 5.20　NumericUpDown 控件的常用属性及说明

属 性 名 称	说　　明
Maximum	设置最大数值,如果输入值大于该值,则自动把输入值改为设置的最大值
Minimum	设置最小数值,如果输入值小于该值,则自动把输入值改为设置的最小值
value	获取或设置 NumericUpDown 控件中显示的数值
DecimalPlaces	设置在小数点后显示几位,默认值为 0 位
ThousandsSeparator	设置是否每隔 3 个十进制数字位就插入一个分隔符,默认情况下为 False

5. 列表框控件(ListBox)

ListBox 控件用于显示一个列表,用户可以从中选择一项或多项。如果选项总数超出可以显示的项数,则控件会自动添加滚动条。ListBox 控件的常用属性及说明如表 5.21 所示。

表 5.21　ListBox 控件的常用属性及说明

属 性 名 称	属 性 值	说　　明
HorizontalScrollbar	True ｜ False	显示水平滚动条
ScrollAlwaysVisible	True ｜ False	始终显示垂直滚动条
SelectionMode	MultiExtended	选择多项,可使用 Shift 键、Ctrl 键和箭头键来进行选择
	MultiSimple	选择多项
	None	无法选择项
	One	只能选择一项

ListBox 控件的常用方法及说明如表 5.22 所示。

表 5.22　ListBox 控件的常用方法及说明

方　　法	说　　明
Items. Add( )	向 ListBox 控件中添加项目
Items. Remove( )	将 ListBox 控件中选中的项目移除
Items. Clear( )	清空 ListBox 控件的所有项目

5.2.4　分组类控件

分组类控件主要包括分组框控件(GroupBox)、容器控件(Panel)和选项卡控件(TabControl),

GroupBox	分组框控件	
Panel	容器控件	
TabControl	选项卡控件	

图 5.28　分组类控件

如图 5.28 所示。

1. 分组框控件(GroupBox)

GroupBox 控件主要为其他控件提供分组,按照控件的分组来细分窗体的功能。GroupBox 控件以边框形式出现,可以设置标题,但没有滚动条。

2. 容器控件(Panel)

Panel 控件用于为其他控件提供可识别的分组,Panel 控件默认情况下没有边框。当一个窗体中需要显示两组单选按钮时,则可以使用 Panel 控件将其中一组单选按钮放在其中,从而与另一组单选按钮进行逻辑隔离。

【例 5.6】　本例学习 Panel 控件的使用,当一个 WinForm 窗体中需要使用两组单选按钮时(如性别和婚姻),可以使用 Panel 控件将单选按钮进行分组。

创建一个 Windows 窗体应用程序,命名为 case0506。先添加一个 Label 控件(显示"性别:")、两个 RadioButton 控件(分别显示"男"和"女")。接着添加一个 Panel 控件,在控件中继续添加一个 Label 控件(显示"婚姻:")、两个 RadioButton 控件(分别显示"已婚"和"未婚"),界面设计如图 5.29 所示。

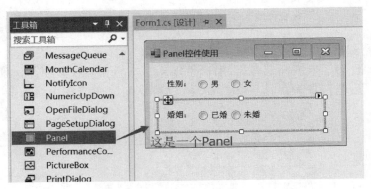

图 5.29　添加 Panel 控件

保存项目文件并运行程序,程序运行效果如图 5.30 所示。此时"性别"单选按钮组和"婚姻"单选按钮组可以独立选择。

3. 选项卡控件(TabControl)

TabControl 控件可以添加多个选项卡,然后在选项卡上添加子控件。这样就可以把窗体设计成多页,使窗体的功能划分为多个部分。选项卡中可包含图片或其他控件。选项卡控件还可以用来创建用于设置一组相关属性的属性页。TabControl 控件包含选项卡页,TabPage 控件表示选项卡,TabControl

图 5.30　Panel 控件的使用

控件的 TabPages 属性表示其中的所有 TabPage 控件的集合。TabPages 集合中 TabPage 选项卡的顺序反映了 TabControl 控件中选项卡的顺序。TabControl 控件的常用属性及说明如表 5.23 所示。

表 5.23　TabControl 控件的常用属性及说明

属 性 名 称	属 性 值	说　　明
Alignment	Top│Bottom Left│Right	设置标签在标签控件的显示位置,默认为控件顶部
Appearance	Normal Buttons FlatButtons	设置标签显示方式,分为按钮或平面样式
HotTrack	True│False	当鼠标指针滑过控件标签时的外观是否改变
Multiline	True│False	是否允许多行标签
RowCount	True│False	获取当前显示的标签行数
SelectedIndex		获取或设置选中标签的索引号
SelectedTab		获取或设置选中中的标签
TabCount		获取标签总数
TabPages		控件中 TabPage 对象集合

TabControl 控件的常用方法及说明如表 5.24 所示。

表 5.24　TabControl 控件的常用方法及说明

方　　法	说　　明
TabPages. Add()	向 TabControl 控件中添加新的选项卡
TabPages. Remove()	将 TabControl 控件中选中的选项卡移除
TabPages. Clear()	清空 TabControl 控件的所有选项卡

5.2.5　菜单控件

菜单是窗体应用程序主要的用户界面要素,主菜单控件(MenuStrip)支持多文档界面、菜单合并、工具提示和溢出。可以通过添加访问键、快捷键、选中标记、图像和分隔条来增强菜单的可用性和可读性。菜单控件包括主菜单控件(MenuStrip)和快捷菜单控件(ContextMenuStrip),如图 5.31 所示。

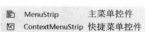

图 5.31　菜单控件

【例 5.7】　本例学习菜单控件的使用,创建菜单控件,添加"文件""编辑""视图"等菜单项,分别设置各菜单项的快捷键。

创建一个 Windows 窗体应用程序,命名为 case0507。在 Form1 窗体中添加一个 MenuStrip 控件。输入各菜单项信息,顶级菜单中分别输入"文件""编辑""视图"。在"文件"菜单项的下级菜单中分别输入"新建""打开"分隔线"-""保存"和"退出"菜单项,界面设计如图 5.32 所示。

接着根据需要为各菜单项设置相应访问快捷键,选中菜单项,在"属性"面板中设置属性 ShortcutKeys 的值。例如"新建"菜单项的访问快捷键为 Ctrl+N,设置过程如图 5.33 所示。

图 5.32　添加菜单项

保存项目文件并运行程序,即可看到菜单控件运行效果如图5.34所示。

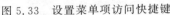

图5.33　设置菜单项访问快捷键

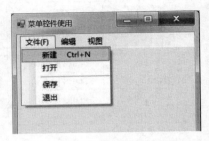

图5.34　菜单控件运行效果

5.2.6　工具栏控件

工具栏控件(ToolStrip)用于创建具有Windows系统产品风格的工具栏及其他用户界面元素。工具栏是一个控件容器,一个工具栏控件可以添加多个项目,工具栏项目包括按钮控件(Button)、标签控件(Label)、具有下拉效果的按钮控件(SplitButton和DropDownButton)、分隔符(Separator)、下拉列表框控件(ComboBox)、文本框控件(TextBox)和进度条控件(ProgressBar)。工具栏控件如图5.35所示。

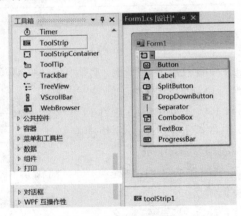

图5.35　工具栏控件

【例5.8】　本例学习工具栏控件的使用,创建一个工具栏控件,分别添加按钮、标签、文本框等控件。

创建一个Windows窗体应用程序,命名为case0508。在Form1窗体中添加一个工ToolStrip控件。添加各工具栏项目控件:以"新建"按钮为例,添加一个按钮控件并设置其属性,为属性Image选择相应的图标文件,属性DisplayStyle设置为ImageAndText,属性TextImageRelation设置为ImageAboveText,界面设计如图5.36所示。依此方法添加并设计其他控件。保存项目文件并运行程序,即可看到工具栏控件运行效果如图5.37所示。

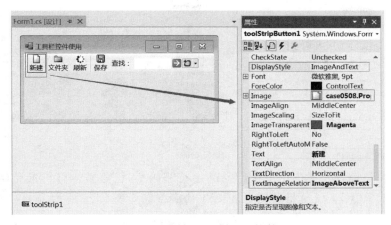

图 5.36 添加工具栏项目控件

5.2.7 状态栏控件

状态栏控件(StatusStrip)通常位于窗体的最底部,用于显示窗体上对象的相关信息,或者显示应用程序的信息。StatusStrip 控件包含标签控件(Label)、进度条控件(ProgressBar)和具有下拉效果的按钮控件(SplitButton 和 DropDownButton)。状态栏控件如图 5.38 所示。

图 5.37 工具栏控件运行效果

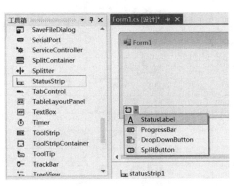

图 5.38 状态栏控件

5.3 综合案例

5.3.1 案例5.1 只允许输入数字的文本框

在开发一些应用软件时,要求用户录入数据,根据录入数据的类型和具体情况需要对数据进行处理。例如,在录入年龄时,要求录入的数据必须是数字。为了防止用户录入错误的数据,需要在文本框中对录入的数据进行处理,如果录入的数据不符合要求,则给出相应的提示信息。

【技术要点】

(1) TextBox 控件的 KeyPress 事件用来在控件获取焦点的情况下按下键盘中的按键时触发。控制文本框中只能输入数字主要通过 TextBox 控件的 KeyPress 事件实现的。其

语法格式如下:

```
private void textBox1_KeyPress(object sender, KeyPressEventArgs e)
{
    [语句块]
}
```

KeyPressEventArgs 是事件数据,其属性 KeyChar 用于获取键盘按下键所对应的 ASCII 字符。

(2) 键盘的 ASCII 字符。

ASCII 码是目前计算机中用得最广泛的字符编码集,已经被国际标准化组织(ISO)定为国际标准,称为 ISO 646 标准。键盘的 ASCII 字符集如表 5.25 所示。

表 5.25　键盘的 ASCII 字符集

十进制	字　　符	十进制	字　　符	十进制	字　　符
0	nul(空字符)	30	re(记录分离符)	60	<
1	soh(标题开始)	31	us(单元分隔符)	61	=
2	stx(正文开始)	32	sp(空格)	62	>
3	etx(正文结束)	33	!	63	?
4	eot(传输结束)	34	"	64	@
5	enq(请求)	35	#	65	A
6	ack(收到通知)	36	$	66	B
7	bel(响铃)	37	%	67	C
8	bs(退格)	38	&.	68	D
9	ht(水平制表符)	39	`	69	E
10	nl(换行键)	40	(	70	F
11	vt(垂直制表符)	41	)	71	G
12	ff(换页键)	42	*	72	H
13	er(Enter 键)	43	+	73	I
14	so(不用切换)	44	,	74	J
15	si(启用切换)	45	—	75	K
16	dle(数据链路转义)	46	.	76	L
17	dc1(设备控制 1)	47	/	77	M
18	dc2(设备控制 2)	48	0	78	N
19	dc3(设备控制 3)	49	1	79	O
20	dc4(设备控制 4)	50	2	80	P
21	nak(拒绝接收)	51	3	81	Q
22	syn(同步空闲)	52	4	82	R
23	etb(传输块结束)	53	5	83	S
24	can(取消)	54	6	84	T
25	em(介质中断)	55	7	85	U
26	sub(替补)	56	8	86	V
27	esc(换码(溢出))	57	9	87	W
28	fs(文件分割符)	58	:	88	X
29	gs(分组符)	59	;	89	Y

续表

十进制	字　符	十进制	字　符	十进制	字　符
90	Z	103	g	116	t
91	[	104	h	117	u
92	\	105	i	118	v
93	]	106	j	119	w
94	^	107	k	120	x
95	_	108	l	121	y
96	'	109	m	122	z
97	a	110	n	123	{
98	b	111	o	124		
99	c	112	p	125	}
100	d	113	q	126	~
101	e	114	r	127	del
102	f	115	s		

【实现步骤】

创建一个 Windows 窗体应用程序,命名为 case0509。在 Form1 窗体中添加 Label 和 TextBox 控件。界面设计完成后,接下来开始源代码编程,为文本框编写 KeyPress 事件,如图 5.39 所示。

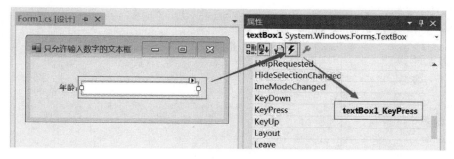

图 5.39　编写文本框 KeyPress 事件

文本框 KeyPress 事件的具体源代码如下:

```
private void textBox1_KeyPress(object sender, KeyPressEventArgs e)
{
    //如果输入的不是数字,也不是 Backspace 键,也不是 Enter 键
    if (!char.IsDigit(e.KeyChar) && e.KeyChar != 8 && e.KeyChar != 13)
    {
        e.Handled = true;              //不接受此输入,即输入无效
    }
}
```

保存项目文件并运行程序,程序运行效果如图 5.40 所示。此时文本框只能接受数字数据,不能输入非数字字符。

图 5.40　只允许输入数字的文本框

5.3.2　案例 5.2　带查询功能的下拉列表框

下拉列表框控件可以方便地显示多项数据内容,通过设置 ComboBox 控件的 AutoCompleteSource 属性和 AutoCompleteMode 属性,可以从 ComboBox 控件中查询已存在的项,自动完成控件内容的输入。当用户在 ComboBox 控件中输入一个字符时, ComboBox 控件会自动列出最有可能与之匹配的选项,如果符合用户的要求,则直接确认, 从而加快用户输入。

【实现步骤】

创建一个 Windows 窗体应用程序,命名为 case0510。在 Form1 窗体中添加一个 ComboBox 控件。界面设计完成后,接下来开始源代码编程,为 Form1 窗体编写窗体加载事件(Load),打开窗体时,自动为下拉列表框添加列表项。具体源代码如下:

```
//窗体加载事件
private void Form1_Load(object sender, EventArgs e)
{
    //为下拉列表框添加列表项
    comboBox1.Items.Add("可视化编程技术");
    comboBox1.Items.Add("PHP 程序设计");
    comboBox1.Items.Add("软件工程");
    comboBox1.Items.Add("电子商务概论");
    comboBox1.Items.Add("计算机导论");
}
```

为下拉列表框编写 TextChanged 事件,当用户在 ComboBox 控件中输入一个字符时, ComboBox 控件会自动列出最有可能与之匹配的选项。具体源代码如下:

```
private void comboBox1_TextChanged(object sender, EventArgs e)
{
    if (comboBox1.Text != "")
    {
        comboBox1.AutoCompleteMode = AutoCompleteMode.SuggestAppend;
        comboBox1.AutoCompleteSource = AutoCompleteSource.ListItems;
    }
}
```

保存项目文件并运行程序,程序运行效果如图 5.41 所示。

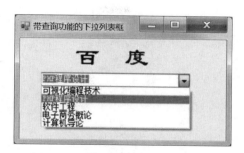

图 5.41　带查询功能的下拉列表框

5.3.3　案例 5.3　逐渐显示的软件启动界面

很多软件都带有欢迎界面,例如 Visual Studio、Photoshop、Office 等,当打开这些软件时,首先会出现一个逐渐显示的欢迎界面。本案例将使用 Timer 控件实现一个逐渐显示的软件启动界面。

【实现步骤】

(1)创建一个 Windows 窗体应用程序,命名为 case0511。在设计界面中选中 Form1 窗体,在"属性"面板中设置该窗体属性。Form1 窗体的具体属性设置及说明如表 5.26 所示。

表 5.26　Form1 窗体的具体属性设置及说明

属 性 名 称	属 性 值	属 性 名 称	属 性 值
StartPosition	CenterScreen	FormBorderStyle	None
Width	424	BackgroundImage	选择图像资源
Height	222	Opacity	0%

(2)添加 Timer 控件。从工具箱中选中 Timer 控件,将其拖放到 Form1 窗体中,并且设置 Timer 控件的属性 Enabled 为 True,属性 Interval 为 100,即时间间隔为 100ms(即为 0.1s),如图 5.42 所示。

图 5.42　添加 Timer 控件

（3）选中 timer1 控件，为其编写 Tick 事件函数，编写源代码如下。

```
private void timer1_Tick(object sender, EventArgs e)
{
    if (this.Opacity <= 1.0)
    {
        this.Opacity = this.Opacity + 0.02;        //窗体的不透明度逐渐增加
    }
}
```

（4）保存项目文件并运行程序，可以看到窗体正在逐渐显示，程序运行效果如图 5.43 所示。

图 5.43　逐渐显示的软件启动界面

5.3.4　案例 5.4　状态栏实时显示时间

使用过 Windows 系列操作的用户都会记得，Windows 操作系统状态栏右侧及时显示当前时间。本案例使用 Timer 控件实现在状态栏中实时显示时间。

【实现步骤】

创建一个 Windows 窗体应用程序，命名为 case0512。添加一个 StatusStrip 控件，并且在状态栏中添加两个 Label 控件。接着添加一个 Timer 控件，并且设置 Timer 控件的属性 Enabled 为 True，属性 Interval 为 1000，即时间间隔为 1000ms（即为 1s 执行一次 Tick 事件），如图 5.44 所示。

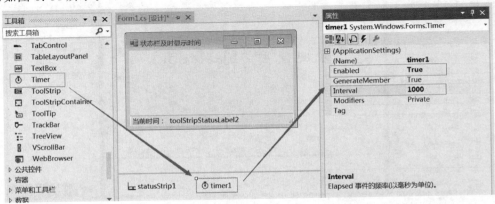

图 5.44　添加 Timer 控件

选中 timer1 控件,为其编写 Tick 事件函数,编写源代码如下:

```
private void timer1_Tick(object sender, EventArgs e)
{
    //将当前时间赋值给标签控件
    toolStripStatusLabel2.Text = DateTime.Now.ToString();
}
```

保存项目文件并运行程序,可以看到窗体状态栏中及时显示当前时间,程序运行效果如图 5.45 所示。

图 5.45　状态栏实时显示时间

5.4　习题

一、选择题

1. 如果将窗体的 FormBoderStyle 设置为 None,则(　　)。

　　A. 窗体没有边框并不能调整大小　　　　B. 窗体没有边框但能调整大小

　　C. 窗体有边框但不能调整大小　　　　　D. 窗体是透明的

2. 若有语句:label1.Text="C♯.NET",默认情况下,在执行本语句之后标签控件的 Name 属性和 Text 属性的值分别为(　　)。

　　A. "label1" "C♯.NET"　　　　　　　　B. "label1" "Text"

　　C. "label1" "label1"　　　　　　　　　D. "Text" "label1"

3. (　　)事件是在窗体被装入工作区时自动触发的事件。

　　A. Click　　　　　　B. Load　　　　　　C. Closed　　　　　D. Move

4. 如果要在窗体中始终显示系统的当前时间,应该使用的控件是(　　)。

　　A. CheckBox　　　　B. Panel　　　　　C. RadioButton　　D. Timer

5. 下面(　　)源代码可以显示一个消息框。

　　A. MessageBox.Show();　　　　　　　　B. Dialog.Show();

　　C. Form.Show();　　　　　　　　　　　D. Form.ShowDialog();

6. Windows 窗体属性中,用于获取或设置运行时窗体的初始显示位置的属性是(　　)。

　　A. Name　　　　　　　　　　　　　　　B. WindowsState

　　C. StartPosition　　　　　　　　　　　D. Text

7. 窗体中有一个表示物品数量的文本框 txt_Count,下面源代码(　　)可以获得文本框中的数量值。

    A. int count ＝ txt_Count;

    B. int count ＝ int. Parse(txt_Count. Text);

    C. int count ＝ txt_Count. Text;

    D. int count ＝ Convert. ToInt32(txt_Count);

8. 若有语句：text2. Text＝"ASP. NET"，默认情况下，在执行本语句之后标签控件的 Name 属性和 Text 属性的值分别为(　　　　)。

    A. "text2" "ASP. NET"　　　　　　　　B. "text2" "Text"

    C. "text2" "text2"　　　　　　　　　　D. "Text" "Name"

9. 下面关于 Windows 窗体的属性描述，不正确的选项是(　　　　)。

    A. Name 获取或设置窗体的名称

    B. WindowState 获取或设置是否在窗体的标题栏中显示"最小化"按钮

    C. StartPosition 获取或设置运行时窗体的起始位置，即窗体是显示在屏幕中间还是默认位置

    D. Text 设置或返回在窗口标题栏中显示的文字

10. 以下选项中，不属于文本类控件的是(　　　　)。

    A. 标签控件(Label)

    B. 文本框控件(TextBox)

    C. 带格式的文本控件(RichTextBox)

    D. 工具栏控件(ToolStrip)

11. 以下选项中，不属于选择类控件的是(　　　　)。

    A. 按钮控件(Button)　　　　　　　　　B. 下拉列表框控件(ComboBox)

    C. 复选框控件(CheckBox)　　　　　　　D. 单选按钮控件(RadioButton)

12. 下面关于文本框控件的事件描述，错误的是(　　　　)。

    A. TextChange 表示文本改变事件，当文本框中的文本内容发生更改时，将触发该事件

    B. OnEnter 表示获取焦点事件，当光标移入文本框时，将触发该事件

    C. OnLeave 表示失去焦点事件，当光标移出文本框时，将触发该事件

    D. OnFormClosing 表示文本框关闭事件，当文本框关闭时，将触发该事件

13. 在 C# 的 Windows 窗体应用程序中，下面(　　　　)选项不是一个 Form 窗体包含的文件。

    A. Form. cs　　　　　　　　　　　　　B. Form. Designer. cs

    C. Form. resx　　　　　　　　　　　　D. Program. cs

14. 以下选项中，不属于分组类控件的是(　　　　)。

    A. 分组框控件(GroupBox)　　　　　　　B. 容器控件(Panel)

    C. 文本框控件(TextBox)　　　　　　　D. 选项卡控件(TabControl)

二、填空题

1. 设置控件为不可用的属性是_____，设置控件为不可见的属性是_____。

2. 在一个带"\"的字符串前加上_____字符，可使"\"失去转义符功能。

3. 修改控件的名称,需要设置该控件的_____属性。

4. 在 Windows 窗体应用程序中,每个 Form 窗体文件都包括三个文件,分别是_____文件、_____文件和_____文件。

5. C♯程序中,用于弹出一个对话框的源代码是_____。

三、判断题

1. (　　　)在 Windows 窗体应用程序中,可以使用 Show()方法来打开一个窗体。

2. (　　　)窗体的 StartPosition 属性用于设置加载窗体时窗体在显示器中的位置。

3. (　　　)Windows 应用程序控件的基类是位于 System.Windows.Forms 命名空间的 Control 类。

4. (　　　)窗体的 FormBorderStyle 属性用于设置窗体的边框效果。

5. (　　　)Windows 是事件驱动的操作系统,对 Form 类的任何交互都是基于事件来实现的。

ADO.NET数据库应用开发

要完成 C♯ 项目开发,需要学习 C♯ 语法知识、Windows 窗体设计和数据库设计与应用知识。本章将详细讲解数据库的设计、开发与应用知识重点讲解 Windows 窗体程序与 SQL Server 数据库之间的数据访问操作。每个知识点都配套经典示例,以便学生理解知识理论和掌握知识的应用。

【本章要点】
☞ SQL Server 数据库操作
☞ ADO. NET 数据访问技术

6.1　SQL Server 数据库操作

数据库是按照一定数据结构进行组织、存储和管理数据的仓库,是存储在一起的相关数据的集合。计算机系统中只能存储二进制的数据,而数据存在的形式却是多种多样的,如文字、图片、视频、音频等。数据库可以将多样化的数据转换为二进制的形式,使其能够被计算机识别,同时可以将存储在数据库中的二进制数据以合理的方式转换为人们可以识别的逻辑数据。使用数据库可以减少数据的冗余度,节省数据的存储空间。

随着数据库技术的发展,为了进一步提高数据库存储数据的高效性和安全性,产生了关系数据库。关系数据库是由许多张数据表组成的,数据表又是由许多条记录组成的。为了使应用程序能够访问数据库,可以使用各种数据访问方法或技术,ADO. NET 是一种常用的数据访问技术。

考虑到本书主要讲解 C♯. NET 项目开发,面向已掌握基本数据库设计原理的读者,因此在本章不对数据库设计原理等知识进行深入阐述,仅介绍与 C♯. NET 项目开发有关的数据库操作知识。完整的数据库设计原理知识,请读者查阅相关的数据库书籍。

6.1.1　数据库的创建及删除

数据库主要用于存储数据及数据库对象(如表、视图、索引等)。第 1 章中已经介绍了 SQL Server 2014 数据库服务器的启动和连接,本节将分别介绍通过企业管理器和 SQL 语句创建和删除数据库。

1. 通过企业管理器创建和删除数据库

1)创建数据库

打开 SQL Server 2014 企业管理器,在企业管理器左侧栏目中的"数据库"项目上右击,在弹出的快捷菜单中选择"新建数据库"命令,如图 6.1 所示。

在弹出的"新建数据库"对话框中,输入数据库名称和存储的路径等信息,单击"确定"按钮,数据库创建完成,如图 6.2 所示。

创建数据库后,SQL Server 将自动在 SQL Server 2014 安装目录中创建两个相应的数据库文件,分别是数据文件和日志文件。查看数据库存储路径的方法是:在对象资源管理器中右击数据库名称,在弹出的快捷菜单中选择"属性"命令,弹出"数据库属性 DB_Case0601"对话框,选择"文件"选项,就可以看到该数据库的存储路径及文件名信息,如图 6.3 所示。

2)删除数据库

删除数据库的方法很简单,在对象资源管理器中右击要删除的数据库名称,在弹出的快捷菜单中选择"删除"命令即可。

图 6.1 新建数据库

图 6.2 填写数据库名称

2. 通过 SQL 语句创建和删除数据库

单击 SQL Server 2014 环境的工具栏的"新建查询"按钮打开查询分析器,在查询分析器中编写 SQL 语句。选中要执行的 SQL 语句,单击工具栏中的"执行"按钮。SQL 语句执行完毕之后,在查询分析器的下半部分就会显示每次执行 SQL 语句的结果消息。使用查询分析器编写 SQL 语句的过程如图 6.4 所示。

1)创建数据库

在创建表之前,需要先创建数据库,创建数据库的语法格式如下:

```
create database 数据库名;
```

图 6.3　数据库属性

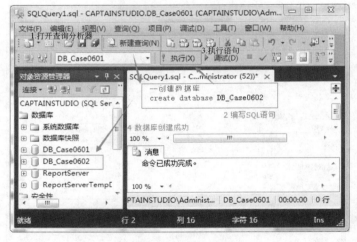

图 6.4　使用查询分析器编写 SQL 语句

2）选择数据库

在对数据库进行相关操作之前(如创建表、修改表结构等操作),必须要选择该表所属的
数据库。use 语句用于选择一个数据库使其成为当前数据库,语法格式如下:

```
use 数据库名;
```

3）删除数据库

如果需要删除数据库,可以使用 drop 语句,但删除数据库会丢失该数据库中的所有表
和数据,而且无法恢复。语法格式如下:

```
drop database 数据库名;
```

【例 6.1】　本例使用 create database 语句创建一个数据库,命名为 MyWeb_DB,源代码如下:

```
create database MyWeb_DB;
```

6.1.2　数据表的创建及删除

数据库创建完成后,可以在数据库中创建数据表。下面以 6.1.1 节中所创建的数据库为例,介绍如何在数据库中创建和删除数据表。

1. 通过企业管理器创建和删除数据表

1) 创建数据表

打开 SQL Server 2014 企业管理器,在企业管理器左侧栏目中的"数据库"项目中,找到要创建表所在的数据库,单击数据库名左侧的"+"按钮,打开该数据库的子项目,在子项目中的"表"项上右击,在弹出的快捷菜单中选择"新建"→"表"命令,如图 6.5 所示。

打开创建表结构的窗口,分别输入字段名(列名),设置字段的数据类型,选择字段长度等属性,如图 6.6 所示。将定义的字段 MemberID 被设置为"主键",且设置为"标识",则在添加数据时,该字段的值将会自动被赋值(从 1 开始自动编号),不需要被另外赋值。

图 6.5　新建数据表

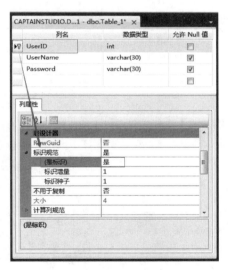

图 6.6　创建表结构

设置完成后单击"保存"按钮,弹出"选择名称"对话框,输入表名称 User_Info,如图 6.7 所示。单击"确定"按钮,数据表创建完成。

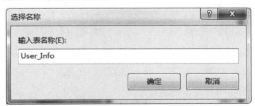

图 6.7　设置表名

2）删除数据表

如果要删除数据库中的某个数据表,只需右击要删除的数据表,在弹出的快捷菜单中选择"删除"命令即可。

2. 通过 SQL 语句创建和删除数据表

1）创建数据表

数据表是存储信息的容器,信息以二维表的形式组织存储于数据表中,结构类似于电子表格 Excel。数据表由列和行组成,表的列也称为字段,每个字段用于存储某种数据类型的信息;表的行也称为记录,每条记录为存储在表中的一条完整的信息。

创建并选定数据库之后,就可以开始创建表,创建表使用 create table 语句,语法格式如下:

```
create   table 表名
(column_name   column_type   not null , …)
```

create table 语句的属性名称及说明如表 6.1 所示。

表 6.1　create table 语句的属性名称及说明

属 性 名 称	说　　明
column_name	字段名
column_type	字段类型
not null|null	该列是否允许为空
primary key	该列是否为主键
identity	该列为标识列,自动编号

【例 6.2】　本例使用 create table 语句在数据库 DB_Case0601 中创建一个会员信息表,命名为 Member_Info,包含字段如下:会员编号(MemberID)、姓名(MemberName)、性别(Sex)、年龄(Age)、联系电话(Telephone)、联系地址(Address)。创建表的语句如下:

```
create table Member_Info
( MemberID int primary key identity,
  MemberName varchar(20) not null,
  Sex int,
  Age int,
  Telephone varchar(20),
  Address text
);
```

上面的 SQL 源代码中,MemberID 被设置为主键,且设置为"标识(自增长)",则在添加数据时,该字段的值将会自动被赋值(从 1 开始自动编号),不需要被另外赋值。MemberName 被设置为非空字段,即添加数据时,该字段是必填字段。其余的字段(Sex、Age、Telephone、Address)默认可为空字段,即添加数据时,允许对这些字段赋予空值。使用 SQL 语句创建表的界面如图 6.8 所示。

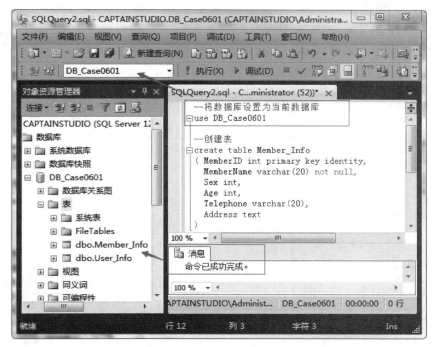

图 6.8　使用 SQL 语句创建表

2）修改数据表结构

如果用户对表的结构不满意，可以使用 alter table 语句进行修改。修改表结构的操作包括添加或删除字段、修改字段类型等，语法格式分别如下：

```
//添加新字段
alter table 表名  add  create_definition;
//修改字段类型
alter table 表名  alter  column  列名  类型;
//删除字段
alter table 表名 drop  column 列名;
```

【例 6.3】　本例使用 alter table 语句修改 Member_Info 表结构，添加一个新字段 Email，类型为 varchar(50)，将字段 MemberName 的类型由 varchar(20) 修改为 varchar(50)，并且删除"地址"字段，SQL 源代码如下：

```
alter table Member_Info  add  Email varchar(50) null;
go
alter table Member_Info  alter  column  MemberName varchar(50);
go
alter table Member_Info  drop  column  Address;
go
```

使用 SQL 语句修改表结构的界面如图 6.9 所示。

由于本章后续示例还需要使用例 6.2 中所创建的 Member_Info 表，需要将 Member_

图 6.9　使用 SQL 语句修改表结构的界面

Info 表的结构由例 6.3 恢复到例 6.2 中的表结构状态,具体 SQL 语句由读者自行思考并实现。

3）删除数据表

drop table 语句用于删除数据表,语法格式如下:

```
drop table 表名;
```

6.1.3　数据的增、删、改操作

数据库中包含多张数据表,数据表中包含多条数据,数据表是数据存储的容器。对数据的操作包括向表中添加数据、修改表中数据、删除表中数据和查询表中数据等。

1. 添加表数据

创建表之后,可以开始向数据表中添加数据,使用 insert 语句可以将一行数据添加到一个已存在的数据表中,语法格式有以下两种。

语法 1:

```
insert into 表名 values (值 1,值 2,…)
```

语法 2:

```
insert into 表名(字段 1,字段 2,…) values (值 1,值 2,…)
```

说明:

语法 1:列出新添加数据的所有的值(自增长列的对应值不用插入);

语法 2：给出要赋值的列，然后再给出对应的值。

【例 6.4】 本例分别使用添加数据的两种方法向 Member_Info 表中添加数据，源代码如下：

```
--1. 插入指定字段的值
insert into Member_Info(MemberName,Sex) values('李四',1)
insert into Member_Info(Sex,MemberName) values(2,'小琳')

--2. 插入所有字段的值(按字段顺序)
insert into Member_Info values('林宏',1,10,'138000', '')
```

由于该表中的 MemberID 被设为主键且为"标识"，则向 Member_Info 表中添加数据时，不需要对该字段赋值。

使用第 1 种数据添加语法时，可以指定要赋值的字段名称。字段名称的顺序与表结构中的字段顺序可以不同，只要在插入语句中保持字段名称和字段值的顺序对应就可以了。例如，第 1 条插入语句中，MemberName 的值为"李四"，Sex 的值为"1"，可以根据项目的设计要求而约定数据表中的性别字段存储"1"表示男，"2"表示女。

使用第 2 种数据添加语法时，由于未指定要赋值的字段名称，则默认为按顺序为所有字段赋值，程序运行效果如图 6.10 所示。

图 6.10 添加数据

为了确认数据是否成功保存到数据表中，可以使用简单的数据查询语句进行查看。数据查询语句如下：

```
select * from Member_Info
```

数据查询结果如图 6.11 所示。从图中可以看到 Member_Info 表中已经有三行数据。注意,每条数据的 MemberID 的值是自动生成的。

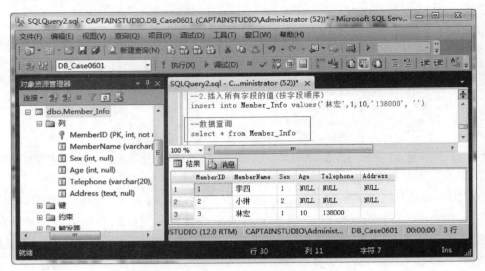

图 6.11　数据查询结果

2. 更新表数据

使用 update 语句修改数据表中满足指定数据信息,语法格式如下:

```
update 表名 set 字段 1 = 值 1 [,字段 2 = 值 2 … ]  where 查询条件
```

参数说明:

[,字段 2＝值 2 …]:表示可以同时修改多个字段的值。

where 查询条件:表示只有满足查询条件的数据行才会被修改。如果没有查询条件,则表中所有数据行都会被修改。

【例 6.5】　本例使用 update 语句将会员信息表 Member_Info 中会员名称为"李四"的年龄设置为 20 岁,源代码如下:

```
update Member_info set Age = 20 where MemberName = '李四';
```

上面的源代码中,由于 MemberName 字段类型为字符串类型(varchar),该字段的值应该加上单引号。而 Age 字段类型为整型(int),则该字段的会直接为数值本身。更新数据操作的运行效果如图 6.12 所示。同样可以使用数据查询语句 select * from Member_Info 查看表中数据的变化。

3. 删除表数据

使用 delete 语句删除数据表中满足指定数据信息,语法格式如下:

```
delete from 表名 where 查询条件
```

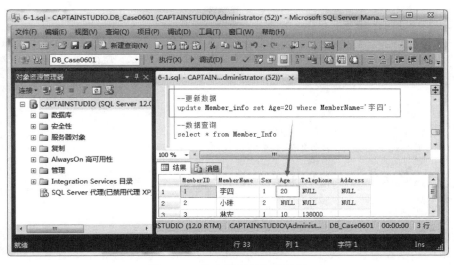

图 6.12　修改指定条件的数据

参数说明：

where 查询条件：表示只有满足查询条件的数据行才会被删除。如果没有查询条件，则表中所有数据行都会被删除。

【例 6.6】　本例使用 delete 语句将会员信息表 Member_Info 中姓名为"李四"的记录删除，源代码如下：

```
delete from Member_info where MemberName = '李四';
```

删除数据的运行效果如图 6.13 所示。由于 MemberID 是自动增长的，每添加一条数据，系统会记录当前已经分配的最大 MemberID 取值，并为新添加的记录自动分配新的 MemberID 值。如果执行数据删除操作，那么在删除数据操作中被删除的 MemberID 值不会被重新分配。

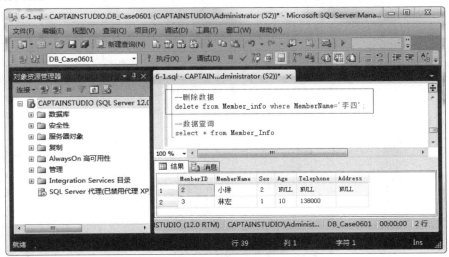

图 6.13　删除指定数据

6.1.4　数据查询

表数据的查询是数据库操作中使用频率最高的操作,select 查询语句用于从表中查找满足条件的信息,并按指定格式整理成"结果集"。语法格式如下:

```
select * [列名]              //设置查询内容(列的信息),即结果集的格式
from <表名>[,表 2]           //指定查询目标,可以是单张表、多张表或视图
where 查询条件                //查询的条件
group by 分组条件             //查询结果分组的条件
order by 排序条件             //查询结果排序的条件,可以多个条件,取值范围为[asc|desc]
having 分组过滤条件           //查询时需要分组过滤的条件
```

1. 简单数据查询

简单的 SQL 数据查询操作只需要使用 select、from、where 这 3 个关键字就可以完成。

【例 6.7】　本例继续以 Member_Info 表为例,演示简单数据查询操作。为了能够更丰富体现各种数据查询效果,可以先向 Member_Info 数据中多添加一些数据。

(1) 查询表中所有数据。

语法:

```
select * from <表名>
```

示例:

```
查询 Member_Info 表中的所有数据
select * from Member_Info
```

查询 Member_Info 表中的所有数据的效果如图 6.14 所示。

(2) 查询表中指定字段的信息。

在数据查询时,有时并不需要所有字段的信息。可以通过指定字段名称来查询相关的字段信息。相应示例如图 6.15 所示。

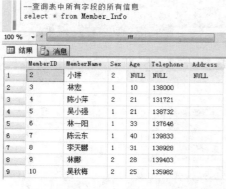

图 6.14　查询表中所有数据

图 6.15　查询表中指定字段的信息

语法：

```
select 列名1[, 列名2] … from <表名>
```

示例：查询会员信息表中的会员姓名、性别、年龄。

```
select MemberName, Sex, Age from Member_Info
```

（3）查询表中指定字段的信息并设置别名。

查询表中指定字段的信息，可以根据需要在查询结果中使用别名代替字段名。相关示例如图 6.16 所示。

语法：

```
select 列名1 [AS] 别名1 [,列名2 AS 别名2] … from <表名>
```

示例：

```
select MemberName as 姓名, Sex as 性别, Age as 年龄 from Member_Info
```

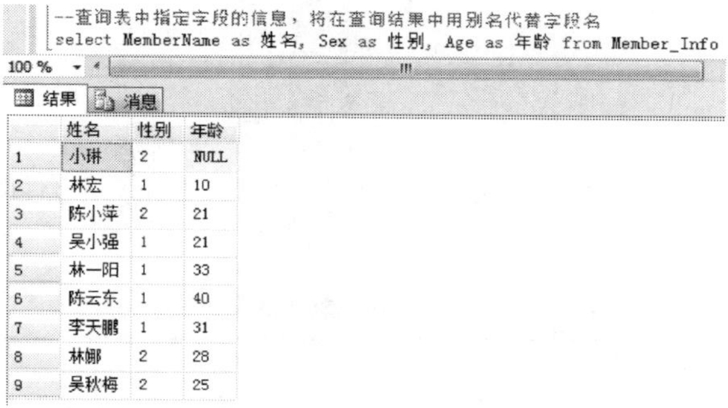

图 6.16 查询表中指定字段的信息并设置别名

2. where 条件查询

按照一定的条件从数据表中查询数据，语法如下：

```
select 列名1,列名2, … from <表名> where 列名3 运算符 值 and/or 列名4 运算符 值 …
```

其中，条件查询语句中常用的运算符有 8 种，具体见表 6.2。

表 6.2 SQL 条件查询语句中的运算符及说明

运算符	说　　明	运算符	说　　明
=	等于	>=	大于或等于
<>	不等于	<=	小于或等于
>	大于	between	查询两个值之间范围内的数据
<	小于	in	指定某列数据是否包含具体的多个值
		like	按指定模式进行模糊查询

例如,根据性别和年龄条件查询 Member_Info 表中的会员信息,查询语句如下:

```
select * from Member_Info where Sex = 1 and Age <= 35          //查询 35 岁及以下的男性会员
select * from Member_Info where Sex = 2 and Age between 10 and 40 //查询 10~40 岁的女性会员
select * from Member_Info where Sex = 1 and Age in (21, 31)      //查询 21 岁和 31 岁的男性会员
```

根据条件查询数据结果如图 6.17 所示。

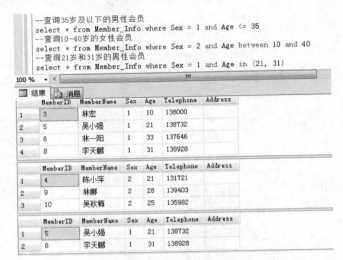

图 6.17　根据条件查询数据

like 运算符用于按指定模式进行模糊查询,一般与通配符一起使用。模糊查询中的常用通配符及说明见表 6.3。

表 6.3　模糊查询中的常用通配符及说明

通 配 符	说 明
%	替代一个或多个字符
-	替代一个字符
[charlist]	字符串中的任何单一字符
[^charlist]或者[!charlist]	不在字符串中的任何单一字符

模糊查询的示例如下:

```
select * from Member_Info where Sex = 1 and Age <= 35          //查询 35 岁及以下的男性会员
select * from Member_Info where Sex = 2 and Age between 10 and 40 //查询 10~40 岁的女性会员
select * from Member_Info where Sex = 1 and Age in (21, 31)      //查询 21 岁和 31 岁的男性会员
```

(1) 查询姓氏为"陈"的会员信息。

```
select * from Member_Info where MemberName like '陈%'
```

结果如图 6.18 所示。

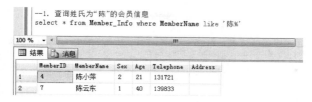

图 6.18　like 模糊查询 1

（2）查询姓名最后一个字为"阳"的会员信息。

```
select MemberID,MemberName from Member_Info where MemberName like '%阳'
```

结果如图 6.19 所示。

图 6.19　like 模糊查询 2

（3）查询名字中含有"小"的会员姓名和电话号码。

```
select MemberName,Telephone from Member_Info where MemberName like '%小%'
```

结果如图 6.20 所示。

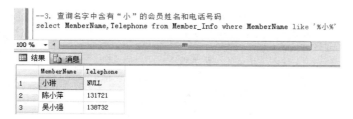

图 6.20　like 模糊查询 3

（4）查询姓名为两个字，且姓"林"的会员信息。

```
select * from Member_Info where MemberName like '林_'
```

结果如图 6.21 所示。

图 6.21　like 模糊查询 4

（5）查询姓氏为"陈"或"林"的会员信息（可以使用 or 关键字）。

```
select * from Member_Info where MemberName like '[陈林]%'
select * from Member_Info where MemberName like '陈%' or MemberName like '林%'
```

结果如图 6.22 所示。

图 6.22　like 模糊查询 5

（6）查询姓氏不是"陈"或"林"的会员信息（也可以使用 not like 来实现）。

```
select * from Member_Info where MemberName like '[^陈林]%'
select * from Member_Info where MemberName not like '[陈林]%'
```

结果如图 6.23 所示。

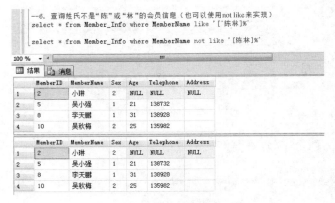

图 6.23　like 模糊查询 6

3. order by 和 group by 子句

1）order by 排序子句

对需要查询后的结果集进行排序，语法如下：

```
select * from <表名> [where 条件查询子句] order by [ASC]      //使用升序排序
select * from <表名> [where 条件查询子句] order by <DESC>     //使用降序排序
```

以会员信息表的查询为例,演示 order by 排序子句:

```
--1. 查询男性会员信息,并按 Age 升序排列
select * from Member_Info order by Age
select * from Member_Info where sex = 1 order by Age ASC
--2. 查询女性会员信息,并按 Age 降序排列
select * from Member_Info where sex = 2 order by Age DESC
```

结果如图 6.24 所示。

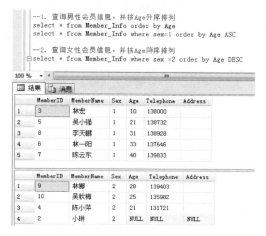

图 6.24 order by 排序子句 1

在 order by 排序子句中,除了指定按某一个字段排序外,还可以指定按多个字段排序,并分别对各个参与排序的字段制定排序规则。执行规则是:优先根据第一个字段排序,如果第一字段的值相同,则按照第二字段的排序规则执行,以此类推。

继续以会员信息表为例,演示查询语句中的排序功能,源代码如下:

```
--3. 查询会员信息,按照年龄升序、性别降序排列
-- 首先按 Age 升序排列,如果有多条记录 Age 相同,再按 Sex 降序排列
select * from Member_Info order by Age ASC,Sex DESC
```

结果如图 6.25 所示。

图 6.25 order by 排序子句 2

2) group by 分组子句

group by 子句根据一个或多个字段对查询结果集合进行分组,一般与计数函数 Count()、平均函数 Avg()等 SQL 函数一起使用。

以会员信息表为例,统计男、女性会员的数量和平均年龄的 SQL 语句如下:

```
-- 1.查询男、女性会员的数量
select Sex,Count(MemberID) as 数量 from Member_Info group by Sex
-- 2.统计男、女性会员的平均年龄
select Sex as 性别,Avg(Age) as 平均年龄 from Member_Info group by Sex
```

结果如图 6.26 所示。

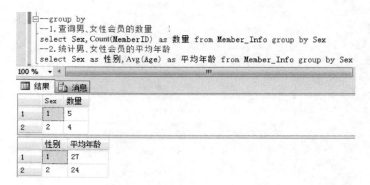

图 6.26　group by 分组子句

4. 常用 SQL 函数

在 SQL 数据查询过程中经常会使用一些内置 SQL 函数,例如最大值函数 Max()、最小值函数 Min()、平均值函数 Avg()、求和函数 Sum()、计数函数 Count()等。

以 Max()和 Min()函数为例,Max()函数返回某个字段中的最大值,Min()函数返回最小值,NULL 值不包括在计算中。Max()和 Min()函数也可用于文本类型字段,并得到按字母顺序排列的最高或最低值。

在 SQL 查询语句中使用 SQL 函数的示例如下:

```
-- 查询年龄最大的会员
select Max(Age) from Member_Info
-- 分别查询年龄最小的男性会员和女性会员
select Sex, Min(Age) from Member_Info group by Sex
```

结果如图 6.27 所示。

6.1.5　数据库的分离和附加

SQL Server 允许分离数据库,然后将其重新附加到另一台数据库服务器。分离数据库操作是将数据库文件与 SQL Server 服务器逻辑上分离,只有分离后的数据库文件才可能被用户复制或移动。

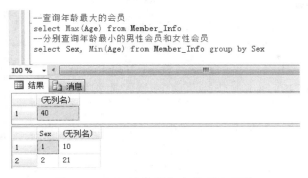

图 6.27　SQL 查询语句中的 SQL 函数

当用户在 A 计算机中创建完数据库后,需要将该数据库复制到 B 计算机中继续使用时,就需要用到数据库的分离和附加。

1. 数据库的分离

(1) 用户需要在 A 计算机中将数据库与 SQL Server 服务器分离,右击要分离的数据库,在弹出的快捷菜单中选择"任务"→"分离"命令,如图 6.28 所示。在弹出的确认对话框中单击"确定"按钮,完成数据分离操作。

(2) 打开数据库文件存储目录(创建数据库时设置的存储路径,默认为 SQL Server 安装目录),找到数据库文件(两个文件,分别是数据文件和日志文件),如图 6.29 所示,将数据库文件复制或移动到目标文件夹(如 U 盘等)中即可。

图 6.28　分离数据库

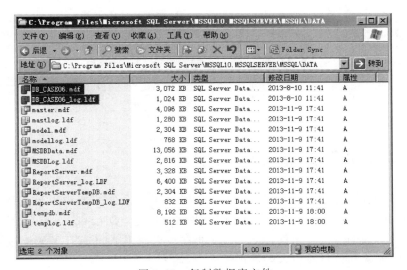

图 6.29　复制数据库文件

2. 数据库的附加

(1) 用户将步骤(2)获取的数据库文件存储到 B 计算机中,将数据库附加到 B 计算机上的 SQL Server 服务器中,打开 B 计算机上的 SQL Server 企业管理器,在对象资源管理器中右击"数据库",在弹出的快捷菜单中选择"附加"命令,如图 6.30 所示。

(2) 在弹出的"附加数据库"对话框中,单击"添加"按钮,找到要附加的数据库文件,单击"确定"按钮,完成数据库附加操作,如图 6.31 所示。此时,该数据库可以在 B 计算机的 SQL Server 服务器中继续使用。

图 6.30　附加数据库

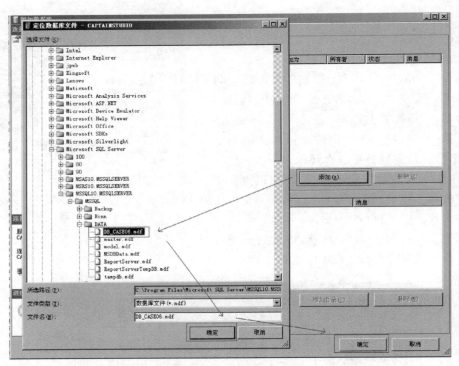

图 6.31　选择数据库文件

6.2　ADO.NET 数据访问技术

ADO.NET 是一组数据访问服务的类,它提供了一系列的方法用于支持对 Microsoft SQL Server 和 Access 等数据源进行访问,还提供了通过 SQL Server 和 OLEDB 公开的数据源提供一致访问的方法。数据客户端应用程序可以使用 ADO.NET 来连接这些数据源,并查询、添加、删除和更新所包含的数据。

ADO.NET 中包含了 Connection、Command、DataReader、DataAdapter、DataSet 等多

种对象。ADO.NET 支持两种访问数据的方式:非连接模式和连接模式。ADO.NET 数据访问模式如图 6.32 所示。

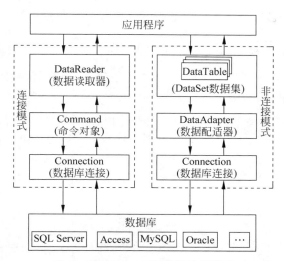

图 6.32 ADO.NET 数据访问模式

1. 连接模式

连接模式依赖于逐条记录的访问(使用 DataReader),对数据的读取和操作访问都要求打开并保持与数据源的连接。ADO.NET 使用 DataReader 对象实现数据库连接模式,连接模式数据访问过程如下:

(1) 使用 Connection 对象连接数据库。

(2) 使用 Command(命令)对象向数据库索取数据。

(3) 把取回来的数据放在 DataReader(数据阅读器)对象中进行读取。

(4) 完成读取操作后,关闭 DataReader 对象。

(5) 关闭 Connection 对象。

注意:ADO.NET 的连接模式只能返回向前的、只读的数据,这是因为 DataReader 对象的特性决定的。

2. 非连接模式(断开模式)

非连接模式也称为断开模式,将数据下载到客户机器上,并在客户机上将数据封装到内存中,然后可以像访问本地关系数据库一样访问内存中的数据。ADO.NET 使用 DataAdapter 对象实现数据库断开模式。断开模式数据查询过程如下:

(1) 使用 Connection 对象连接数据库。

(2) 使用 DataAdapter 对象获取数据库的数据。

(3) 把 DataAdapter 对象中的数据填充到 DataSet(数据集)对象中。

(4) 关闭 Connection 对象。

断开模式数据更新过程如下:

(1) 在客户机本地内存保存的 DataSet(数据集)对象中执行数据的各种操作。

(2) 操作完毕后,启动 Connection 对象连接数据库。

(3) 利用 DataAdapter 对象更新数据库。

（4）关闭 Connection 对象。

实际项目开发过程中，一般都采用断开模式，这样当多个用户访问数据库时可以缓解数据库服务器的压力，一般在显示大量的数据或者要及时更新数据的时候才采用连接模式。

6.2.1 数据库连接类 Connection

Connection 对象是一个连接对象，主要功能是建立与物理数据库的连接。连接不同类型的数据库，要创建相应的 Connection 连接类。ADO. NET 提供 4 种数据库连接方式，即 SQL Server 数据库连接（位于 System. Data. SqlClient 命名空间）、ODBC 数据库连接（位于 System. Data. Odbc 命名空间）、OLEDB 数据库连接（位于 System. Data. OleDb 命名空间）和 Oracle 数据库连接（位于 System. Data. OracleClient 命名空间）。

以 SQL Server 数据库为例，介绍数据库连接类的创建和使用。创建 Connection 的语法如下：

```
//连接字符串
string connstr = "Data Source = CAPTAINSTUDIO; database = DB_CASE06; Integrated Security =
SSPI";
SqlConnection conn = new SqlConnection(connstr);          //创建连接对象
conn.Open();                                             //打开连接
conn.Close();                                            //关闭连接
```

说明：

连接字符串由数据库服务器名称、数据库名称以及身份验证方式组成。

关键字"Data Source"指向数据库服务器名称，关键字"database"指向数据库名称，关键字"Integrated Security＝SSPI"表示以 Windows 集成身份验证方式访问数据库。如果需要以 SQL Server 身份验证方式访问数据库，则需要分别输入拥有访问该数据库的用户名和密码，对应的关键字为"UID＝用户名;PWD＝密码"。

【例 6.8】 本例学习使用 SQLConnection 类连接 SQL Server 数据库。本章所使用的数据库服务器名称为 CAPTAINSTUDIO，创建的数据库名为 DB_Case0601。

创建一个 Windows 窗体应用程序，命名为 case0601。在 Form1 窗体中添加一个按钮控件（Button），设置其 Text 属性值为"数据库连接测试"。双击按钮控件，为该按钮编写 Click 事件，进入 Form1. cs 源代码界面。

首先引入 System. Data. SqlClient 命名空间（using System. Data. SqlClient;），然后在 button1_Click()函数中编写数据库连接事件，具体源代码如下：

```
using System;
using System.Collections.Generic;
using System.ComponentModel;
using System.Data;
using System.Drawing;
using System.Text;
using System.Windows.Forms;
//新增加
using System.Data.SqlClient;
```

```
namespace case0601
{
    public partial class Form1 : Form
    {
        public Form1()
        { InitializeComponent(); }

        //数据库连接测试
        private void button1_Click(object sender, EventArgs e)
        {
            try
            {
                string connstr = " Data Source = CAPTAINSTUDIO; database = DB _ CASE0601;
Integrated Security = SSPI";                            //连接字符串
                SqlConnection conn = new SqlConnection(connstr);      //创建连接对象
                conn.Open();                                          //打开连接
                MessageBox.Show("数据库连接成功!");
            }
            catch
            {
                MessageBox.Show("数据库连接失败!");
            }
        }
    }
}
```

保存项目文件并运行程序,程序运行效果如图 6.33 所示。

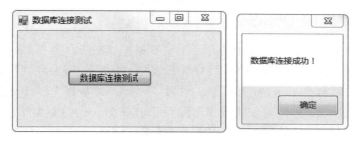

图 6.33　SQL 数据库连接

6.2.2　数据适配器 DataAdapter

DataAdapter 对象是一个用于非连接模式数据访问的数据适配器对象,是 DataSet 与数据源之间的桥梁。SqlDataAdapter 通过 Fill()方法和 Update()方法使 DataSet 数据集与数据库中的数据进行交互。

1. 创建 DataAdapter

创建 DataAdapter 的语法如下:

```
SQLDataAdapter da = new SQLDataAdapter(SQL语句,数据库连接对象);      //创建连接对象
```

说明：SQL 语句包括添加、修改、删除、查询语句。

2. 使用 Fill()方法查询数据

Fill()方法用于从数据库中查询数据，返回查询结果，将查询结果填充到 DataSet 数据集中。Fill()方法的语法格式如下：

```
public int Fill(DataSet ds, string tablename)
public int Fill(DataTable dt)
```

参数说明：DataSet 为存储查询结果的数据集；DataTable 为存储查询结果的临时数据表。

3. 使用 Update()方法更新数据源

Update()方法用于更新数据库，包括添加数据、修改数据和删除数据。语法格式如下：

```
public int update(DataTable dt)
```

参数说明：DataTable 表示更新数据源的 DataTable；返回值为执行操作受影响的行数。

使用 DataAdapter 对象的 Update()方法，可以将 DataSet 中修改过的数据及时地更新到数据库中。在调用 Update()方法之前，要实例化一个 CommandBuilder 类，它能自动根据 DataAdapter 的 SelectCommand 的 SQL 语句判断其他的 InsertCommand、UpdateCommand 和 DeleteCommand。这样，就不用设置 DataAdapter 的 InsertCommand、UpdateCommand 和 DeleteCommand 属性，直接使用 DataAdapter 的 Update()方法来更新 DataSet、DataTable 或 DataRow 数组即可。

6.2.3　数据集 DataSet

DataSet 对象就像存放于内存中的一个小型数据库，DataSet 数据集表示整个数据库的一个子集，无须跟数据库有直接连接，缓存在机器中，DataSet 需要周期性地与父数据库进行连接，以对数据库和 DataSet 相互更新。通常，DataSet 的数据来源于数据库或者 XML，为了从数据库中获取数据，需要使用数据适配器(DataAdapter)从数据库中查询数据。

DataSet 可以包含数据表、数据列、数据行、视图、约束以及关系。DataSet 是 DataTable 的集合，里面存有若干个 DataTable 对象，并且可以删除，添加内部的 DataTable 表，就如同 Excel 一样，一个 Excel 可以有很多工作表，每个工作表就相当于一个 DataTable。

【例 6.9】　本例学习 ADO.NET 的非连接模式，使用 DataAdapter 和 DataTable 实现数据查询功能。创建一个 Windows 应用程序，查询数据库会员信息表中的所有数据并将其显示在 DataGridView 控件中。

创建一个 Windows 窗体应用程序，命名为 case0602。在 Form1 窗体中添加一个 Button 控件和 DataGridView 控件。为该按钮编写 Click 事件，进入 Form1.cs 源代码界面。

首先引入 System.Data.SqlClient 命名空间(using System.Data.SqlClient;)，然后在 button1_Click()函数中编写加载会员信息程序，具体源代码如下：

```
using System;
using System.Collections.Generic;
using System.ComponentModel;
using System.Data;
using System.Drawing;
using System.Text;
using System.Windows.Forms;
//新增加
using System.Data.SqlClient;

namespace case0602
{
    public partial class Form1 : Form
    {
        public Form1()
        { InitializeComponent(); }

        private void button1_Click(object sender, EventArgs e)
        {
            //1. 创建并打开数据库连接对象
            SqlConnection conn = new SqlConnection("Data Source = captainstudio; database =
DB_CASE0601; Integrated Security = SSPI");
            conn.Open();
            //2. 客户端发出请求(创建查询语句)
            string str = "select * from Member_Info";
            //3. 创建执行对象
            SqlDataAdapter da = new SqlDataAdapter(str, conn);
            //4. 创建临时数据表
            DataTable dt = new DataTable();
            //5. 执行查询,返回结果,填充到临时表中
            da.Fill(dt);
            //6. 关闭连接
            conn.Close();
            //7. 显示结果
            dataGridView1.DataSource = dt;
        }
    }
}
```

保存项目文件并运行程序,程序运行效果如图 6.34 所示。

6.2.4 数据执行类 Command

Command 对象是一个数据命令对象,主要功能是向数据库发送查询、更新、删除、修改操作的 SQL 语句。Command 对象主要有以下几种方式。

当使用 SqlConnection 连接时,采用 SqlCommand 向 SQL Server 数据库发送 SQL语句。

当使用 OleDbConnection 连接时,采用 OleDbCommand 向使用 OLEDB 公开的数据库

图 6.34　非连接数据访问模式加载会员信息

发送 SQL 语句。

当使用 OdbcConnection 连接时,采用 OdbcCommand 向 ODBC 公开的数据库发送 SQL 语句。

当使用 OracleConnection 连接时,采用 OracleCommand 向 Oracle 数据库发送 SQL 语句。

Command 对象的常用属性及说明如表 6.4 所示。

表 6.4　Command 对象的常用属性及说明

属 性 名 称	说　明
Connection	设置执行对象所属的数据库连接通道
CommandText	设置对数据源将要执行的 SQL 语句或存储过程
CommandType	设置执行操作的类型

Command 对象的常用方法及说明如表 6.5 所示。

表 6.5　Command 对象的常用方法及说明

方　法	返回值类型	说　明
ExecuteNonQuery()	int	执行数据增、删、改操作的 SQL 语句,并返回受影响的行数
ExecuteReader()	SqlDataReader	执行数据查询操作的 SQL 语句,并生成一个包含数据的 SqlDataReader 对象的实例
ExecuteScalar()	Object	执行 SQL 语句,返回结果集中的第一行第一列数据

6.2.5　数据读取类 DataReader

DataReader 对象是数据读取器对象,提供只读向前的游标。如果应用程序需要每次从数据库中取出最新的数据,或者只是需要快速读取数据,并不需要修改数据,那么就可以使用 DataReader 对象进行读取。对于不同的数据库连接,有不同的 DataReader 类型。

当使用 SqlConnection 连接时,采用 SqlDataReader。

当使用 OleDbConnection 连接时,采用 OleDbDataReader。

当使用 OdbcConnection 连接时,采用 OdbcDataReader。

当使用 OracleConnection 连接时,采用 OracleDataReader。

DataReader 对象一般与 Command 对象结合使用,在使用 DataReader 对象读取数据时,使用 Command 对象的 ExecuteReader()方法,将查询结果赋值给 DataReader 对象。

【例 6.10】 本例学习 ADO.NET 的连接模式,使用 Command 和 DataReader 实现数据查询功能。与例 6.9 相似,也是创建一个 Windows 应用程序,查询数据库会员信息表中的所有数据并将其显示在 DataGridView 控件中。

创建一个 Windows 窗体应用程序,命名为 case0603。在 Form1 窗体中添加一个 Button 控件和 ListBox 控件。

为该按钮编写 Click 事件,引入 System.Data.SqlClient 命名空间,并在 button1_Click()函数中编写加载会员信息程序,具体源代码如下:

```
//1. 创建并打开数据库连接对象
SqlConnection conn = new SqlConnection("Data Source = captainstudio; database = DB_CASE0601;
Integrated Security = SSPI");
conn.Open();
//2. 客户端发出请求(创建查询语句)
string str = "select * from User_Info";
//3. 创建执行对象
SqlCommand cmd = new SqlCommand(str, conn);
//4. 创建数据读取器
SqlDataReader sdr = cmd.ExecuteReader();
//5. 逐行读取数据
while (sdr.Read())
{
    listBox1.Items.Add(sdr[1].ToString());
}
//6. 关闭数据读取器
sdr.Close();
//7. 数据库连接
conn.Close();
```

保存项目文件并运行程序,程序运行效果如图 6.35 所示。

图 6.35 连接模式数据访问

6.3 综合案例

6.3.1 案例 6.1 用户注册模块开发

本案例综合运用 ADO.NET 知识完成用户注册模块开发,使用 Command 对象的

ExecuteNonQuery()方法实现数据的插入操作。创建一个 Windows 应用程序,设计用户注册界面并实现注册功能。

【实现步骤】

(1) 在 SQL Server 2014 中继续使用 DB_Case0601 数据库,由于在 6.1 节中已经创建了 User_Info 表,可以通过修改表结构的方式向该表中继续添加 Age 和 Sex 两个字段,也可以删除该表,并重新创建一个 User_Info。修改表结构和创建表的 SQL 源代码已经在 6.1 节中讲解。用户信息表的结构如表 6.6 所示。

表 6.6　用户信息表的结构

字 段 名 称	数 据 类 型	说　　明
UserID	int	ID,主键、自增长
UserName	varchar(30)	用户名
Password	varchar(30)	密码
Age	int	年龄
Sex	int	性别

(2) 创建一个 Windows 窗体应用程序,命名为 case0604。将系统自动创建的 Form1 窗体名称重命名为 Frm_SignUp。具体步骤为:在项目的解决方案资源管理器面板中,右击 Form1 窗体文件,在弹出的快捷菜单中选择“重命名”命令,并填写新的窗体名称为 Frm_SignUp,如图 6.36 所示。

图 6.36　窗体类名更新

由于该窗体是系统运行时默认开启的窗体(在 Program.cs 文件中的 Main()函数中指定),则在 Program.cs 中的执行语句也会由“Application.Run(new Form1())”自动更新为“Application.Run(new Frm_SignUp())。”

在 Frm_SignUp 窗体中添加打开 Form1.cs 的窗体设计器,为窗体添加 4 个文本框控件(TextBox)、2 个单选按钮控件(RadioButton)、1 个数值选择控件(NumericUpDown)、1 个按钮控件(Button)、6 个标签控件(Label)。各控件的属性设置及说明如表 6.7 所示。

表 6.7　用户注册界面控件属性设置及说明

控 件 名 称	属 性 名 称	属 性 值	控 件 名 称	属 性 名 称	属 性 值
"用户名"文本框	Name	txt_UserName	"性别"单选按钮1	Name	rbtn_Sex1
				Text	男
"密码"文本框	Name	txt_Password	"性别"单选按钮2	Name	rbtn_Sex2
	PasswordChar	*		Text	女
"确认密码"文本框	Name	txt_RePassword	"注册"按钮	Name	btn_Register
	PasswordChar	*		Text	注册
"年龄"文本框	Name	nudown_Age			
	Maximum	100			
	Minimum	1			

（3）双击 Form1 窗体中的"注册"按钮，进入 Form1.cs 源代码编辑面板，系统将自动创建一个 btn_Register_Click() 函数，为该按钮编写 Click 事件。首先引入 System.Data.SqlClient 命名空间，然后在 btn_Register_Click 函数中编写加载用户注册程序。具体源代码如下：

```
if (txt_UserName.Text.Trim() == "")
{
    MessageBox.Show("请输入用户名!");
    txt_UserName.Focus();                  //将焦点停留在"用户名"文本框
}
else if (txt_Password.Text.Trim() == "")
{
    MessageBox.Show("请输入密码!");
    txt_Password.Focus();
}
else if (txt_RePassword.Text.Trim() != txt_Password.Text.Trim())
{
    MessageBox.Show("两次输入的密码不一致!");
    txt_RePassword.Focus();
}
else
{
    int sex = rbtn_Sex1.Checked == true ? 1 : 2;        //性别
    SqlConnection conn = new SqlConnection("Data Source = captainstudio; database = DB_
CASE0604; Integrated Security = SSPI");
    conn.Open();
    string str = string.Format("insert into User_Info values('{0}','{1}',{2},{3}) ", txt_
UserName.Text, txt_Password.Text, nudown_Age.Value.ToString() , sex);
    SqlCommand cmd = new SqlCommand(str, conn);
    int i = cmd.ExecuteNonQuery();
    conn.Close();
    if (i > 0)
        MessageBox.Show("用户注册成功!");
    else
        MessageBox.Show("用户注册失败!");
}
```

（4）保存项目文件并运行程序，分别输入用户名、密码、确认密码、年龄和性别，单击"注册"按钮，程序立即将用户信息通过 SqlCommand 对象发送到数据库中执行插入操作，并返回受影响的行数，当受影响行数大于 0 时，表示插入成功，提示"用户注册成功！"，如图 6.37 所示。接着，打开 SQL Server 2014，确认用户信息是否成功保存到 User_Info 表中，如图 6.38 所示。

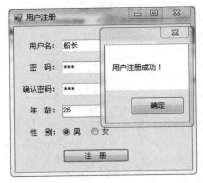

图 6.37　用户注册模块

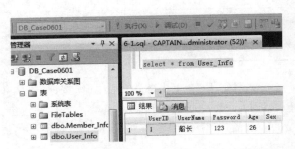

图 6.38　用户信息成功保存到 SQL Server 数据库

6.3.2　案例 6.2　用户登录模块开发

本案例综合运行 ADO.NET 知识完成用户登录模块开发，使用 DataAdapter 数据适配器和 DataTable 数据集实现数据的查询操作。创建一个 Windows 应用程序，设计用户登录界面并实现登录功能。本案例继续使用案例 6.1 中所创建的 DB_Case0601 数据库和 User_Info 用户信息表。

【实现步骤】

（1）添加两个窗体：在项目 case0604 中继续添加两个 Form 窗体，分别命名为 Frm_Login(作为登录窗体)和 Frm_Main(作为成功登录后进入的项目主界面)。

（2）修改启动窗体：将项目的启动窗体由 Frm_SignUp 修改为 Frm_Login。对应的源代码在 Program.cs 文件的 Main()函数中，将语句"Application.Run(new Frm_SignUp());"中的 Frm_SignUp 修改为 Frm_Login。

（3）设计登录窗体界面：打开 Frm_Login.cs 的窗体设计器，为窗体添加 2 个文本框控件(TextBox)、1 个按钮控件(Button)、2 个标签控件(Label)，控件属性设置及说明如表 6.8 所示。用户登录界面设计效果如图 6.39 所示。

表 6.8　用户登录界面控件属性设置及说明

控件名称	属性名称	属性值	控件名称	属性名称	属性值
"用户名"文本框	Name	txt_UserName	"登录"按钮	Name	btn_Login
"密码"文本框	Name	txt_Password		Text	登录
	PasswordChar	*			

（4）编写登录事件函数：双击"登录"按钮，为该按钮编写 Click 事件。进入 Form1.cs 源代码界面，首先引入 System.Data.SqlClient 命名空间，然后在 btn_Login_Click()函数中

编写用户登录程序,具体源代码如下:

```
if (txt_UserName.Text.Trim() == "")
{
    MessageBox.Show("请输入用户名!");
    txt_UserName.Focus(); //将焦点停留在"用户名"文本框
}
else if (txt_Password.Text.Trim() == "")
{
    MessageBox.Show("请输入密码!");
    txt_Password.Focus();
}
else
{
    SqlConnection conn = new SqlConnection("Data Source = captainstudio; database = DB_
CASE0601; Integrated Security = SSPI");
    conn.Open();
    string str = string.Format("select * from User_Info where UserName = '{0}' and Password =
'{1}'", txt_UserName.Text, txt_Password.Text);
    SqlDataAdapter da = new SqlDataAdapter(str, conn);
    DataTable dt = new DataTable();
    da.Fill(dt);
    conn.Close();
    if (dt.Rows.Count > 0)                  //如果查询结果不为空,则说明用户名和密码正确
    {
        this.Hide();                        //隐藏登录窗体(因为是程序启动窗体,此时不能关闭)
        Frm_Main frm = new Frm_Main();      //实例化项目主窗体
        frm.Show();                         //显示主窗体
    }
    else
    {
        MessageBox.Show("对不起,用户名或密码不正确!");
    }
}
```

(5) 保存项目文件并运行程序,输入用户名“船长”,密码“111”,单击“登录”按钮,程序立即将用户名和密码通过 DataAdapter 发送到数据库中执行查询,并返回查询结果。如果用户和密码正确,系统将跳转到项目主界面;否则,将提示错误信息。程序运行效果如图 6.39 和图 6.40 所示。

图 6.39 用户登录界面

图 6.40 用户登录成功进入项目主界面

6.4 习题

一、选择题

1. SqlConnection conn＝new SqlConnection(…)的定义语句是一个可用的数据库连接,下面源代码不能正确执行,在第(　　　　)行之前缺少语句。

```
1. string sql = "SELECT GradeName FROM Grade WHERE Gradeid = 1";
2. SqlCommand command = new SqlCommand(sql, conn);
3. conn.Open();
4. SqlDataReader reader = command.ExecuteReader();
5. string gradeName = (string)reader[0];
6. reader.Close();
7. conn.Close();
```

  A. 2   B. 4   C. 5   D. 7

2. 在对 SQL Server 数据库操作时应引用(　　　)命名空间。

  A. System. Data. SqlClient   B. System. Data. OleDb

  C. System. Data. Odbc   D. System. Data. OracleClient

3. 若想向数据库中插入一条记录,应使用 Command 对象的(　　　)方法。

  A. ExecuteInsert( )   B. ExecuteNonQuery( )

  C. ExecuteReader( )   D. ExecuteQuery( )

4. 要从数据库中读取数据填充数据集,需要使用(　　　)方法。

  A. Fill( )   B. Update( )   C. Read( )   D. ExecuteReader( )

5. 使用 T-SQL 创建数据库表的以下语句中,语法正确的是(　　　)。

  A.

```
create table Admin_Info
{ A_ID int primary key identity,
  A_UserName varchar(20) not null,
  A_Pwd varchar(20) not null
};
```

  B.

```
create table Admin_Info
( A_ID int primary key identity,
  A_UserName varchar(20) not null,
  A_Pwd varchar(20) not null
);
```

  C.

```
create table Admin_Info
( A_ID int primary key identity,
  A_UserName varchar(20),
  A_Pwd varchar(20),
);
```

    D.
```
create table Admin_Info
( A_ID int;
  A_UserName varchar(20) not null;
  A_Pwd varchar(20) not null;
);
```

6. 使用 T-SQL 向第 5 题所创建的 Admin_Info 库表中添加数据,以下语句中语法错误的是(　　)。

    A. insert into Admin_Info values ("张三","123")

    B. insert into Admin_Info values (1,"张三","123")

    C. insert into Admin_Info(A_UserName)values ("张三")

    D. insert into Admin_Info(A_UserName,A_Pwd)values ("张三","123")

二、填空题

1. 在对 SQL Server 数据库操作时应引用_____命名空间。

2. ADO.NET 支持两种数据访问模式,分别是_____和_____。

3. SqlConnection 数据库连接字符串中,Data Source 表示_____,Database 表示_____,Integrated Security＝SSPI 表示以 Windows 集成身份验证方式访问数据库。

三、判断题

1. (　　)在对 SQL Server 数据库操作时应引用 System.Data.SqlClient 命名空间。

2. (　　)若想向数据库中插入一条记录,应使用 Command 对象的 ExecuteNonQuery()方法。

3. (　　)SQL Server 不允许分离数据库,也不允许将其重新附加到另一台数据库服务器。

四、程序设计题

1. 以企业类别管理为例,企业类别表(表名:(企业类型)Company_Type,列的信息:(企业类别编号)CT_ID int primary key identity,(企业类别名)CT_Name varchar(20)),使用 T-SQL 写出创建数据表的源代码,并使用 ADO.NET 技术删除编号为 20 的企业类别,编写实现步骤(每个步骤的中文注释)及 C♯程序源代码。

2. 编写一个实现修改密码的 Windows 应用程序(见图 6.41),根据下列要点说明完成修改密码过程。

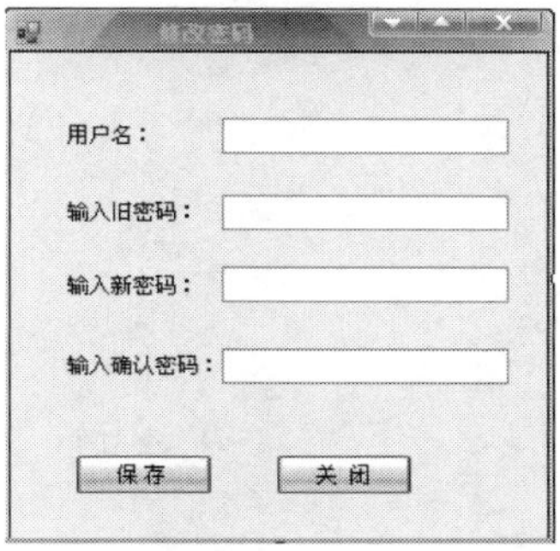

图 6.41　修改密码界面

（1）"用户名"文本框的 Name 属性已设置为 txt_UserName,要求不能为空;

（2）输入"旧密码"文本框的 Name 属性已设置为 txt_OldPassword,要求不能为空;

（3）输入"新密码"文本框的 Name 属性已设置为 txt_NewPassword,要求不能为空;

（4）输入"确认新密码"文本框的 Name 属性已设置为 txt_NewPassword2,要求不能为空,并且与新密码相同;

（5）使用 Windows 集成身份验证连接数据库,假设数据库在本地服务器上,实例名为 Sql2008,数据库名称为 BookShop_DB;

（6）要查询的数据表名称为 User_Info,包含 3 个字段 id(账号)、UserName(用户名)、Pwd(密码);

（7）当保存成功时,提示"密码修改成功!"消息框;

（8）当注册失败时,同样以消息框提示"密码修改失败!"。

使用你最熟悉的数据库操作方法编写修改密码的功能源代码。

第 **7** 章

Windows数据控件

第 6 章学习了数据库的设计知识和 Windows 窗体程序与数据库的访问操作知识。本章将详细讲解 Windows 窗体的数据控件的编程操作及这些控件与数据库的交互访问操作，包括 ListView（列表视图）控件、TreeView（树状）控件、DataGridView（数据）视图控件和 ComboBox（下拉列表框）控件等知识。每个知识点都配套经典示例，以便学生理解相关理论和掌握知识点的应用。

【本章要点】
☞ ListView 控件
☞ TreeView 控件
☞ DataGridView 控件
☞ ComboBox 控件

7.1 ListView 控件

7.1.1 ListView 控件介绍

ListView 控件用于以特定样式或视图类型显示列表项，使用 ListView 控件可以创建类似 Windows 操作系统中"我的电脑"窗口的用户界面。ListView 控件有 5 种视图模式：大图标（LargeIcon）、小图标（SmallIcon）、列表（List）、详细信息（Detail）和平铺（Tile）。ListView 控件效果如图 7.1 所示。

图 7.1　ListView 控件效果

1. ListView 控件概述

ListView 控件具有数据显示直观、操作方便的特点，经常被应用在 C♯ 项目中。ListView 控件常用在显示数据列表的功能中，接下来介绍 ListView 控件的一些常用属性、事件。

ListView 控件的常用属性及说明如表 7.1 所示。

表 7.1　ListView 控件的常用属性及说明

属 性 名 称	属 性 值	说　　明
AllowColumnReorder	True|False	设置用户是否可以重新排列各列顺序,仅在"详细信息"视图中有效
CheckBoxes	True|False	设置每一行数据前是否显示复选框
Columns	列集合	ListView 中的列,仅在"详细信息"视图中显示
FullRowSelect	True|False	当某项被选中时,设置该项所在行是否整行被选中
GridLines	True|False	显示网格线,仅在"详细信息"视图中显示
HotTracking	True|False	当鼠标指针悬停在项上时,允许项显示为超链接
Items	行集合	ListView 中的列表项
LabelWrap	True|False	设置文本内容超出列宽时是否自动换行
MultiSelect	True|False	设置是否允许一次选择多个列表项
SelectedItems	行集合	ListView 选中行的集合
Sorting	Ascending|Descending	设置对项进行排序的方式
SmallImageList	图标列表	除 LargeIcon 视图外所有视图中图像的 ImageList 控件
StateImageList	图标列表	自定义状态所使用的 ImageList 控件
View	Details LargeIcon SmallIcon List Tile	选择可以显示项的以下 5 种不同视图中的一种: Details 表示详细信息列表 LargeIcon 表示每项显示一个大图标和标签 SmallIcon 表示每项显示一个小图标 List 表示每项显示小图标和标签 Tile 表示每项显示图标、标签和子项信息

ListView 控件的常用事件及说明如表 7.2 所示。

表 7.2　ListView 控件的常用事件及说明

事 件 名 称	说　　明
AfterLabelEdit	编辑列表项的内容时被触发
BeforeLabelEdit	编辑列表项的内容后被触发
ColumnClick	单击列标题时触发,参数中可以获得被单击的列对象,通常用于排序
ItemClick	单击某行或某列表项时触发。参数中可以获得被单击的列表项
SelectedIndexChanged	ListView 选中项改变时触发,常用于选中某行数据时实现相应功能

2. ListView 控件操作

ListView 控件的基本操作包括设置 ListView 控件外观、添加项、删除项和获取选中项改变事件。下面以案例方式进行 ListView 控件基本操作的讲解。

7.1.2　案例 7.1　ListView 控件的基本操作

本案例将学习 ListView 控件的基本操作,包括设置 ListView 控件外观、添加项、删除项和获取选中项改变事件。

(1)添加 ListView 等控件。

创建一个 Windows 应用程序,命名为 case0701。打开 Windows 应用程序的开发界面,默认显示 Form1 窗体。打开工具栏，从工具栏中选中 ListView 控件，按住该控件并拖放到 Form1 窗体指定位置，放开鼠标即可。

然后继续在 Form1 窗体中添加三个按钮控件，分别为"添加项""移除项""清空项"。各按钮控件的属性设置及说明如表 7.3 所示。

表 7.3　Form1 窗体各按钮控件的属性设置及说明

控件名称	属性名称	属性值	控件名称	属性名称	属性值
按钮 1	Name	btn_AddItem	按钮 3	Name	btn_RemoveItem
	Text	添加项		Text	清空项
按钮 2	Name	btn_ClearItem			
	Text	移除项			

（2）设置 ListView 外观。

本案例以 ListView 控件的"详细信息（Detail）"视图显示方式为例讲解 ListView 外观的具体设置。ListView 控件的 Detail 视图外观与普通表格相同，主要用于数据信息列表的显示。在 Detail 视图中，每个列表项以数据行的方式显示，列表项的子项信息以数据列的方式显示，并且可以设置各列的标题。ListView 外观设置的具体方法如下：

① 打开 ListView 控件的"属性"面板，设置 View 属性的属性值为 Details。

② 设置各列标题，找到 Columns 属性，单击其右侧的"…"图标，如图 7.2 所示。弹出"ColumnHeader 集合编辑器"对话框，如图 7.3 所示。在该对话框中可以编辑各列标题、各列宽度以各列的显示顺序等。单击对话框左侧的"添加"按钮，即可添加一个列，默认名称为 columnHeader1，然后在对话框右侧可以设置该列的 Text（显示文本）、Width（宽度）等属性，还可以通过 DisplayIndex 属性设置各列的显示顺序。

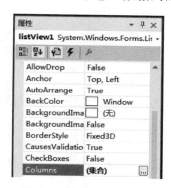

图 7.2　设置 ListView 的 Columns 属性

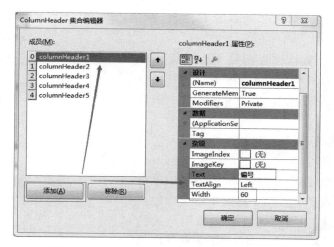

图 7.3　"ColumnHeader 集合编辑器"对话框

③ 设置各列标题后的 ListView 控件如图 7.4 所示,从图中可以看到 ListView 控件已经显示各列的标题。接着设置 GridLine 属性的属性值为 True,可以显示 ListView 网格线。

④ 设置 ListView 控件的其他属性,分别设置 FullRowSelect 属性的属性值为 True,设置 MultiSelect 属性的属性值为 False。

至此,ListView 控件外观设置完成,外观与普通表格相似。

(3) 添加列表项。

使用 ListView 控件中 Items 属性的 Add()方法可以向 ListView 控件中添加数据信息,即列表项。Add()方法的语法格式如下:

```
ListViewItem 列表项 = new ListViewItem(文本标签);
ListView 控件名称.Items.Add(ListViewItem  列表项);
```

参数说明:列表项包括列表项文本、图标以及子项信息。

在 case0701 项目中继续实现添加列表项的功能,在图 7.6 所示的 Form1 窗体中,双击"添加项"按钮,在"添加项"按钮单击事件中编写添加 ListView 列表项的函数,具体源代码如下:

```
//添加项
int i = 1; //定义全局变量,存放列表序号
private void btn_AddItem_Click(object sender, EventArgs e)
{ //创建一个 ListViewItem 项,并为第 1 列赋值
    ListViewItem myitem = new ListViewItem((i++).ToString());
    myitem.SubItems.Add("张宏");                    //为第 2 列赋值
    myitem.SubItems.Add("男");                      //为第 3 列赋值
    myitem.SubItems.Add("20");                      //为第 4 列赋值
    myitem.SubItems.Add("保密...");                 //为第 5 列赋值

    listView1.Items.Add(myitem);                    //将新建项添加到 ListView 控件中
}
```

该段程序的功能是首先创建一个列表项 ListViewItem,并为第 1 列赋值,然后分别为该列表项的子项信息(即第 2 列以及其他列)赋值,最后将该列表项添加到 LsitView 控件中。

源代码编写完成后,保存项目文件并运行程序,程序运行效果如图 7.4 所示。在程序运行界面中,单击"添加项"按钮,将在 ListView 控件中出现一个列表项。

(4) 移除列表项。

使用 ListView 控件中的 Items 属性的 Remove()和 RemoveAt()方法都可以移除 ListView 控件中的列表项。Remove()方法用于移除指定名称的列表项,RemoveAt()方法用于移除指定索引位置的列表项,Remove()和 RemoveAt()方法的语法格

图 7.4　添加 ListViewItem 项

式分别如下：

Remove()方法：

```
ListView 控件名称.Items.Remove(ListViewItem  列表项);
```

RemoveAt()方法：

```
ListView 控件名称.Items.RemoveAt( int 索引号);
```

继续实现移除列表项的功能，在图 7.6 所示的 Form1 窗体中，双击"移除项"按钮，自动生成按钮单击事件并在事件函数中编写移除 ListView 列表项的函数，具体源代码如下：

```
//移除项
private void btn_RemoveItem_Click(object sender, EventArgs e)
{
    if (listView1.SelectedItems.Count > 0)              //如果有选中项
        foreach (ListViewItem myitem in listView1.SelectedItems)  //遍历每一个选中项
            listView1.Items.Remove(myitem);            //移除项
    else                                                //如果没选中项
        MessageBox.Show("请先选择要移除的项");
}
```

首先判断是否有选中的要移除的项，LsitView 控件可以设置是否支持一次选择多个列表项（通过 MultiSelect 属性设置），然后遍历选中的每一个列表项，并将每个选中项从 ListView 控件中移除。

在程序运行界面中，先选中要移除的列表项，然后单击"移除项"按钮，则选中的列表项将从 ListView 控件中移除。程序运行效果如图 7.5 所示。

（5）清空列表项。

使用 ListView 控件中的 Items 属性的 Clear() 方法可以清空 ListView 控件中的所有列表项。Clear()方法的语法格式如下：

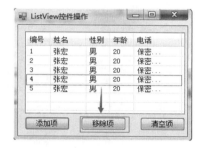

图 7.5　移除 ListViewItem 项

```
ListView 控件名称.Items.Clear();
```

继续实现清空列表项的功能，在图 7.6 所示的 Form1 窗体中，双击"清空项"按钮，自动生成按钮单击事件并在事件函数中编写清空 ListView 列表项的函数，具体源代码如下：

```
//清空项
private void btn_ClearItem_Click(object sender, EventArgs e)
{
    listView1.Items.Clear();                    //清空项
}
```

源代码编写完成后，保存项目文件并运行程序。在程序运行界面中，单击"清空项"按钮,则 ListView 控件中的所有列表项都被清空了。

(6) 获取当前选中项的信息。

ListView 控件的 SelectedIndexChanged 事件是指当选中项改变时触发该事件,常用于当选中某行数据时实现相应功能。

继续实现获取当前选中项的功能,在 Form1 窗体中分别添加一个 Label 控件和一个 TextBox 控件,设置 Label 控件的 Text 属性值为"当前选中项:"。

然后选中 ListView 控件,为 ListView 控件编写 SelectedIndexChanged 事件,在"属性"面板中选择"事件"选项,如图 7.6 所示。进入事件列表面板,双击 SelectedIndexChanged 事件,进入源代码编写窗口,编写源代码如下。

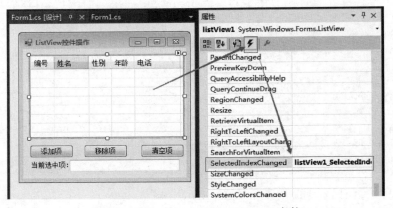

图 7.6　添加 SelectedIndexChanged 事件

```csharp
//选中项改变事件
private void listView1_SelectedIndexChanged(object sender, EventArgs e)
{
    if (listView1.SelectedItems.Count > 0)              //如果有选中项
    {
        ListViewItem myitem = listView1.SelectedItems[0];        //获取选中的第一行
        textBox1.Text = myitem.SubItems[1].Text;        //将选中行的第二列的值赋值给文本框
    }
}
```

首先判断是否有选中列表项,接着获取选中的第一个列表项(需将 MultiSelect 属性设置为 False,即不能选中多行)。然后将选中行的第二列的值(即"姓名"列的值)赋值给文本框。

源代码编写完成后,保存项目文件并运行程序,程序运行效果如图 7.7 所示。在程序运行界面中,首先单击"添加项"按钮,为 ListView 控件添加多个列表项。然后在 ListView 控件中单击各列表项信息,此时选中项的第二列信息,即"姓名"列的信息就会显示在文本框中。

图 7.7　ListView 选中项改变事件
运行效果

7.1.3 案例 7.2 使用 ListView 控件实现客户信息管理

本案例使用 ADO. NET 知识和 List 控件相结合,实现客户信息管理模块的开发,包括添加客户信息、修改客户信息、删除客户信息以及客户信息的显示等功能。

【实现步骤】

(1) 启动 SQL Server 2014 Management Studio 程序,创建一个数据库,命名为 DB_CASE0705。然后在该数据库中创建一个客户信息表,命名为 Customer_Info。客户信息表的结构如表 7.4 所示。

表 7.4 客户信息表的结构

字 段 名 称	数 据 类 型	说　　明
CustomerID	int	客户编号,主键、自增长
CustomerName	varchar(20)	客户姓名
Company	varchar(50)	单位
Sex	varchar(2)	性别
Age	int	年龄
Telephone	varchar(20)	联系电话
Address	varchar(200)	联系地址

创建数据库及数据表的 SQL 语句如下:

```
-- 创建数据库
create database DB_CASE0705;
-- 使用数据库
use DB_CASE0705;

-- 创建表
create table Customer_Info
(
CustomerID  int primary key identity,
CustomerName  varchar(20),
Company  varchar(50),
Sex  varchar(2),
Age  int,
Telephone  varchar(20),
Address  varchar(200)
)
```

(2) 启动 Visual Studio 2015 开发环境,创建一个 Windows 窗体应用程序,命名为 case0705,项目保存在"E:\C♯案例\07"目录下。

(3) 添加控件。

将 Form1 窗体设置为客户信息管理界面,打开 Form1.cs 的窗体设计器,为窗体添加 2 个分组控件(GroupBox),分别用于编辑客户信息和显示客户信息列表。

接着在 GroupBox1 分组控件中添加 6 个标签控件(Label)、4 个文本框控件(TextBox)、2 个单选按钮控件(RadioButton)、1 个数字选择控件(NumericUpDown)和 2 个按钮控件

(Button)。

在 GroupBox2 分组控件中添加 1 个列表视图控件(ListView)、1 个按钮控件(Button)。最后添加两个标签控件,其中一个标签设置其名称为 lbl_status,用于显示编辑状态;另一个标签设置其名称为 lbl_note,用于显示操作结果。

添加完各控件后,需要为各控件设置相应的属性值。客户信息管理界面各控件的属性设置及说明如表 7.5 所示。

表 7.5　客户信息管理界面控件的属性设置及说明

控件名称	属性名称	属性值	控件名称	属性名称	属性值
GroupBox1	Text	编辑客户信息状态:	状态标签	Name	lbl_Status
GroupBox2	Text	客户信息列表	结果提示标签	Name	lbl_Note
"姓名"文本框	Name	txt_Name	"保存"按钮	Name	btn_Save
"单位"文本框	Name	txt_Company		Text	保存
"性别"单选按钮 1	Name	rbtn_Sex1	"取消"按钮	Name	btn_Cancel
	Text	男		Text	取消
"性别"单选按钮 2	Name	rbtn_Sex2	"删除"按钮	Name	btn_Del
	Text	女		Text	删除
"年龄"数值选择控件	Name	nudown_Age	"信息列表"列表框	Name	lv_Customer
	Minimun	0		View	Details
	Maximum	100		MultiSelect	False
"电话"文本框	Name	txt_Telephone		FullRowSelect	True
"地址"文本框	Name	txt_Address		GridLines	True
				Columns	编号、姓名等

客户信息管理界面设计效果如图 7.8 所示。

图 7.8　客户信息管理界面设计效果

（4）添加客户信息。

本步骤实现添加客户信息的功能，双击"保存"按钮，为该按钮编写 Click 事件，系统自动打开 Form1.cs 源代码界面，并且自动生成 btn_Save_Click()事件函数。在 Form1.cs 源代码界面中，首先引入 System.Data.SqlClient 命名空间；然后在 btn_Save_Click()函数中编写客户信息添加程序。具体源代码如下：

```csharp
//"保存"按钮
private void btn_Save_Click(object sender, EventArgs e)
{
    string name = txt_Name.Text.Trim();                      //姓名
    string company = txt_Company.Text.Trim();                //单位
    string sex = rbtn_Sex1.Checked == true ? "男" : "女";    //性别
    string age = nudown_Age.Value.ToString();                //年龄
    string telephone = txt_Telephone.Text.Trim();            //电话
    string address = txt_Address.Text.Trim();                //地址

    if (name == "")                                          //姓名为空
    {
        lbl_Note.Text = "姓名不能为空!";
        lbl_Note.ForeColor = Color.Red;
        txt_Name.Focus();
    }
    else if (lbl_Status.Text == "添加")                       //如果是"添加"状态
    {
        SqlConnection conn = new SqlConnection("Data Source = captainstudio; database = db_
case0705; Integrated Security = SSPI");
        conn.Open();
        string str = string.Format("insert into Customer_Info values('{0}','{1}', '{2}',{3},
'{4}','{5}')",name,company,sex,age,telephone,address);
        SqlCommand cmd = new SqlCommand(str, conn);
        int i = cmd.ExecuteNonQuery();
        conn.Close();
        if (i > 0)
        {
            lbl_Note.Text = "恭喜您,客户信息添加成功!";
            lbl_Note.ForeColor = Color.Blue;
            ClearTexBox();                                   //调用函数,清空各控件
        }
        else
        {
            lbl_Note.Text = "对不起,客户信息添加失败!";
            lbl_Note.ForeColor = Color.Red;
        }
    }
}

//清空各控件
protected void ClearTexBox()
{
    txt_Name.Text = "";
    txt_Company.Text = "";
    txt_Telephone.Text = "";
```

```
        txt_Address.Text = "";
        rbtn_Sex1.Checked = true;
        nudown_Age.Value = 0;
        lbl_Status.Text = "添加";
    }
```

源代码编写完成后,保存项目文件并运行程序。在程序界面中分别输入姓名、单位等客户信息,单击"保存"按钮,系统将客户信息保存到数据库中,并显示"恭喜您,客户信息添加成功!"的提示信息,程序运行效果如图7.9所示。

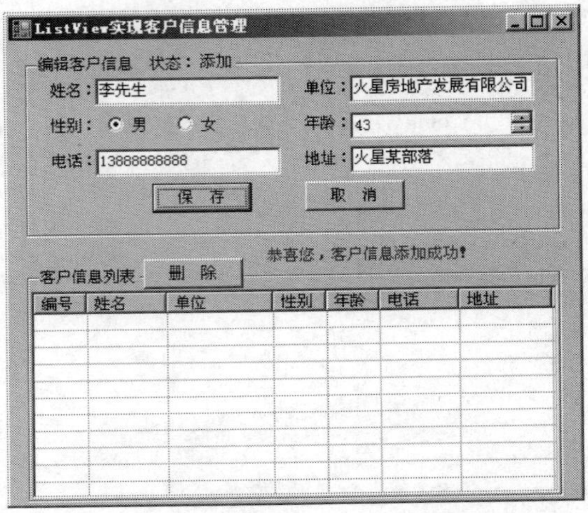

图 7.9   添加客户信息

说明: ClearTexBox()函数的功能是清空各控件的值,该函数将用于当客户信息添加成功、客户信息修改成功和客户信息删除成功后调用执行。如果没有该函数,客户信息添加完成后,各文本框的内容没有自动清空,当用户再次单击"保存"按钮时,依然可以将同一个客户信息再添加一次。当用户想添加下一位客户信息时,需要手动将每个文本框的内容清空。

至此,添加客户信息的功能已基本完成,但还存在一个问题,添加完客户信息后,新添加的客户信息并没有在界面下方的ListView控件中自动显示出来。因此,接下来实现客户信息的加载显示。

(5) 加载客户信息。

接着编写加载客户信息的功能源代码,在客户信息管理的操作过程中,将有4处操作需要用到加载客户信息的功能。分别说明如下:

- 打开客户信息管理界面时,需要从数据库中加载客户信息并显示在ListView控件中。
- 客户信息添加成功后,需要重新加载客户信息到ListView控件。
- 客户信息修改成功后,需要重新加载客户信息到ListView控件。
- 客户信息删除成功后,需要重新加载客户信息到ListView控件。

因此,需要定义一个加载客户信息的函数,然后分别在以上4个事件中调用该函数。

首先实现打开客户信息管理界面时加载客户信息并显示在ListView控件中的功能,选中Form1窗体,为Form1控件编写Load事件,在"属性"面板中单击"事件"选项,进入事件列表面板。双击Load事件,进入源代码编写窗口。首先定义一个DataBind_Customer()函数,从数据库中查询客户信息并绑定到 ListView 控件,然后在 Form1_Load()函数中调用该函数,实现加载客户信息功能。具体源代码如下:

```
//加载客户信息
protected void DataBind_Customer()
{
SqlConnection conn = new SqlConnection("Data Source = captainstudio; database = db_case0705;
Integrated Security = SSPI");
    conn.Open();
    string str = "select * from Customer_Info";
    SqlDataAdapter da = new SqlDataAdapter(str, conn);
    DataTable dt = new DataTable();
    da.Fill(dt);
    conn.Close();
    lv_Customer.Items.Clear();                  //先清空列表视图控件中现有行
    foreach (DataRow dr in dt.Rows)
    {
        ListViewItem myitem = new ListViewItem(dr["CustomerID"].ToString());
                            //创建一个 ListViewItem 项,并为第 1 列赋值,客户编号
        myitem.SubItems.Add(dr["CustomerName"].ToString());   //第 2 列为姓名
        myitem.SubItems.Add(dr["Company"].ToString());        //第 3 列为单位
        myitem.SubItems.Add(dr["Sex"].ToString());            //第 4 列为性别
        myitem.SubItems.Add(dr["Age"].ToString());            //第 5 列为年龄
        myitem.SubItems.Add(dr["Telephone"].ToString());      //第 6 列为电话
        myitem.SubItems.Add(dr["Address"].ToString());        //第 7 列为地址

        lv_Customer.Items.Add(myitem);          //将新建项添加到 ListView 控件中
    }
}

//窗体加载事件
private void Form1_Load(object sender, EventArgs e)
{
    DataBind_Customer();                        //加载客户信息
}
```

源代码编写完成后,保存项目文件并运行程序。可以看到,当程序界面打开时,系统将自动从数据库中查询客户信息并显示到 ListView 控件中,程序运行效果如图 7.10 所示。

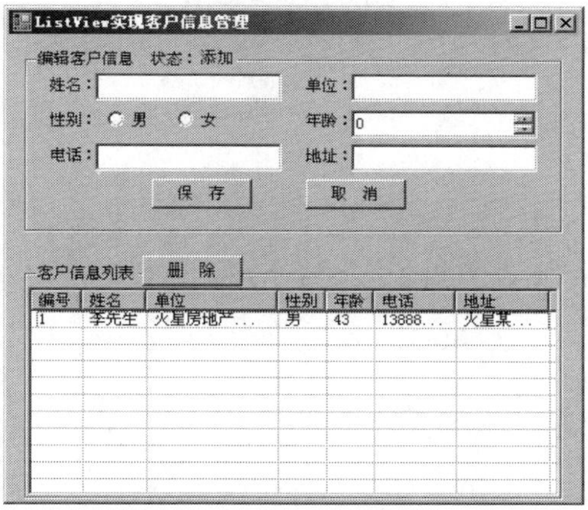

图 7.10 加载客户信息

接着,完善步骤(4)中的客户信息添加功能。当客户信息添加成功后,需要重新加载客户信息到 ListView 控件。在"7.处理结果"的源代码段中增加一行"DataBind_Customer();"的语句,调用该函数,实现重新加载客户信息的功能。具体源代码如下:

```
…
//7. 处理结果
 if (i > 0)
 {
     lbl_Note.Text = "恭喜您,客户信息添加成功!";
     lbl_Note.ForeColor = Color.Blue;
     ClearTexBox();                      //调用函数,清空各控件
     DataBind_Customer();                //重新加载客户信息
 }
…
```

源代码编写完成后,保存项目文件并运行程序。在程序界面中分别输入姓名、单位等客户信息,单击"保存"按钮,系统将客户信息保存到数据库中,同时将刚添加的客户信息即时加载到 ListView 控件中。

注意:读者看到的效果是每添加一位客户信息,界面下方的 ListView 控件就多一行,很多读者就会误解 ListView 控件只是改变一行数据。其实不然,每添加一位客户信息,ListView 控件就会先全部清空现有列表视图中的数据,从数据库中重新查询全部的客户信息并显示。

(6) 修改客户信息。

本步骤实现修改客户信息的功能,具体分为两个部分实现。

首先,在客户信息列表中选择要修改的客户,系统将选中的客户信息显示到各文本框中,并且将当前状态由"添加"改为"修改"。具体实现过程为:选中 ListView 控件,为 ListView 控件编写选中项改变事件,在"属性"面板中单击"事件"选项进入事件列表面板,双击 SelectedIndexChanged 事件,进入"源代码编辑"面板,编写相应源代码如下:

```
string customerid = "";                              //定义全局变量,用于存储客户编号

//客户信息选中项改变事件
private void lv_Customer_SelectedIndexChanged(object sender, EventArgs e)
{
    if (lv_Customer.SelectedItems.Count > 0)         //如果有选中项
    {
        ListViewItem myitem = lv_Customer.SelectedItems[0];   //获取选中的第1行(一次只能选一行)

        customerid = myitem.SubItems[0].Text;        //将选中行第1列的值赋值全局变量,客户编号
        txt_Name.Text = myitem.SubItems[1].Text;                        //第2列为姓名
        txt_Company.Text = myitem.SubItems[2].Text;                     //第3列为单位
        rbtn_Sex1.Checked = myitem.SubItems[3].Text == "男" ? true : false;   //第4列为性别
        rbtn_Sex2.Checked = myitem.SubItems[3].Text == "女" ? true : false;   //第4列为性别
        nudown_Age.Value = decimal.Parse(myitem.SubItems[4].Text);      //第5列为年龄
        txt_Telephone.Text = myitem.SubItems[5].Text;                   //第6列为电话
```

```
                txt_Address.Text = myitem.SubItems[6].Text;        //第 7 列为地址
                lbl_Status.Text = "修改";                          //当前状态
            }
        }
    }
```

　　源代码编写完成后，保存项目文件并运行程序。在程序界面的客户信息列表中选择各客户信息，则选中客户的各个信息分别显示在相应的文本框中。同时，当前状态变为"修改"，为修改客户信息的功能实现做出准备。

　　接着，继续实现客户信息修改功能。当用户根据具体情况修改客户相关信息后，将单击"保存"按钮实现修改功能。因此继续完善"保存"的单击事件函数，在 btn_Save_Click() 函数源代码段中相应位置编写如下源代码。

```
//"保存"按钮
private void btn_Save_Click(object sender, EventArgs e)
{
    …
    else if (lbl_Status.Text == "添加")          //如果是"添加"状态
    {
        …
    }
    else                                        //修改操作
    {
        SqlConnection conn = new SqlConnection("Data Source = captainstudio; database = db_
case0705; Integrated Security = SSPI");
        conn.Open();
        string str = string.Format("update Customer_Info set CustomerName = '{0}', Company =
'{1}', Sex = '{2}', Age = {3}, Telephone = '{4}', Address = '{5}' where CustomerID = {6}", name,
company, sex, age, telephone, address, customerid);
        SqlCommand cmd = new SqlCommand(str, conn);
        int i = cmd.ExecuteNonQuery();
        conn.Close();
        if (i > 0)
        {
            lbl_Note.Text = "恭喜您,客户信息修改成功!";
            lbl_Note.ForeColor = Color.Blue;
            ClearTextBox();                     //调用函数,清空各控件
            DataBind_Customer();                //重新加载客户信息
        }
        else
        {
            lbl_Note.Text = "对不起,客户信息修改失败!";
            lbl_Note.ForeColor = Color.Red;
        }
    }
}
```

　　源代码编写完成后，保存项目文件并运行程序。在客户信息列表中选择要修改的客户，此时系统将选中的客户信息显示到各文本框中。接着根据需要修改相关客户信息，单击"保

存"按钮,系统将到数据库中更新指定客户信息。最后,重新加载客户信息到 ListView 控件中。程序运行效果如图 7.11 所示。

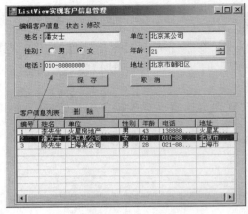

<table>
<tr><td>(a) 选择要修改的客户信息</td><td>(b) 客户信息修改成功</td></tr>
</table>

图 7.11　修改客户信息

(7) 删除客户信息。

删除客户信息的功能的具体过程是:首先在客户信息列表中选择要删除的客户,然后单击"删除"按钮,实现删除操作。

双击"删除"按钮,为该按钮编写 Click 事件,系统自动打开 Form1.cs 源代码界面,并且自动生成 btn_Delete_Click()事件函数。删除事件具体源代码如下:

```
//"删除"按钮
private void btn_Del_Click(object sender, EventArgs e)
{
    if (customerid == "")                    //如果没有选中要删除的客户信息
    {
        MessageBox.Show("请先选择要删除的客户信息");
    }
    else
    {
        //弹出"删除提示"确认框
        DialogResult result = MessageBox.Show("确定要删除选中的客户信息?", "删除提示",
MessageBoxButtons.YesNo, MessageBoxIcon.Question);
        if (result == DialogResult.Yes)      //如果确定删除
        {
            SqlConnection conn = new SqlConnection("Data Source = captainstudio; database =
db_case0705; Integrated Security = SSPI");
            conn.Open();
            string str = string.Format("delete from Customer_Info where CustomerID = {0}",
customerid);
            SqlCommand cmd = new SqlCommand(str, conn);
            int i = cmd.ExecuteNonQuery();
            conn.Close();
```

```
            if (i > 0)
            {
                lbl_Note.Text = "恭喜您,客户信息删除成功!";
                lbl_Note.ForeColor = Color.Blue;
                ClearTextBox();              //调用函数,清空各控件
                DataBind_Customer();         //重新加载客户信息
            }
            else
            {
                lbl_Note.Text = "对不起,客户信息删除失败!";
                lbl_Note.ForeColor = Color.Red;
            }
        }
    }
}
```

接着继续完善 ClearTextBox()函数,添加源代码"customerid＝"";",当删除操作完成后,在自动清空各控件信息的同时,清空全局变量 customerid 的值。具体源代码如下:

```
//清空各控件
protected void ClearTextBox()
{
    …
    lbl_Status.Text = "添加";
    customerid = "";
}
```

源代码编写完成后,保存项目文件并运行程序。在程序界面客户信息列表中选择要删除的客户,然后单击"删除"按钮,系统弹出"删除提示"确认框,当用户单击"是"按钮时,系统将选中客户信息从数据库中删除,并重新加载客户信息到 ListView 控件中。当用户单击"否"按钮时,系统将不执行删除操作,程序运行效果如图 7.12 所示。

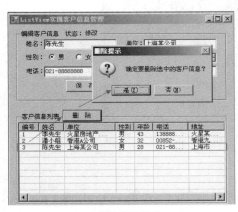
(a) 删除确认提示

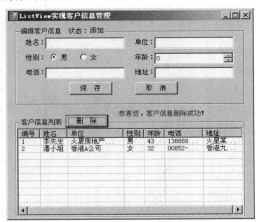
(b) 删除成功提示

图 7.12　删除客户信息

（8）"取消"按钮事件。

"取消"按钮的作用就是清空各控件的值,还原各变量的状态。"取消"按钮主要用在以下情况。

① 添加操作:当用户填写客户的部分信息后,又不想继续添加,可以单击"取消"按钮。

② 修改操作:当用户选中某客户后,又不想修改该客户信息,想要重新修改其他客户,可以单击"取消"按钮。

③ 删除操作:当用户选中某客户后,又不想删除该客户信息,想要重新删除其他客户,可以单击"取消"按钮。

双击"取消"按钮,为该按钮编写 Click 事件,系统自动打开 Form1.cs 源代码界面,并且自动生成 btn_Cancel_Click()事件函数。具体源代码如下:

```csharp
//"取消"按钮
private void btn_Cancel_Click(object sender, EventArgs e)
{
    ClearTextBox();              //调用函数,清空各控件
    lbl_Note.Text = "";
}
```

至此,使用 ListView 控件实现客户信息管理的功能开发完成。读者可以根据本案例的知识点自行拓展,实现商品信息管理、教师信息管理、课程信息管理等功能。

7.2 TreeView 控件

7.2.1 TreeView 控件介绍

TreeView 控件用于显示具有层次结构的分级信息,TreeView 控件一般用来显示文件和目录结构、文档中的类层次、索引中的层次和其他具有分层目录结构的信息。TreeView 控件效果如图 7.13 所示。

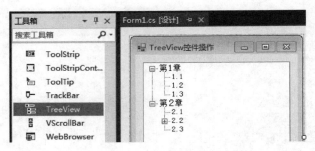

图 7.13 TreeView 控件效果

1. TreeView 控件概述

TreeView 控件具有数据显示直观、操作方便的特点,经常被应用在 C# 项目中。TreeView 控件的每个节点信息对应一个 Node 对象,每个 Node 对象均由一个标签和一个可选的位图组成。每个节点又可以包含子节点,包含子节点的节点叫父节点。TreeView 控

件的每个节点可以通过被展开和折叠来实现子节点的显示或隐藏。最常见的 TreeView 控件应用就是 Windows 操作系统中资源管理器的目录显示功能。

创建了 TreeView 控件之后,可以通过设置属性与调用方法对各 Node 对象进行操作,这些操作包括添加、删除、对齐和其他操作。还可以通过编程方式展开与折叠 Node 对象来显示或隐藏所有子节点。TreeView 控件的主要属性包括 Nodes 和 SelectedNode。Nodes 属性包含 TreeView 控件的节点列表集合。SelectedNode 属性表示当前选中的节点。接下来介绍 ListView 控件的一些常用属性、事件。TreeView 控件的常用属性及说明如表 7.6 所示。

表 7.6　TreeView 控件的常用属性及说明

属 性 名 称	属性值	说　　明
CheckBoxes	True|False	设置每一个节点前是否显示复选框
ContextMenuStrip		当用户右击该控件时显示的快捷菜单
FullRowSelect	True|False	当某节点被选中时,是否整行被突出显示
HotTracking	True|False	当鼠标指针移到节点上时,节点是否提供反馈
ItemHeight	整型	树状视图中各节点的高度
ImageList		获取节点图像的 IamgeList 控件
LabelEdit	True|False	是否可以编辑节点的标签文本
LineColor	Color	连接树状视图节点的线条的颜色
Nodes	节点集合	TreeView 控件中的根节点集合
ShowLines	True|False	是否在同级节点之间以及父节点和子节点之间显示连线
ShowRootLines	True|False	是否在根节点之间显示连线

TreeView 控件的常用事件及说明如表 7.7 所示。

表 7.7　TreeView 控件的常用事件及说明

事 件 名 称	说　　明
AfterSelect	在选定节点后发生
AfterCheck	在已选中或取消选中节点上的复选框时发生
AfterCollapse	在折叠节点后发生
AfterExpand	在节点展开后发生
AfterLabelEdit	在用户编辑节点的文本后发生
Click	单击 TreeView 控件时发生
NodeMouseClick	单击 TreeView 控件的节点时发生

2. TreeView 控件操作

TreeView 控件的基本操作包括在设计器中添加和移除 TreeView 节点,通过编程方式添加和移除 TreeView 节点,以及获取选中节点的信息。下面以案例方式进行 TreeView 控件基本操作的讲解。

7.2.2　案例 7.3　TreeView 控件的基本操作

本案例将学习 TreeView 控件的基本操作。

(1) 添加 TreeView 控件。

创建一个 Windows 窗体应用程序项目,命名为 case0706。打开 Windows 应用程序的开发界面,默认显示 Form1 窗体。从工具栏中选中 TreeView 控件,按住该控件并将其拖放到 Form1 窗体指定位置,放开鼠标即可。

（2）在设计器中添加或移除 TreeNode 节点。

首先选中 TreeView 控件,打开 TreeView 控件的"属性"面板,找到 Nodes 属性,单击其右侧的"···"按钮,如图 7.14 所示。弹出"TreeNode（树节点）编辑器"对话框,如图 7.15 所示。

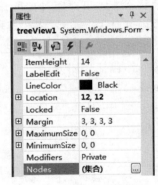

图 7.14　设置 Nodes 属性

在该对话框中可以添加、编辑和删除树节点信息。

① 添加根节点:单击对话框左侧的"添加根"按钮,即可添加一个根节点,然后在对话框右侧可以设置该节点的 Text 显示文本等属性。依此方法可以继续为 TreeView 控件添加其他根节点。

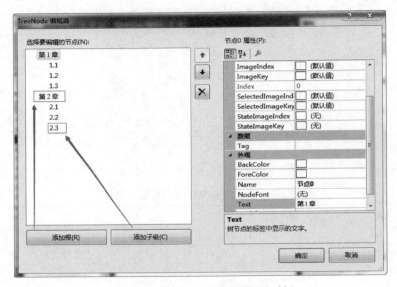

图 7.15　"TreeNode 编辑器"对话框

② 添加子节点:根节点添加完成后,就可以为此添加子节点信息了。首先在对话框左侧上方的节点列表中选择要添加子节点的父节点信息,然后单击对话框左侧的"添加子级"按钮,即可为选中节点添加一个子节点,然后在对话框右侧可以设置该子节点的 Text 显示文本等属性。依此方法可以继续为根节点或任何其他节点添加子节点。

③ 删除节点:首先在对话框左侧上方的节点列表中选择要删除的节点信息,然后单击对话框中间的"删除"按钮,即可将选中节点删除。

④ 节点排序:可以为各节点排列其显示顺序,首先在对话框左侧上方的节点列表中选择要排序的节点信息,然后单击对话框中的"向上"或"向下"按钮,即可将选中节点上移或下移一个顺序。

（3）以编程方式添加 TreeNode 节点。

使用 TreeView 控件中 Nodes 属性的 Add()方法可以向 TreeView 控件中添加节点信

息。Add()方法的语法格式如下：

```
TreeNode 节点名称 = new TreeNode(文本标签);
TreeView 控件名称.Nodes.Add(TreeNode 节点名称);
```

继续实现以编程方式添加 TreeNode 节点的功能，在 Form1 窗体中继续添加两个按钮控件，分别作为"添加节点"和"删除节点"。各按钮控件的属性设置及说明如表 7.8 所示。

表 7.8 Form1 窗体各按钮控件的属性设置及说明

控件名称	属 性 名 称	属 性 值	控件名称	属 性 名 称	属 性 值
按钮 1	Name	btn_AddNode	按钮 2	Name	btn_RemoveNode
	Text	添加节点		Text	删除节点

双击"添加节点"按钮，自动生成按钮单击事件并在事件函数中编写添加 TreeView 节点的源代码，具体源代码如下：

```
//添加节点
private void btn_AddNode_Click(object sender, EventArgs e)
{
    TreeNode node1 = new TreeNode("第 3 章");      //创建节点,作为根节点

    TreeNode subnode1 = new TreeNode("3.1");      //创建节点,作为子节点 1
    TreeNode subnode2 = new TreeNode("3.2");      //创建节点,作为子节点 2

    node1.Nodes.Add(subnode1);                    //将子节点 1 添加到根节点
    node1.Nodes.Add(subnode2);                    //将子节点 2 添加到根节点

    treeView1.Nodes.Add(node1);                   //将根节点(连同子节点)添加到 TreeView 控件中
}
```

首先创建一个新节点 node1 作为根节点，分别创建两个节点 subnode1 和 subnode2 作为子节点，然后将这两个子节点添加到根节点 node1 中，最后将该根节点连同两个子节点一起添加到 TreeView 控件中。

源代码编写完成后，保存项目文件并运行程序，程序运行效果如图 7.16 所示。在程序运行界面中，单击"添加节点"按钮，将在 TreeView 控件中出现一个"第 3 章"的根节点以及"3.1"和"3.2"两个子节点。

（4）以编程方式移除 TreeNode 节点。

使用 TreeView 控件中 Nodes 属性的 Remove()方法可以从 TreeView 控件中移除节点信息。使用 TreeView 控件中 Nodes 属性的 Clear()方法可以清空 TreeView 控件的所有节点。Remove()和 Clear()方法的语法格式分别如下：

图 7.16 添加 TreeNode 节点

```
TreeView 控件名称.Nodes.Remove(TreeNode 节点名称);
TreeView 控件名称.Nodes.Clear();
```

继续实现以编程方式移除 TreeNode 节点的功能,双击"删除节点"按钮,自动生成按钮 Click 事件并在事件函数中编写移除 TreeView 节点的功能,具体源代码如下:

```csharp
//删除节点
private void btn_RemoveNode_Click(object sender, EventArgs e)
{
    if (treeView1.SelectedNode != null)
    {
        //写法 1
        treeView1.SelectedNode.Remove();
        //写法 2
        //treeView1.Nodes.Remove(treeView1.SelectedNode);
    }
    else
    {
        MessageBox.Show("请先选择要删除的节点");
    }
}
```

首先判断是否有选中要移除的节点,然后将选中节点从 TreeView 控件中移除。

图 7.17　删除 TreeNode 节点

源代码编写完成后,保存项目文件并运行程序,程序运行效果如图 7.17 所示。在程序运行界面中,先选中要移除的节点,然后单击"删除节点"按钮,则选中的节点将从 TreeView 控件中移除。

(5) 确定被单击的 TreeView 节点。

TreeView 控件的 AfterSelect 事件是指在选定节点时触发该事件,常用于当选中某节点时实现相应功能。

继续实现获取当前选中节点的功能,在 Form1 窗体中分别添加一个 Label 控件和一个 TextBox 控件,设置 Label 控件的 Text 属性值为"当前选中节点:"。

然后选中 TreeView 控件,为 TreeView 控件编写 AfterSelect 事件,在"属性"面板中单击"事件"选项,如图 7.18 所示。进入事件列表面板,双击 AfterSelect 事件,编写源代码如下:

```csharp
//选中节点事件
private void treeView1_AfterSelect(object sender, TreeViewEventArgs e)
{
    textBox1.Text = e.Node.Text;             //获取选中节点的文本,并赋值给文本框
}
```

AfterSelect 事件中,使用 TreeViewEventArgs 对象返回对已选中节点对象的引用。以上源代码中"e.Node"代表 AfterSelect 事件所选中的节点。

源代码编写完成后,保存项目文件并运行程序,程序运行效果如图 7.19 所示。在程序运行界面中,在 TreeView 控件中单击各节点信息,此时选中节点的文本标签就会显示在文本框中。

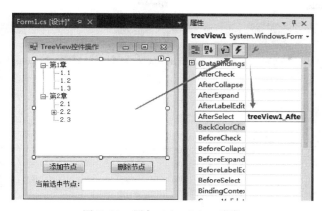

图 7.18　添加 AfterSelect 事件

（6）为 TreeView 控件设置图标。

可以通过 TreeView 控件的 ImageList 属性设置树节点图标显示。首先在窗体中添加一个图像列表对象 ImagesList，并为该图像列表对象添加多个图标文件。然后将 TreeView 控件的 ImageList 属性值设置为该 ImageList 对象。最后分别通过各 TreeNode 节点的 ImageIndex 属性引用 ImageList 对象中的相应图标的索引值进行图标的显示。TreeNode 节点的 ImageIndex 属性表示当该节点处于未选定状态时要显示的 Image 的索引值。TreeNode 节点的 SelectedImageIndex 属性表示当该节点处于已选定状态时要显示的 Image 的索引值。

图 7.19　TreeView 选中节点事件运行效果

7.2.3　案例 7.4　使用 TreeView 控件遍历磁盘目录

本案例综合使用 TreeView 控件和 ListView 控件知识实现磁盘目录显示和文件信息显示的功能。

【实现步骤】

（1）创建一个 Windows 窗体应用程序，命名为 case0707，项目保存在"E:\C#案例\07"目录下。

（2）在 Form1 窗体中添加打开 Form1.cs 的窗体设计器，为窗体添加 2 个分组控件（GroupBox）、1 个树状控件（TreeView）和 1 个列表视图控件（ListVew）。然后设置 ListView 控件的 Columns 属性，为 ListView 控件添加 3 个列，分别为"名称""大小""修改时间"。使用 TreeView 控件遍历磁盘目录的界面设计效果如图 7.20 所示。

（3）遍历磁盘根目录。

首先实现磁盘根目录的遍历，定义一个 GetRootDirectoryInfo，通过 Directory.GetLogicalDrives()方法遍历本地磁盘信息，然后根据各磁盘名称分别实例化一个磁盘对象，并将磁盘名称显示在树节点中。最后在窗体加载事件中调用该函数。

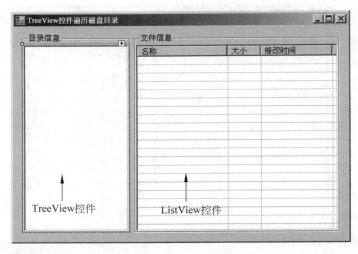

图 7.20　使用 TreeView 控件遍历磁盘目录的界面设计效果

　　选中 Form1 窗体,为 Form1 控件编写 Load 事件,在"属性"面板中单击"事件"选项,进入事件列表面板。双击 Load 事件,进入"源代码编辑"面板。在 Form1.cs 源代码界面中,首先引入 System.IO 命名空间;接着定义一个 GetRootDirectoryInfo()函数,实现根目录信息加载功能,然后在 Form1_Load()函数中调用该函数。具体源代码如下:

```csharp
//窗体加载事件
private void Form1_Load(object sender, EventArgs e)
{
    GetRootDirectoryInfo();                              //调用函数,加载根目录
}


//加载根目录
protected void GetRootDirectoryInfo()
{
    foreach (string dirname in Directory.GetLogicalDrives())    //遍历本地磁盘
    {
        DirectoryInfo dir = new DirectoryInfo(dirname);         //根据磁盘名称实例化磁盘对象
        TreeNode node = new TreeNode(dir.Name);                 //创建树节点,显示磁盘名称
        node.ToolTipText = dir.FullName;                        //保存目录完整路径及名称
        treeView1.Nodes.Add(node);                              //添加树节点
    }
}
```

　　源代码编写完成后,保存项目文件并运行程序。可以看到本地磁盘的根目录信息已经加载到 TreeView 控件中,程序运行效果如图 7.21 所示。

　　(4) 遍历子级目录及文件信息。

　　为 TreeView 控件添加节点单击事件,在 treeView1_NodeMouseClick()事件函数中编写如下源代码。

图 7.21 遍历磁盘根目录

```
//TreeView 节点单击事件
private void treeView1_NodeMouseClick(object sender, TreeNodeMouseClickEventArgs e)
{
    e.Node.Nodes.Clear();                                      //清空单击节点的所有子节点
    DirectoryInfo dir = new DirectoryInfo(e.Node.ToolTipText); //获取单击节点对应的目录信息
    GetSubDirectoryInfo(dir, e.Node);                          //加载子目录

    listView1.Items.Clear();                                   //清空 ListBox 列表
    foreach (FileInfo f in dir.GetFiles())                     //查找文件
    {
        ListViewItem myitem = new ListViewItem(f.Name);        //文件名
        myitem.SubItems.Add(f.Length.ToString());              //文件大小
        myitem.SubItems.Add(f.LastWriteTime.ToString());       //最后修改时间
        listView1.Items.Add(myitem);                           //添加列表项
    }
}


//加载子级目录
protected void GetSubDirectoryInfo(DirectoryInfo dir, TreeNode node)
{
    try
    {
        foreach (DirectoryInfo d in dir.GetDirectories())      //遍历子目录
        {
            TreeNode tnode = new TreeNode(d.Name);             //创建子节点,显示子目录的名称
            tnode.ToolTipText = d.FullName;                    //保存目录完整路径及名称
            node.Nodes.Add(tnode);                             //将子节点添加到父节点中
            //GetSubDirectoryInfo(d, tnode);    //递归调用本函数,实现无限遍历本地磁盘各级目录
        }
    }
    catch (Exception e)
    {
        MessageBox.Show(e.Message);                            //弹出出错对话框
    }
}
```

源代码编写完成后,保存项目文件并运行程序。可以看到本地磁盘的根目录信息已经加载到 TreeView 控件中,程序运行效果如图 7.22 所示。

图 7.22　遍历子目录及文件信息

7.3　DataGridView 控件

7.3.1　DataGridView 控件介绍

DataGridView 控件提供一种强大而灵活的以表格形式显示数据的方式。通过 DataGridView 控件,可以显示和编辑表格式的数据。DataGridView 控件效果如图 7.23 所示。

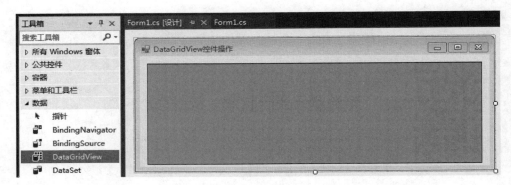

图 7.23　DataGridView 控件效果

1. DataGridView 控件概述

DataGridView 控件具有很高的可配置性和可扩展性,提供了大量的属性、方法和事件,可以用来对该控件的外观和行为进行自定义。

DataGridView 控件的特点如下。

(1) 支持多种数据列类型:DataGridView 控件提供有 TextBox、CheckBox、Image、

Button、ComboBox 和 Link 类型的数据列及相应的单元格类型。

（2）支持多种数据显示方式：DataGridView 控件可以同时显示绑定数据和非绑定数据，实现自定义的数据管理。

（3）自定义数据显示格式：DataGridView 控件提供了很多属性和事件，用于数据的格式化和显示，包括更改单元格、行、列、表头外观和行为以及数据排序等。

DataGridView 控件的常用属性及说明如表 7.9 所示。

表 7.9 DataGridView 控件的常用属性及说明

属 性 名 称	属 性 值	说 明
AllowUserToAddRows	True|False	是否显示用于添加行的选项（新增一个空行）
AllowUserToDeleteRows	True|False	是否允许从 DataGridView 删除行
AllowUserToOrderColumns	True|False	是否允许列位置的重新排列
AllowUserToResizeColumns	True|False	是否允许调整列的大小
AllowUserToResizeRows	True|False	是否允许调整行的大小
AutoSizeColumnsMode	None ColumnHeader AllCells DisplayedCells Fill 等	设置可见列的自动调整大小模式
CellBorderStyle	None|Single SingleVertical Raised 等	DataGridView 单元格边框样式
DataSource		获取或设置 DataGridView 控件的数据源
EditMode	EditOnEnter EditOnKeystrokeOrF2	单元格编辑启动方式
MultiSelect	True|False	是否允许一次选中多个单元格、行或列
ReadOnly	True|False	设置控件内所有单元格为只读，不可编辑
ShowCellErrors	True|False	是否显示单元格错误
ShowRowErrors	True|False	是否显示行错误（显示在行标题处）

DataGridView 控件的常用事件及说明如表 7.10 所示。

表 7.10 DataGridView 控件的常用事件及说明

事 件 名 称	说 明
CellClick	单击单元格的任意部分时发生
CellContentClick	单击单元格的内容时发生
CellEnter	当单元格获取焦点时发生
CellLeave	当单元格失去焦点时发生

2. DataGridView 控件操作

DataGridView 控件的数据操作包括将数据库中的数据信息绑定到 DataGridView 控件

中,通过 DataGridView 控件添加数据、修改数据以及删除数据等操作。

7.3.2 案例 7.5 使用 DataGridView 控件管理图书信息

本案例使用 ADO.NET 知识,并和 DataGridView 控件相结合,实现图书管理模块的开发,包括将数据库中的图书信息显示到 DataGridView 控件中,通过 DataGridView 控件添加图书、修改图书以及删除图书信息等操作。

启动 SQL Server 2014,创建一个数据库,命名为 DB_CASE0708。然后在该数据库中创建一个图书信息表 Book_Info,图书信息表的结构如表 7.11 所示。接着向该表中添加若干条图书信息。

表 7.11 图书信息表的结构

字 段 名 称	数 据 类 型	说　　明
BookID	int	图书编号,主键、自增长
BookName	varchar(50)	书名
Author	varchar(50)	作者
Count	int	数量
Price	money	价格
Publisher	varchar(50)	出版社
PublishDate	datetime	出版日期

创建一个 Windows 窗体应用程序,命名为 case0708。在 Form1 窗体中添加 DataGridView 控件。打开工具栏,从工具栏中选中 DataGridView 控件,按住该控件并拖放到 Form1 窗体指定位置,松开鼠标即可。

绑定数据到 DataGridView 控件。选中 Form1 窗体,为 Form1 控件编写 Load 事件。在源代码页面中,首先引入 System.Data.SqlClient 命名空间,然后在 Form1_Load() 函数中编写窗体加载事件源代码。从数据库中查询图书信息并绑定到 DataGridView 控件。具体源代码如下:

```csharp
SqlDataAdapter da = null;              //定义全局变量,数据适配器(执行对象)
DataTable dt = null;                   //定义全局变量,临时数据表

//窗体加载事件
private void Form1_Load(object sender, EventArgs e)
{
    SqlConnection conn = new SqlConnection("Data Source = captainstudio; database = DB_
CASE0701; Integrated Security = SSPI");
    conn.Open();
    string str = string.Format("select * from Book_Info");
    da = new SqlDataAdapter(str, conn);
    dt = new DataTable();
    da.Fill(dt);
    conn.Close();
    dataGridView1.DataSource = dt;      //设置 dataGridView1 的数据源为临时表 dt
```

```
                //用 SqlCommandBuilder 自动为 SqlDataAdapter 生成 Insert、Update、Delete 命令
                SqlCommandBuilder sqlCmdBuilder = new SqlCommandBuilder(da);
        }
```

源代码编写完成后,保存项目文件并运行程序,程序运行效果如图 7.24 所示。从程序运行界面可以看到图书信息表中的图书信息已经绑定到 DataGridView 控件。

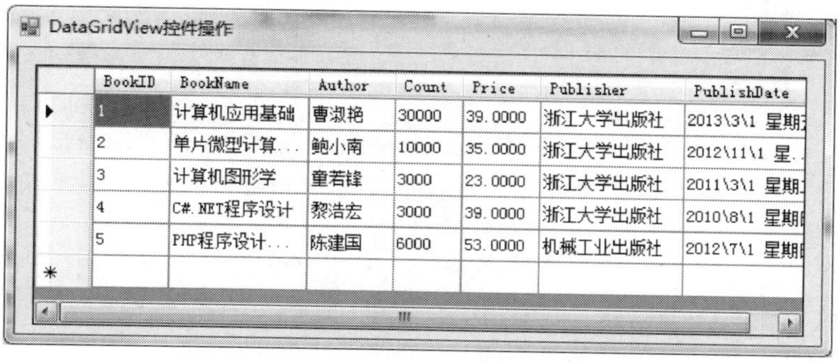

图 7.24 绑定数据到 DataGridView 控件

获取选中单元格信息。继续在 Form1 窗体中添加 1 个标签控件(Label)和 1 个文本框控件(TextBox),设置标签控件 Label1 的 Text 属性值为"当前选中内容:"。

选中 dataGridView1 控件,在"属性"面板中选择"事件"选项,进入事件列表面板。双击 CellClick 事件,在 dataGridView1_CellClick()函数中编写源代码如下:

```
//dataGridView 单元格单击事件
private void dataGridView1_CellClick(object sender, DataGridViewCellEventArgs e)
{
        //判断单击事件所在行和列是否在 DataGridView 范围内
        if (e.RowIndex >= 0 && e.RowIndex < dataGridView1.Rows.Count && e.ColumnIndex >= 0 &&
e.ColumnIndex < dataGridView1.ColumnCount)
        {
                //获取当前单击单元格的值,并赋值给文本框
                textBox1.Text = dataGridView1.Rows[e.RowIndex].Cells[e.ColumnIndex].Value.
ToString();
        }
        else
        {
                textBox1.Text = "";
        }
}
```

首先判断单击事件所在行和列是否在 DataGridView 范围内,接着通过 e.RowIndex 获取单击事件所在行的索引,通过 e.ColumnIndex 获取单击事件所在列的索引,然后获取单击事件所在单元格的值,并赋值给文本框。也可以通过 DataGridView 控件的 CurrentCell 属性来获取当前单元格信息。

源代码编写完成后,保存项目文件并运行程序,程序运行效果如图 7.25 所示。在程序运行界面中,单击 DataGridView 控件的各单元格,此时选中单元格的文本信息将显示在文本框中。

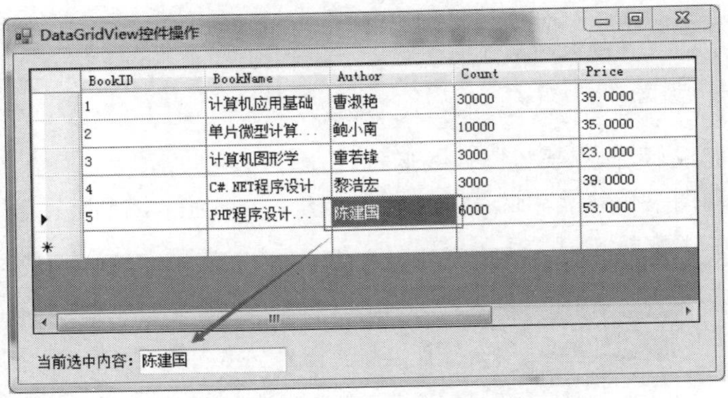

图 7.25 获取选中单元格信息

通过 DataGridView 控件添加和修改数据。在 Form1 窗体中继续添加两个按钮控件，分别作为"保存"和"删除"按钮。双击"保存"按钮，自动生成按钮 Click 事件并在事件函数中编写更新 DataGridView 控件数据的程序，具体源代码如下：

```
//保存
private void btn_Save_Click(object sender, EventArgs e)
{
    try
    {
        da.Update(dt);
        dt.AcceptChanges();
        MessageBox.Show("图书信息更新成功!");
    }
    catch (Exception er)
    {
        MessageBox.Show("图书信息更新失败,原因为:" + er.Message);
    }
}
```

由于 dataGridView1 控件的数据源为 dt，对 dataGridView1 控件数据所做的改动(包括添加数据、修改数据和删除数据)都会同步更新到 dt 中，接着通过 DataAdapter 对象的 Update()方法，将 DataTable 中的数据更新到数据库中。

保存项目文件并运行程序，程序运行效果如图 7.26 所示。在程序运行界面中，分别在 DataGridView 控件中修改一行数据，新增一行数据，然后单击"保存"按钮，系统将改动后的 dataGridView1 控件数据通过临时数据表 dt，更新到数据库中，并弹出"图书信息更新成功"的提示对话框。

双击"删除"按钮，自动生成按钮 Click 事件并在事件函数中编写删除 DataGridView 控件选中数据的程序，具体源代码如下：

```
//删除数据
private void btn_Delete_Click(object sender, EventArgs e)
{
```

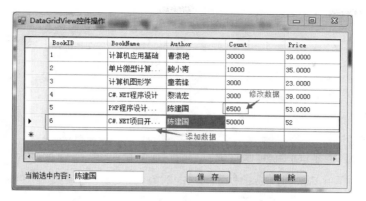

图 7.26　通过 DataGridView 控件添加和修改数据

```
if (MessageBox.Show("确认删除选中的图书信息?", "删除提示", MessageBoxButtons.YesNo,
MessageBoxIcon.Question) == DialogResult.Yes)
{
    //定位到当前选中数据行
    int i = dataGridView1.CurrentRow.Index;
    dataGridView1.Rows.RemoveAt(i);
    //调用"保存"按钮单击事件,实现数据更新操作,将数据从数据库中删除
    btn_Save.PerformClick();
}
}
```

　　首先弹出删除提示对话框,确认是否要删除选中的图书信息;然后定位到当前选中数据行,并将该行从 dataGridView1 控件中移除;最后调用"保存"按钮单击事件,实现数据更新操作,将数据从数据库中删除。

　　保存项目文件并运行程序,程序运行效果如图 7.27 所示。在程序运行界面中,从 dataGridView1 控件中选择要删除的数据,单击"删除"按钮,执行数据删除操作。

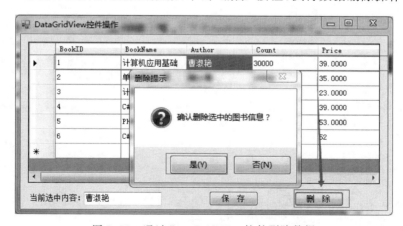

图 7.27　通过 DataGridView 控件删除数据

【知识延伸】

当前单元格指的是 DataGridView 焦点所在的单元格,可以通过 DataGridView 对象的

CurrentCell 属性获取当前单元格的内容。

7.3.3　案例 7.6　使用 DataGridView 控件制作课程表

本案例使用 ADO. NET 知识并和 DataGridView 控件相结合,实现课程表的显示和查询功能。从数据库中查询课程表信息后按指定格式进行显示,并且可以根据班级、教室和教师等查询条件进行课程表的查询。

【实现步骤】

(1) 创建数据库:启动 SQL Server 2014,创建一个数据库,命名为 DB_CASE0709。然后在该数据库中创建一个课程表,命名为 Course_Scheduling。课程表的结构如表 7.12 所示。

表 7.12　课程表的结构

字 段 名 称	数 据 类 型	说　明
CS_ID	int	排课编号,主键、自增长
Course	varchar(30)	课程名称
Teacher	varchar(30)	教师
ClassRoom	varchar(30)	教室
ClassName	varchar(30)	班级
Week	int	周次
Lesson	int	节次

创建数据库及数据表的 SQL 语句如下:

```
-- 创建数据库
create database DB_CASE0709;
-- 使用数据库
use DB_CASE0709;

-- 创建表
create table Course_Scheduling
(
CS_ID     int primary key identity,
Course    varchar(30),
Teacher   varchar(30),
ClassRoom  varchar(30),
ClassName  varchar(30),
Week     int,
Lesson   int
)
```

(2) 录入数据:为了能够更直观地显示课程表信息,需要事件在数据库中录入课程表数据。本案例提供的课程表数据如图 7.28 所示,读者可以自行录入其他课程数据。

(3) 创建 WinForm 项目并添加控件创建一个 Windows 窗体应用程序,命名为 case0709,项目保存在"E:\C#案例\07"目录下。打开 Form1.cs 的窗体设计器,为窗体添加 1 个 DataGridView 控件、3 个下拉列表框控件、1 个按钮控件等,分别用于显示和查询课

CS_ID	Course	Teacher	ClassRoom	ClassName	Week	Lesson
1	Flash动画制作	王启*	303	动漫1203	1	3
2	Flash动画制作	王启*	303	图形图像1201	1	3
3	Flash动画制作	王启*	405	动漫1203	3	2
4	Flash动画制作	王启*	405	图形图像1201	3	2
5	艺术解剖学	王启*	307	数字媒体1301	4	2
6	艺术解剖学	王启*	307	数字媒体1302	4	2
7	艺术解剖学	王启*	412	数字媒体1301	4	3
8	艺术解剖学	王启*	412	数字媒体1302	4	3
9	动画运动规律	潘晓*	101	动漫1203	2	2
10	动画运动规律	潘晓*	101	图形图像1201	2	2
11	动画运动规律	潘晓*	412	动漫1203	5	3
12	动画运动规律	潘晓*	412	图形图像1201	5	3
13	C#.NET程序设计	陈东*	303	软件工程1201	1	1
14	C#.NET程序设计	陈东*	303	软件工程1202	1	1
15	C#.NET程序设计	陈东*	403	软件工程1201	5	1
16	C#.NET程序设计	陈东*	403	软件工程1202	5	1

图 7.28 输入课程表数据

程表信息。添加完各控件后,需要为各控件设置相应的属性值。各控件的具体属性设置及说明如表 7.13 所示。

表 7.13 课程表信息查询界面控件的属性设置及说明

控件名称	属 性 名 称	属 性 值	控件名称	属 性 名 称	属 性 值
groupBox1	Text	课程表查询条件	"班级"下	Name	cbox_ClassName
label1	Text	教师:	拉列表框	DropDownStyle	DropDownList
label2	Text	班级:	"教室"下	Name	cbox_ClassRoom
label3	Text	教室:	拉列表框	DropDownStyle	DropDownList
"教师"下拉	Name	cbox_Teacher	"查询"按钮	Name	btn_Search
列表框	DropDownStyle	DropDownList	DataGridView	Name	dgv_Course

课程表信息查询界面设计效果如图 7.29 所示。

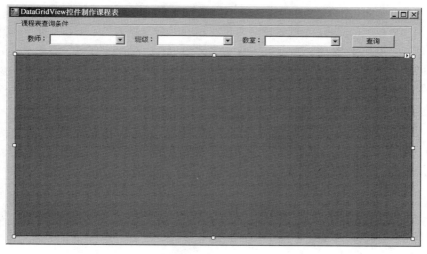

图 7.29 课程表信息查询界面设计效果

（4）加载数据到 DataGridView 控件。

选中 Form1 窗体，为 Form1 控件编写 Load 事件，引入 System.Data.SqlClient 命名空间，并且编写课程表信息加载函数源代码。课程表信息加载的具体实现过程如下。

首先，定义一个全局变量 dt，用于存储课程表信息。

其次，定义一个 Init_Table()函数，用于初始化数据表。在函数中创建一个 5 行 8 列的表，并且为相关单元格赋值，作为一张课程表。

再次，定义一个 DataBind_Course()函数，用于根据查询条件加载课程表信息。在函数中从数据库中查询课程表信息并存储在临时数据表 dt2 中，分别从 dt2 数据表中读取教师、课程名、班级、教室等信息并转存到 dt 数据表的相应单元格中，此时 dt 数据表形成一张有具体内容的课程表，最后将 DataGridView 控件的数据源指向 dt 表并显示。此函数声明了一个字符串类型的形式参数，用于接收查询条件，为执行步骤（6）的查询操作做准备。

最后，在 Form1_Load 事件中调用 DataBind_Course()函数，实现课程表的加载。具体源代码如下：

```csharp
public partial class Form1 : Form
{
    DataTable dt;                                    //定义全局变量,存储课程表信息

    public Form1()
    { InitializeComponent(); }

    private void Form1_Load(object sender, EventArgs e)
    {
        DataBind_Course("");                         //根据查询条件加载课程表信息
    }

    //初始化数据表
    protected void Init_Table()
    {
        dt = new DataTable();
        dt.Columns.Add("星期/节数", typeof(string));    //添加列集合
        dt.Columns.Add("星期一", typeof(string));
        dt.Columns.Add("星期二", typeof(string));
        dt.Columns.Add("星期三", typeof(string));
        dt.Columns.Add("星期四", typeof(string));
        dt.Columns.Add("星期五", typeof(string));
        dt.Columns.Add("星期六", typeof(string));
        dt.Columns.Add("星期日", typeof(string));

        for (int i = 0; i < 5; i++)                   //添加 5 个行集合
        {
            DataRow dr = dt.NewRow();
            dt.Rows.Add(dr);
        }
        dt.Rows[0][0] = "1-2";                        //向第 1 行第 1 列中添加"第 1-2 节"
```

```
            dt.Rows[1][0] = "3-4";
            dt.Rows[2][0] = "5-6";
            dt.Rows[3][0] = "7-8";
            dt.Rows[4][0] = "9-10";
        }


        //根据查询条件加载课程表信息
        protected void DataBind_Course(string str)
        {
            Init_Table();                               //初始化数据表
            SqlConnection conn = new SqlConnection("Data Source = captainstudio\\captainstudio;
database = db_case0709; Integrated Security = SSPI");
            conn.Open();
            string sqlstr = "select * from Course_Scheduling ";
            if (str != "")
            {
                sqlstr += "where " + str;
            }
            SqlDataAdapter da = new SqlDataAdapter(sqlstr, conn);
            DataTable dt2 = new DataTable();
            da.Fill(dt2);
            conn.Close();
            for (int i = 0; i < 5; i++)                  //遍历行,共有5行,表示节数
            {
                for (int j = 1; j <= 7; j++)             //遍历列,每行有7列,表示星期
                {
                    DataRow[] drs = dt2.Select("Lesson = " + (i + 1) + " and Week = " + j);

                    if (drs.Length > 0)
                    {
                        string classname = "";          //拼接班级,因为可能合班上课
                        foreach (DataRow dr in drs)
                        {
                            classname += dr[4].ToString() + "|";
                        }
                        //将课程名、教师、班级、教室等信息拼接并显示在单元格中
                        string scheduling = drs[0]["Course"].ToString() + "\n";
                        scheduling += drs[0]["Teacher"].ToString() + "\n";
                        scheduling += classname + "\n";
                        scheduling += drs[0]["ClassRoom"].ToString();
                        dt.Rows[i][j] = scheduling;
                    }
                }
            }

            dgv_Course.DataSource = dt;                  //绑定数据源
            //设置 DataGridView 外观
            dgv_Course.DefaultCellStyle.WrapMode = DataGridViewTriState.True;       //允许自动换行
            dgv_Course.AllowUserToResizeRows = true;     //允许用户调整列宽
```

```
        dgv_Course.DefaultCellStyle.Alignment = System.Windows.Forms.DataGridViewContentAlignment.
MiddleCenter;                                        //内容列对齐方式
        dgv_Course. ColumnHeadersDefaultCellStyle. Alignment = DataGridViewContentAlignment.
MiddleCenter;                                        //标题列对齐方式
        dgv_Course.AllowUserToAddRows = false;        //不出现新行
    }
}
```

源代码编写完成后,保存项目文件并运行程序,程序运行效果如图 7.30 所示。从程序运行界面可以看到全部课程表信息已经加载到 DataGridView 控件。

图 7.30　加载课程表信息到 DataGridView 控件

(5) 加载教师、班级、教室信息。

本步骤实现教师、班级、教室信息的加载功能,为课程表查询功能作准备。进入 Form1.cs 源代码编写窗口,分别编写源代码如下:

```
//加载教师信息
protected void DataBind_Teacher()
{
    SqlConnection conn = new SqlConnection ("Data Source = captainstudio \ captainstudio;
database = db_case0709; Integrated Security = SSPI");
    conn.Open();
    string sqlstr = "select distinct Teacher from Course_Scheduling";
    SqlDataAdapter da = new SqlDataAdapter(sqlstr, conn);
    DataTable dt2 = new DataTable();
    da.Fill(dt2);
    conn.Close();

    cbox_Teacher.Items.Add("全部");
    cbox_Teacher.Text = "全部";
    foreach(DataRow dr in dt2.Rows)
```

```
            cbox_Teacher.Items.Add(dr["Teacher"].ToString());
}
//加载班级信息
protected void DataBind_ClassName()
{
    SqlConnection conn = new SqlConnection("Data Source = captainstudio\\captainstudio;
database = db_case0709; Integrated Security = SSPI");
    conn.Open();
    string sqlstr = "select distinct ClassName from Course_Scheduling";
    SqlDataAdapter da = new SqlDataAdapter(sqlstr, conn);
    DataTable dt2 = new DataTable();
    da.Fill(dt2);
    conn.Close();

    cbox_ClassName.Items.Add("全部");
    cbox_ClassName.Text = "全部";
    foreach (DataRow dr in dt2.Rows)
        cbox_ClassName.Items.Add(dr["ClassName"].ToString());
}


//加载教室信息
protected void DataBind_ClassRoom()
{
    SqlConnection conn = new SqlConnection("Data Source = captainstudio\\captainstudio;
database = db_case0709; Integrated Security = SSPI");
    conn.Open();
    string sqlstr = "select distinct ClassRoom from Course_Scheduling";
    SqlDataAdapter da = new SqlDataAdapter(sqlstr, conn);
    DataTable dt2 = new DataTable();
    da.Fill(dt2);
    conn.Close();

    cbox_ClassRoom.Items.Add("全部");
    cbox_ClassRoom.Text = "全部";
    foreach (DataRow dr in dt2.Rows)
        cbox_ClassRoom.Items.Add(dr["ClassRoom"].ToString());
}
```

然后在 Form1_Load 事件中分别调用 DataBind_Teacher()函数、DataBind_ClassRoom()函数和 DataBind_ClassName()函数。具体源代码如下：

```
private void Form1_Load(object sender, EventArgs e)
{
    DataBind_Course("");            //根据查询条件加载课程表信息
    DataBind_Teacher();             //加载教师信息
    DataBind_ClassRoom();           //加载教室信息
    DataBind_ClassName();           //加载班级信息
}
```

保存项目文件并运行程序,程序运行效果如图 7.31 所示。

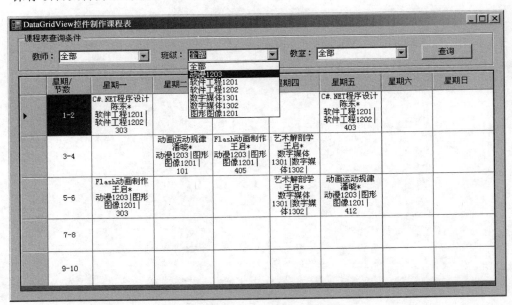

图 7.31　加载教师、班级、教室信息

(6) 查询课程表信息。

本步骤实现课程表信息查询功能,双击"查询"按钮,在"查询"按钮单击事件中编写根据指定查询条件进行课程表信息查询的程序。具体源代码如下:

```csharp
//查询事件
private void btn_Search_Click(object sender, EventArgs e)
{
    string str = "";
    if (cbox_Teacher.Text != "全部")
        str += string.Format(" Teacher = '{0}' and ", cbox_Teacher.Text);
    if (cbox_ClassName.Text != "全部")
        str += string.Format(" ClassName = '{0}' and ", cbox_ClassName.Text);
    if (cbox_ClassRoom.Text != "全部")
        str += string.Format(" ClassRoom = '{0}' and ", cbox_ClassRoom.Text);
    if (str != "")
        str = str.Substring(0, str.Length - 4);

    DataBind_Course(str);                //调用函数,传递查询条件
}
```

保存项目文件并运行程序,程序运行效果如图 7.32 所示。在程序运行界面中,选择教师为"陈东 *"、班级为"软件工程 1201"作为查询条件,单击"查询"按钮,系统将根据此查询条件从数据库中查询课程表信息并显示在 DataGridView 控件中。

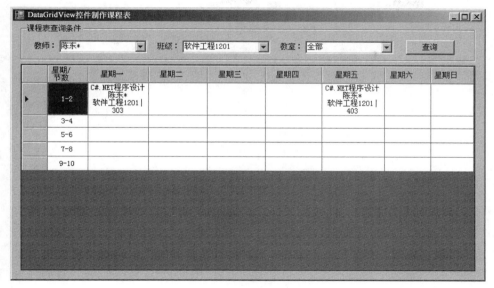

图 7.32　查询课程表信息

7.4　案例 7.7　ComboBox 控件的数据绑定

ComboBox 控件的基本属性和方法已经在 5.2.3 节详细介绍过,在此不再赘述。ComboBox 控件的数据绑定操作包括将数据绑定到 ComboBox 控件,以及获取选中列表项的信息。下面以案例方式讲解 ComboBox 控件的基本操作。

(1) 添加 ComboBox 控件。

创建一个 Windows 窗体应用程序项目,命名为 case0710。打开工具栏,从工具栏中选中 ComboBox 控件,按住该控件并拖放到 Form1 窗体指定位置。接着在 Form1 窗体中继续添加三个标签控件(Label)和两个文本框控件。分别设置标签控件的 Text 属性值为"选择图书:""当前选中图书的编号:"和"当前选中图书的名称"。

(2) 绑定数据到 ComboBox 控件。

选中 Form1 窗体,为 Form1 控件编写 Load 事件,首先引入 System. Data. SqlClient 命名空间,然后在 Form1_Load()函数中编写窗体加载事件源代码。从数据库中查询图书信息并绑定到 ComboBox 控件。具体源代码如下:

```csharp
//窗体加载事件
private void Form1_Load(object sender, EventArgs e)
{
    SqlConnection conn = new SqlConnection("Data Source = captainstudio; database = DB_
CASE0701; Integrated Security = SSPI");
    conn.Open();
    string str = string.Format("select * from Book_Info");
    SqlDataAdapter da = new SqlDataAdapter(str, conn);
```

```
DataTable dt = new DataTable();
da.Fill(dt);
conn.Close();
comboBox1.DisplayMember = "BookName";        //设置列表项显示文本的字段
comboBox1.ValueMember = "BookID";            //设置列表项值的字段
comboBox1.DataSource = dt;                   //设置下拉列表框的数据源为临时表 dt

}
```

源代码编写完成后,保存项目文件并运行程序,程序运行效果如图 7.33 所示。从程序运行界面可以看到图书信息表中的图书信息已经绑定到 ComboBox 控件了,并且列表项的显示文本是图书名称。

(3) 获取选中列表项的信息。

获取 ComboBox 选中列表项的信息包括选中列表项的索引号(SelectedIndex)、列表项的显示文本(Text)和列表项的值(SelectedValue)。

实现获取 ComboBox 选中列表项信息的功能,选中 ComboBox1 控件,在"属性"面板中选择"事件"选项,进入事件列表面板。双击 SelectedIndexChanged 事件,在 comboBox1_SelectedIndexChanged()函数中编写源代码如下:

```
//下拉列表框选中项改变事件
private void comboBox1_SelectedIndexChanged(object sender, EventArgs e)
{
    if (comboBox1.SelectedIndex >= 0)                           //是否有选中项
    {
        textBox1.Text = comboBox1.SelectedValue.ToString();    //获取选中项的值
        textBox2.Text = comboBox1.Text;                        //获取选中项的文本
    }
}
```

首先判断是否有选中列表项,然后再分别获取选中列表项的值和文本并赋值给相应的文本框。源代码编写完成后,保存项目文件并运行程序,程序运行效果如图 7.34 所示。在程序运行界面中,单击下拉列表框控件,选择其中的列表项,此时选中列表项的值和文本将分别显示在界面中相应的文本框。

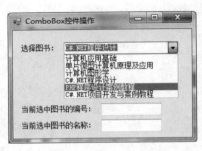

图 7.33　绑定数据到 ComboBox 控件

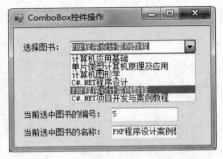

图 7.34　获取选中列表项的信息

7.5　习题

一、选择题

1. 当 ListView 的视图为 Details 时，以下(　　)属性可以设置显示的各个列。

    A．Columns　　　　B．Groups　　　　C．Items　　　　D．SubItems

2. 下列关于 ListView 控件的属性描述，错误的是(　　)。

    A．FullRowSelect 属性用于设置对各列表项的排序方式

    B．View 属性用于设置 ListView 控件的显示视图方式

    C．MultiSelect 属性用于设置是否允许一次选择多个列表项

    D．Columns 属性用于设置 ListView 控件的各个列的标题

3. 列表视图控件(ListView)用于以特定样式或视图类型显示列表项，其属性描述错误的是(　　)。

    A．MultiSelect 用于设置是否允许一次选择多个列表项

    B．GridLines 用于显示网格线，仅在"详细信息"视图中显示

    C．Columns 表示行集合，即 ListView 中的列表项

    D．LabelWrap 用于设置文本内容超出列宽时是否自动换行

4. 关于 TreeView 控件的常用属性及说明，描述错误的是(　　)。

    A．ItemHeight 用于设置树视图中各节点的高度

    B．LabelEdit 表示是否可以编辑节点的标签文本

    C．ShowLines 是否在同级节点之间以及父节点和子节点之间显示连线

    D．CheckBoxes 表示是否选中这个控件

二、程序设计题

1. 以新闻信息查询为例，使用 ADO.NET 数据访问技术，从新闻信息表(News_Info)中查询所有记录，并显示在 ListView 控件(lv_ News)中。完成以下 ADO.NET 数据查询程序中下画线处的语句。

```
//1. 客户端发出请求
//string str = "_____";
//2. 创建数据库连接
SqlConnection conn = new SqlConnection("_____
_____");
conn._____;
//3. 创建执行对象
SqlDataAdapter da = new SqlDataAdapter(_____);
//4. 创建临时表
DataTable dt = new DataTable();
//5. 执行查询,返回结果、填充到临时表
da._____;
//6. 关闭连接
conn.Close();
//7. 处理结果
lv_News.DataSource = dt;
lv_ News.DataBind();
```

2. 综合运行 C♯. NET 知识和 ADO. NET 知识,完成联系人信息管理模块开发(联系人信息管理模块界面见图 7.35)。

图 7.35 联系人信息管理模块界面

(1) 写出创建数据库、表,添加数据等操作所对应的 SQL 语句。

① 数据库在本地服务器上,数据库服务器名为".",数据库名称为"学生学号_DB",使用 Windows 集成身份验证连接数据库。

② 数据表名称为 Contact_Info(联系人信息),包含三个字段 ContactID(联系人编号)、ContactName(联系人姓名)、ContactTelephone(联系电话)。

(2) 编写添加联系人信息的程序。程序界面中,"联系人姓名"文本框的 Name 属性已设置为 txt_ ContactName,要求不能为空;"联系电话"文本框的 Name 属性已设置为 txt_ ContactTelephone,要求不能为空。

(3) 编写修改联系人信息的程序。

第 **8** 章

Windows高级控件

本章将在第 6 章 ADD. NET 数据库知识和第 7 章的 Windows 数据控件知识的基础上,进一步详细讲解 Windows 窗体的高级控件的编程操作及这些控件与数据库的交互访问操作,包括 Chart(图表)控件、音视频播放器控件、个性化皮肤控件等知识。每个知识点都配套经典案例,以便学生理解知识理论和掌握知识点的应用。

【本章要点】

☞ Chart 控件

☞ 音视频播放器控件

☞ 个性化皮肤控件

8.1 Chart 控件

图表技术由于其直观明了、生动丰富的特征,被广泛应用于生活和工作中的各种场景。在许多管理系统和应用程序中,我们也常常希望业务数据能够通过图表来展示。本节介绍 Visual Studio 自带的 Chart 控件的相关知识。

8.1.1 Chart 控件介绍

Microsoft Chart Controls(简称为 MSChart 或者 Chart)是微软开发的适用于 .NET Framework 3.5 的免费图表控件,已经集成到 Visual Studio 2008 及以上版本的开发工具中。Chart 控件支持数据加载,其绘制的数据源可以是静态数据,也可以是动态加载存储在数据库中的数据。同时,Chart 控件支持动态显示和三维显示等功能。需要充分了解 Chart 控件的结构,以便更好地使用该控件。Chart 控件的结构如图 8.1 所示。

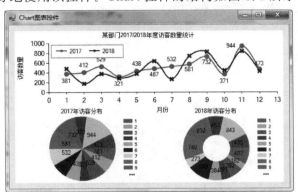

图 8.1 Chart 控件的结构

从图 8.1 中可以看出:

(1) 一个 Chart 控件可以包含多个绘图区域(ChartArea)。

(2) 每个 ChartArea 绘图区域都包含独立的图表组和数据源,都可以设置各自的属性。

(3) 不同的绘图区域可以绘制不同的图表类型。

(4) 一个 ChartArea 绘图区域中可以有多个 Series(图表序列)。

在 Visual Studio 工具中添加 Chart 控件和设置属性的过程示例如图 8.2 所示。

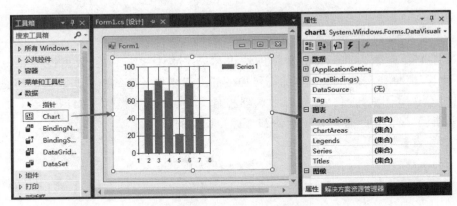

图 8.2　添加 Chart 控件和设置属性的过程

Chart 控件具有 45 个属性、9 个方法、49 个事件,可以十分灵活地对图表进行编程,并生成十分美观、丰富的图表。Chart 控件各个对象的属性值的设置可以通过"属性"面板进行手动设置,也可以通过编程的方式进行动态设置。

8.1.2　ChartArea 绘图区域

ChartArea 用于控制 Chart 控件的绘图区域的外观,主要设置图标数据的背景,例如 3D 效果、横纵轴交叉线的显示或隐藏、分块颜色显示等。ChartArea 只是一个作图的空白区域,它本身并不包含图形内容及数据。ChartArea 的属性设置面板如图 8.3 所示,ChartArea 的主要属性及说明如表 8.1 所示。

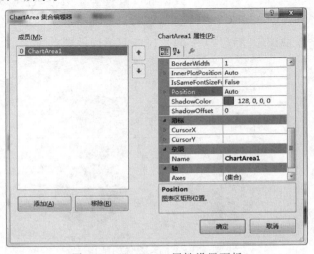

图 8.3　ChartArea 属性设置面板

表 8.1 ChartArea 的主要属性及说明

序号	类型	属性名称	说明
1		Name	绘图区名称
2	外观	Position	绘图区位置属性,含有 4 个选项。 Auto:是否自动对齐 Height:图表在绘图区内的高度(百分比,取值为 0~100) Width:图表在绘图区内的宽度(百分比,取值为 0~100) X,Y:图表在绘图区内左上角的坐标
3		InnerPlotPosition	图表在绘图区内的位置属性,选项如同 Position
4		BackColor	获取或者设置背景色
5		BorderColor	获取或者设置边框颜色
6	轴	Axes	坐标轴集合,可分别设置 X 轴(X Axis),Y 轴(Y Axis),第二 X 轴(Secondary X Axis)和第二 Y 轴(Secondary Y Axis),常用的属性如下。 ArrowStyle:设置坐标轴是否有箭头 Interval:轴刻度间隔大小 IntervalOffset:轴刻度偏移量大小 LableStyle:坐标轴的文字大小等 MajorGrid:主要辅助线 MajorTickMark:主要刻度线 MinorTickMark:次要刻度线 MinorGrid:次要辅助线 Title:坐标轴标题 TitleAlignment:坐标轴标题对齐方式
7	对齐	AlignmentOrientation	图表区对齐方向,定义两个绘图区域间的对齐方式
8		AlignmentStyle	图表区对齐类型,定义图表间用以对齐的元素
9		AlignWithChartAreas	参照对齐的绘图区名称

【例 8.1】 本例实现一个简单的 Chart 控件。

创建一个 Windows 窗体应用程序项目,命名为 case0801。打开工具栏,从工具栏中的"数据"选项卡中选中 Chart 控件并拖放到 Form1 窗体中,此时,该图表控件被自动命名为 chart1。为了使得程序运行后 chart1 控件大小随着窗体的变化而变化,将 chart1 控件的 Anchor(锚定)属性值设置为"Top,Bottom,Left,Right",则该控件与窗体的上、下、左、右边框的间距就固定了。

接着为 Form1 窗体编写窗体加载事件,双击窗体空白处,系统将自动生成一个 Form1_Load()函数,并进入源代码编辑界面。由于 Chart 图表等相关类位于 System.Windows. Forms.DataVisualization.Charting 命名空间中,因此在编写源代码之前需要在 Form1.cs 源代码文件中先引入命名空间,语句如下:

```
using System.Windows.Forms.DataVisualization.Charting;
```

在 Form1.cs 文件中的 Form1_Load()函数中编写如下源代码:

```
//窗体加载事件
private void Form1_Load(object sender, EventArgs e)
{    //准备数据
    int[] months = new int[] { 1, 2, 3, 4, 5, 6, 7, 8, 9, 10, 11, 12 };
    int[] business = new int[] { 73, 56, 43, 30, 42, 59, 52, 61, 63, 82, 73, 70, 81 };

    //设置网格线
    chart1.ChartAreas[0].AxisX.MajorGrid.Enabled = false;
    chart1.ChartAreas[0].AxisY.MajorGrid.Enabled = false;
    //设置坐标轴标题
    chart1.ChartAreas[0].AxisX.Title = "月份";
    chart1.ChartAreas[0].AxisY.Title = "营业额(万元)";

    //设置图表序列
     chart1.Series[0].Points.DataBindXY(months, business);
}
```

该程序首先分别定义两个数组 months 和 business,分别存储 12 个月和相应营业额,这两组数据将作为数据点显示在图表中。接着创建一个 Series 图表序列对象 series1,将这两个数组中的元素逐一取出并以数据点(x,y)的形式添加到 series1 对象中。然后将序列对象添加到 chart1 中,默认情况下是添加到 chart1 控件的第一个绘图区域。最后分别设置绘图区域的网络线和坐标轴的值。程序运行效果如图 8.4 所示。

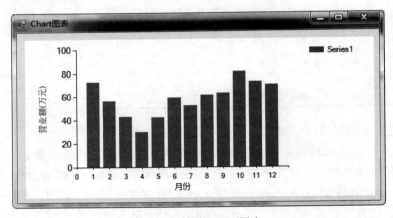

图 8.4　简单 Chart 图表

图中出现两个 Series 对象,这是因为 Series1 是拖放该图表控件时自动创建的,而mySeries 是通过编程创建的。可以在"属性"面板中以手动方式将 Series1 删除。该案例只是演示最简单的 Chart 图表的实现。在实际项目开发过程中,可以根据具体需要对 Chart控件的各个对象进行属性设置,例如 CartAreas 绘图区域、Series 图表序列对象、Lengends图例集合对象、Annotations 注解集合对象等。

一个 Chart 控件添加多个绘图区域,每个绘图区域都包含独立的图表组、数据源,而且不同的绘图区域可以绘制不同的图表类型。因此,对于每个绘图区域,都可以设置各自的属性。一个 ChartAreas 中可以有多个 Series 图表序列。

【例8.2】　本例实现一个含多个绘图区域的图表。

创建一个 Windows 窗体应用程序项目,命名为 case0802。从工具栏中选择 Chart 控件并拖放到 Form1 窗体中。接着在 Form1 窗体的源代码编辑界面中先引入命名空间 System. Windows. Forms. DataVisualization. Charting。然后编写窗体加载事件 Form1_Load()函数,源代码如下:

```csharp
using System;
using System.Collections.Generic;
using System.ComponentModel;
using System.Data;
using System.Drawing;
using System.Linq;
using System.Text;
using System.Threading.Tasks;
using System.Windows.Forms;
//新增
using System.Windows.Forms.DataVisualization.Charting;

namespace case0802
{
    public partial class Form1 : Form
    {
        public Form1()
        {
            InitializeComponent();
        }

        private void Form1_Load(object sender, EventArgs e)
        {
            //1. 准备数据
            int[] months = new int[] { 1, 2, 3, 4, 5, 6, 7, 8, 9, 10, 11, 12 };
            int[] business = new int[] { 73, 56, 43, 30, 42, 59, 52, 61, 63, 82, 73, 70, 81 };
            int[] visits = new int[] { 1203, 1020, 893, 784, 1021, 1354, 1521, 1684, 1871,
2012, 2102, 2320, 2540};
            int[] members = new int[] { 313, 221, 209, 183, 200, 348, 267, 431, 402, 390,
457, 473, 521 };

            //2. 创建三个图表序列
            Series series1 = new Series("每月营业额");
            Series series2 = new Series("每月访客数量");
            Series series3 = new Series("每月成交顾客数量");
            for (int i = 0; i < months.Length; i++)
            {
                series1.Points.AddXY(months[i], business[i]);      //每月营业额
                series2.Points.AddXY(months[i], visits[i]);        //每月访客数量
                series3.Points.AddXY(months[i], members[i]);       //每月成交顾客数量
```

```
        }
        //设置每组序列的图形
        series1.ChartType = SeriesChartType.Column;            //条形图
        series2.ChartType = SeriesChartType.Spline;            //曲线图
        series3.ChartType = SeriesChartType.Spline;            //曲线图

        series1.IsVisibleInLegend = false;
        series2.IsVisibleInLegend = false;
        series3.IsVisibleInLegend = false;

        //3. 创建绘图区并设置属性
        //创建两个绘图区
        ChartArea chartArea1 = new ChartArea("chartArea1");
        ChartArea chartArea2 = new ChartArea("chartArea2");

        //设置图表区域,用户可以拖动光标
        chartArea1.CursorX.IsUserEnabled = true;
        chartArea1.CursorY.IsUserEnabled = true;
        chartArea2.CursorX.IsUserEnabled = true;
        chartArea2.CursorY.IsUserEnabled = true;

        //设置 X 轴和 Y 轴坐标的标题
        chartArea1.AxisX.Title = "月份";
        chartArea1.AxisY.Title = "营业额(万元)";
        chartArea2.AxisX.Title = "月份";
        chartArea2.AxisY.Title = "人数";

        //设置不显示网格
        chartArea1.AxisX.MajorGrid.Enabled = false;
        chartArea1.AxisY.MajorGrid.Enabled = false;
        chartArea1.AxisX.MinorTickMark.Enabled = false;

        chartArea2.AxisX.MajorGrid.Enabled = false;
        chartArea2.AxisY.MajorGrid.Enabled = false;
        chartArea2.AxisX.MinorTickMark.Enabled = false;

        //设置绘图区域的位置和尺寸
        chartArea1.Position.X = 0;
        chartArea1.Position.Y = 5;
        chartArea1.Position.Width = 100;    //图表在绘图区内的高度(百分比,取值为 0~100)
        chartArea1.Position.Height = 50;

        chartArea2.Position.X = 0;
        chartArea2.Position.Y = 55;
        chartArea2.Position.Width = 100;
        chartArea2.Position.Height = 45;

        //4. 将 ChartArea、Series 对象添加到图表控件中
        //把三个序列对象分别添加到 chart1 的 Series 集合属性中
```

```
            chart1.Series.Clear();
            chart1.Series.Add(series1);
            chart1.Series.Add(series2);
            chart1.Series.Add(series3);

            //将两个绘图区域添加到当前图表控件中
            chart1.ChartAreas.Add(chartArea1);
            chart1.ChartAreas.Add(chartArea2);

            //把三个序列对象分别添加到 chartArea1、chartArea2 中
            series1.ChartArea = "chartArea1";
            series2.ChartArea = "chartArea2";
            series3.ChartArea = "chartArea2";

            //设置图表控件的标题
            Title title = new Title("商场营业情况统计报表");
            chart1.Titles.Add(title);
        }
    }
}
```

该程序主要完成以下几个功能。

（1）准备数据：分别定义四个数组 months（存储 12 个月）、business（存储每个月的营业额）、visits（存储每月访客数量）、members（存储每月成交顾客数量）。

（2）创建 Series 序列对象并设置属性：创建三个 Series 图表序列对象，并分别将营业额、访客数量、成交顾客数量这三组数组元素添加到相应的 series1、series2、series3 对象中。并且设置每个 Series 对象的图形类别和是否显示在图例中等属性。

（3）创建 ChartArea 绘图区域对象并设置属性：创建两个绘图区域对象，并分别设置它们的属性，例如，X 轴和 Y 轴坐标的标题、绘图区域的位置和尺寸、是否显示网格线、用户是否可以在绘图区中拖动游标。

（4）将 ChartArea、Series 对象添加到图表控件中：把三个序列对象分别添加到 chart1 的 Series 集合属性中，将两个绘图区域对象添加到当 chart1 控件中，然后分别指定每个 Series 序列对象要显示在哪个绘图区域中，最后设置图表控件的标题。程序运行效果如图 8.5 所示。

8.1.3　Series 对象

Series（图表序列）对象是 Chart 控件的重要属性集合，用于设置图表的数据集合、图表类型和外观。Series 包含十多个属性，如 ChartType、CharArea、Points、Label 等。一个 Chart 控件中可以有多组 Series 数据，每组 Series 代表一种图表类型（饼图、柱状图、曲线图、散点图等），可以将多种相互兼容的类型放在一个绘图区域内，绘制成一个复合图。Series 图表序列对象的属性设置界面如图 8.6 所示。

下面分别介绍 Series 对象中的一些重要属性。

Series 对象的主要属性及说明如表 8.2 所示。

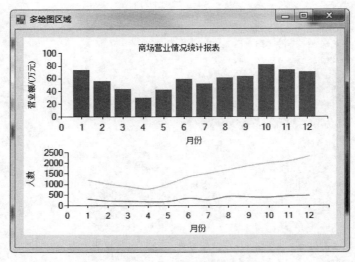

图 8.5　含有多个绘图区域的 Chart 图表

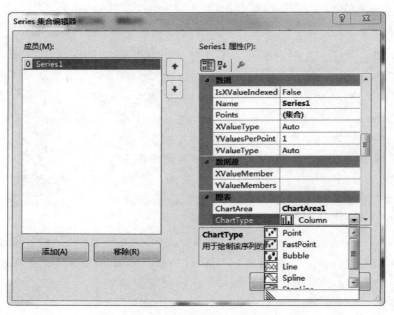

图 8.6　Series 对象的属性设置界面

表 8.2　Series 对象的主要属性及说明

序号	类型	属　　性	说　　明
1		Name	数据系列名称
2		Points	数据点集合,构成数据系列的点
3	数	IsXValueIndexed	指示将用于 X 值的数据点索引$(1,2,\cdots)$
4	据	XValueType	X 轴上所存储值的类型
5		YValuesPerPoint	为每个数据点存储的 Y 值的数目
6		YValueType	Y 轴上所存储值的类型

续表

序号	类型	属 性	说 明
7	图	ChartArea	图表所属的绘图区域名称
8	表	ChartType	用于绘制该序列的图表类型
9	数据	XValueMember	用于将数据绑定到序列的 X 值的图表数据源成员
10	源	YValueMembers	用于将数据绑定到序列的 Y 值的图表数据源成员
11		Label	数据点标签文本
12	标	LabelFormat	用于将点值转换为标签的格式字符串
13	签	LabelToolTip	数据点标签的工具提示
14		IsValueShownAsLabel	如果为 True,则将点的值显示为标签
15		MarkerSize	数据点标记大小
16		MarkerStyle	数据点标记样式
17	标	MarkerImage	获取或者设置标记图像路径或者图像 URL
18	记	MarkerColor	数据点标记颜色
19		MarkerBorderColor	获取或者设置数据点标记边框颜色
20		MarkerBorderWidth	获取或者设置数据点标记边框宽度(以像素为单位)
21		Color	数据点颜色
22	外	BackImage	获取或者设置背景图像路径或者图像 URL
23	观	BorderColor	获取或者设置边框颜色
24		BorderWidth	获取或者设置边框宽度(以像素为单位)
25		ShadowColor	获取或者设置阴影颜色

其中,ChartType 属性用于设置图表类型,Chart 共支持 35 种主要图表类型,详情见表 8.3。

表 8.3 SeriesChartType 图表类型枚举值说明

序号	属 性 值	说 明	序号	属 性 值	说 明
1	Area	面积图类型	19	Radar	雷达图类型
2	Bar	条形图类型	20	Range	范围图类型
3	BoxPlot	箱线图类型	21	RangeBar	范围条形图类型
4	Bubble	气泡图类型	22	RangeColumn	范围柱形图类型
5	Candlestick	K 线图类型	23	Renko	砖形图类型
6	Column	柱形图类型	24	Spline	样条图类型
7	Doughnut	圆环图类型	25	SplineArea	样条面积图类型
8	ErrorBar	误差条形图类型	26	SplineRange	样条范围图类型
9	FastLine	快速扫描线图类型	27	StackedArea	堆积面积图类型
10	FastPoint	快速点图类型	28	StackedArea100	百分比堆积面积图类型
11	Funnel	漏斗图类型	29	StackedBar	堆积条形图类型
12	Kagi	卡吉图类型	30	StackedBar100	百分比堆积条形图类型
13	Line	折线图类型	31	StackedColumn	堆积柱形图类型
14	Pie	饼图类型	32	StackedColumn100	百分比堆积柱形图类型
15	Point	点图类型	33	StepLine	阶梯线图类型
16	PointAndFigure	点数图类型	34	Stock	股价图类型
17	Polar	极坐标图类型	35	ThreeLineBreak	新三值图类型
18	Pyramid	棱锥图类型			

【例 8.3】 本例通过讲解从数据库加载数据动态显示图表控件来演示 Series 对象的使用,以及 Series 对象属性的设置。

【实现步骤】

(1) 数据准备。

先在 SQL Server 中创建一个数据库(命名为 DB_Case0803),创建一张数据表 Visit_Info(访客记录表),用于存储某部门每个月的访客人数。数据表的字段信息包括 BID(主键,自增长)、year、month、visits,每个字段的数据类型都为 int。读者可以自行设置其他结构和用途的表。数据表创建完成之后,向表中填入若干条记录,将这数据将被加载并显示到图表控件中。Visit_Info 数据表的内容示例如图 8.7 所示。

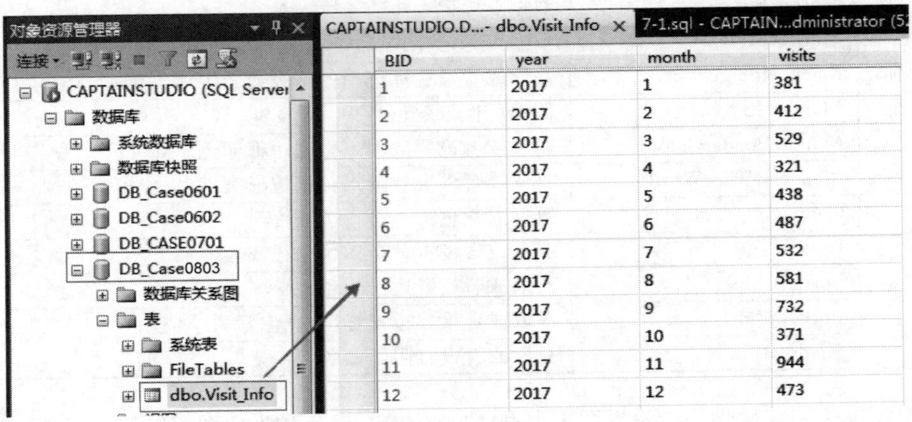

BID	year	month	visits
1	2017	1	381
2	2017	2	412
3	2017	3	529
4	2017	4	321
5	2017	5	438
6	2017	6	487
7	2017	7	532
8	2017	8	581
9	2017	9	732
10	2017	10	371
11	2017	11	944
12	2017	12	473

图 8.7 Visit_Info 数据表的内容

(2) 绑定数据并显示图表。

创建一个 Windows 窗体应用程序项目,命名为 case0803。向 Form1 窗体中添加一个 Chart 控件。接着为 Form1 窗体编写窗体加载事件。由于源代码中涉及 SQL Server 数据库访问操作和 Chart 图表操作,因此需要在 Form1. cs 源代码文件中先引入相关的命名空间,语句如下:

```
using System.Data.SqlClient;
using System.Windows.Forms.DataVisualization.Charting;
```

接着在 Form1. cs 文件中的 Form1_Load()函数中编写程序,实现如下功能:

① 编写一个 dataQuery()函数,用于执行数据查询操作;

② 在 Form1_Load()函数中,分别查询并加载 2017 年和 2018 年每个月的访客数量;

③ 创建两个图表序列对象,分别绑定 2017 年和 2018 年的数据,设置图表类型为曲线,并添加到 chart1 图表中。

```
//新增
using System.Data.SqlClient;
using System.Windows.Forms.DataVisualization.Charting;
```

```
namespace case0803
{
    public partial class Form1 : Form
    {
        public Form1()
        {
            InitializeComponent();
        }

        private void Form1_Load(object sender, EventArgs e)
        {   //读取数据
            string sqlstr1 = "select * from Visit_Info where year = 2017";
            DataTable dt1 = dataQuery(sqlstr1);

            string sqlstr2 = "select * from Visit_Info where year = 2018";
            DataTable dt2 = dataQuery(sqlstr2);

            //创建图表序列对象
            Series series1 = new Series("2017");
            Series series2 = new Series("2018");
            series1.Points.DataBindXY(dt1.DefaultView, "month", dt1.DefaultView, "visits");
            series2.Points.DataBindXY(dt2.DefaultView, "month", dt2.DefaultView, "visits");

            //设置每组序列的图形类型
            series1.ChartType = SeriesChartType.Spline;
            series2.ChartType = SeriesChartType.Spline;

            //将序列添加到图表控件中
            chart1.Series.Clear();
            chart1.Series.Add(series1);
            chart1.Series.Add(series2);
        }

        //数据查询
        protected DataTable dataQuery(string sqlstr)
        {
            SqlConnection conn = new SqlConnection("Data Source = captainstudio; database =
DB_CASE0803; Integrated Security = SSPI");
            conn.Open();

            SqlDataAdapter da = new SqlDataAdapter(sqlstr, conn);
            DataTable dt = new DataTable();
            da.Fill(dt);

            conn.Close();
            return dt;
        }
    }
}
```

程序运行效果如图 8.8 所示,可以看到图表中显示两条曲线,从图例中可以看出这两条曲线分别是 2017 年和 2018 年的访客数量,对应 Series1 和 Series2 两个对象。

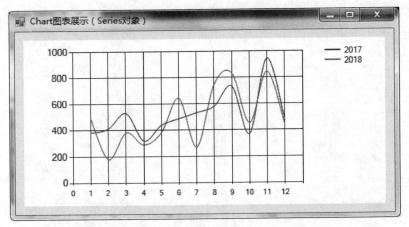

图 8.8　含有两个 Series 对象的 Chart 图表

(3) 设置 Series 属性。

可以通过设置 Series 对象的 ChartArea 对象的属性,来调整和美化图表的显示效果。分别设置每组 Series(每个线条)的颜色、粗细,是否在线条中显示数值标签,每个线条的标记大小和样式。接着设置绘图区域的属性,包括隐藏 X 轴和 Y 轴的网格线,设置坐标轴标题。最后设置图表的标题。图表属性设置的源代码如下:

```csharp
private void Form1_Load(object sender, EventArgs e)
{   //读取数据
    string sqlstr1 = "select * from Visit_Info where year = 2017";
    DataTable dt1 = dataQuery(sqlstr1);

    string sqlstr2 = "select * from Visit_Info where year = 2018";
    DataTable dt2 = dataQuery(sqlstr2);

    //创建图表序列对象
    Series series1 = new Series("2017");
    Series series2 = new Series("2018");
    series1.Points.DataBindXY(dt1.DefaultView, "month", dt1.DefaultView, "visits");
    series2.Points.DataBindXY(dt2.DefaultView, "month", dt2.DefaultView, "visits");

    //设置每组序列的图形
    series1.ChartType = SeriesChartType.Spline;
    series2.ChartType = SeriesChartType.Spline;

    //颜色、粗细
    series1.Color = Color.Olive;
    series2.Color = Color.Navy;
    series1.BorderWidth = 2;
    series2.BorderWidth = 2;
```

```
//将点的值显示为标签
series1.IsValueShownAsLabel = true;
//线条标记
series1.MarkerSize = 10;
series2.MarkerSize = 10;
series1.MarkerStyle = MarkerStyle.Circle;
series2.MarkerStyle = MarkerStyle.Cross;

//将序列添加到图表控件中
chart1.Series.Clear();
chart1.Series.Add(series1);
chart1.Series.Add(series2);

//设置网格线
chart1.ChartAreas[0].AxisX.MajorGrid.Enabled = false;
chart1.ChartAreas[0].AxisY.MajorGrid.Enabled = false;

//设置坐标轴
chart1.ChartAreas[0].AxisX.Title = "月份";
chart1.ChartAreas[0].AxisY.Title = "访客数量";

//设置图表标题
chart1.Titles.Add("某部门 2017/2018 年度访客数量统计");
}
```

程序运行效果如图 8.9 所示。

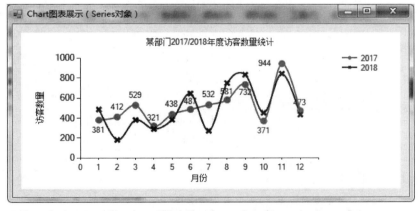

图 8.9　Series 和 ChartArea 对象属性设置

8.1.4　Lengends 对象

Lengends(图例)对象一般显示在图表的周边,用于对图表中的各种数据项进行说明。
MSChart 图表默认在右上角显示图例,也可以对图例对象的属性进行设置,例如图例样式、
图例显示的位置、背景颜色等。Lengends 对象的主要属性及说明见表 8.4。

表 8.4　Lengends 对象的主要属性及说明

序号	类型	属　性	说　明
1		Name	图例名称
2		Enabled	是否显示图例
3		LegendStyle	图例样式,取值有 Table、Row、Column
4	外观	Position	图例出现的位置
5		BackColor	获取或设置背景色
6		BorderColor	获取或设置边框颜色
7		BorderWidth	获取或者设置边框宽度(以像素为单位)
8	单	CellColumns	单元列集合
9	元	HeaderSeparator	图例标题直观分隔符类型
10	列	ItemColumnSeparator	图例表列直观分隔符类型

【例 8.4】　本例演示图表中图例的显示的设置,包括是否显示图例、图例位置的放置、图例样式的选择等操作。

创建一个 Windows 窗体应用程序项目,命名为 case0804。在窗体中分别添加一个 Chart(图表)控件、三个 GroupBox(分组框)控件(作为"显示图例""图例位置""图例样式"),然后在"显示图例"分组框中添加两个单选按钮,在"图例位置"分组框中添加四个单选按钮,在"图例样式"分组框中添加三个单选按钮。接着为各个按钮设置 Text 属性和 Name 属性,说明如表 8.5 所示。

表 8.5　Form1 窗体的按钮属性设置及说明

所在分组框	按　钮	Name 属性值	Text 属性值
显示图例	按钮 1	rb_ShowLengends	是
	按钮 2	rb_HideLengends	否
图例位置	按钮 1	rb_Docking_Top	上
	按钮 2	rb_Docking_Bottom	下
	按钮 3	rb_Docking_Left	左
	按钮 4	rb_Docking_Right	右
图例样式	按钮 1	rb_Style_Table	表格
	按钮 2	rb_Style_Row	行
	按钮 3	rb_Style_Column	列

接着编写窗体加载事件函数,该函数的功能包括:

(1) 创建两个数组,分别作为 X 值和 Y 值。

(2) 设置图表类型为饼图(SeriesChartType. Pie)。

(3) 设置显示在饼图上的标签为数值的百分比("＃PERCENT"),也可以修改为 X 值("＃VALX")、Y 值("＃VALY")等。其中可以设置百分比的小数点显示位数,"＃PERCENT{P2}"表示显示两位小数。

(4) 将 X 值和 Y 值绑定到图表序列对象。

具体源代码如下：

```
//新增
using System.Windows.Forms.DataVisualization.Charting;

//窗体加载事件
private void Form1_Load(object sender, EventArgs e)
{
    //准备数据
    string[] months = new string[] { "中国", "美国", "英国", "加拿大", "俄罗斯"};
    int[] business = new int[] { 73, 56, 43, 30, 42 };

    //建一个图表集合
    chart1.Series[0].ChartType = SeriesChartType.Pie;
    chart1.Series[0].Label = "#PERCENT";
    chart1.Series[0].LegendText = "#VALX : #VALY (#PERCENT{P2})";
    chart1.Series[0].Points.DataBindXY(months, business);          //绑定数据
}
```

接着分别编写各按钮控件的 Check 事件函数，源代码如下：

```
//显示图例
private void rb_ShowLengends_CheckedChanged(object sender, EventArgs e)
{   chart1.Series[0].IsVisibleInLegend = true;       }

//隐藏图例
private void rb_HideLengends_CheckedChanged(object sender, EventArgs e)
{   chart1.Series[0].IsVisibleInLegend = false;      }

//图例位置：上
private void rb_Docking_Top_CheckedChanged(object sender, EventArgs e)
{   chart1.Legends[0].Docking = Docking.Top;       }

//图例位置：下
private void rb_Docking_Bottom_CheckedChanged(object sender, EventArgs e)
{   chart1.Legends[0].Docking = Docking.Bottom;       }

//图例位置：左
private void rb_Docking_Left_CheckedChanged(object sender, EventArgs e)
{   chart1.Legends[0].Docking = Docking.Left;       }

//图例位置：右
private void rb_Docking_Right_CheckedChanged(object sender, EventArgs e)
{   chart1.Legends[0].Docking = Docking.Right;       }

//图例样式：表格
private void rb_Style_Table_CheckedChanged(object sender, EventArgs e)
{   chart1.Legends[0].LegendStyle = LegendStyle.Table;       }

//图例样式：行
private void rb_Style_Row_CheckedChanged(object sender, EventArgs e)
```

```
{   chart1.Legends[0].LegendStyle = LegendStyle.Row;    }

//图例样式：列
private void rb_Style_Column_CheckedChanged(object sender, EventArgs e)
{   chart1.Legends[0].LegendStyle = LegendStyle.Column;    }
```

程序运行效果如图8.10所示。可以在界面上选择不同的选项,查看图例的显示效果。

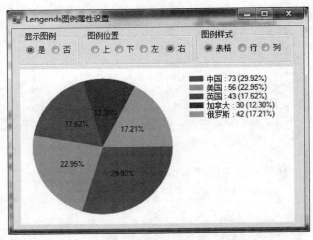

图 8.10　设置 Lengends 图例属性后的效果

8.2　音视频播放器

在 Windows 应用程序中可以调用 Windows 操作系统自带的播放器 Windows Media Player 来实现音频和视频文件的播放。不同版本的 Windows Media Player 能够支持的多媒体文件类型不同,具体见表8.6。

表 8.6　Windows Media Player 能够支持的多媒体文件类型

文件扩展名	版本 12	版本 11	版本 10	版本 9	版本 7
Windows Media 格式(.asf、.wma、.wmv、.wm)	√	√	√	√	√
Windows Media 元文件(.asx、.wax、.wvx、.wmx)	√	√	√	√	√
Windows Media 元文件(.wpl)	√	√	√	√	—
Microsoft 数字视频记录(.dvr-ms)	√	—	—	—	—
Windows Media 下载程序包(.wmd)	√	√	√	√	√
影音交叉存取(.avi)	√	√	√	√	√
运动图像专家组(.mpg、.mpeg、.m1v、.mp2、.mp3、.mpa、.mpe、.m3u)	√	√	√	√	√
音乐器材数字接口(.mid、.midi、.rmi)	√	√	√	√	√
音频交换文件格式(.aif、.aifc、.aiff)	√	√	√	√	√
Sun Microsystems 和 NeXT(.au、.snd)	√	√	√	√	√
Audio for Windows(.wav)	√	√	√	√	√

续表

文件扩展名	版本 12	版本 11	版本 10	版本 9	版本 7
CD 音频曲目(.cda)	√	√	√	√	√
Indeo 视频技术(.ivf)	√	√	√	—	√
Windows Media Player 外观(.wmz、.wms)	√	√	√	√	√
QuickTime 影片(.mov)	√	—	—	—	—
MP4 音频文件(.m4a)	√	—	—	—	—
MP4 视频文件(.mp4、.m4v、.mp4v、.3g2、.3gp2、.3gp、.3gpp)	√	—	—	—	—
Windows 音频文件(.aac、.adt、.adts)	√	—	—	—	—
MPEG-2 TS 视频文件(.m2ts)	√	—	—	—	—

【例 8.5】 本例使用 Windows Media Player 组件实现音频和视频文件的播放。

（1）添加 Windows Media Player 组件。

创建一个 Windows 窗体应用程序项目，命名为 case0805。由于程序需要调用 Windows 操作系统自带的播放器（Windows Media Player 组件，是一种 COM 组件），而默认情况下 Visual Studio 开发环境中的工具箱没有加载这个组件，因此，需要先将 Windows Media Player 组件添加到 Visual Studio 开发环境的工具箱中。

在当前项目的窗体设计界面下，打开工具箱，并在工具箱中的"常规"选项卡中的空白位置右击，在弹出的快捷菜单中选择"选择项"命令，如图 8.11 所示。

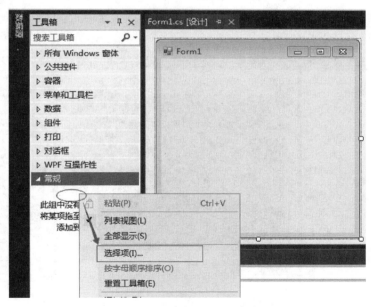

图 8.11 选择"选择项"命令

系统将弹出"选择工具箱项"对话框，该对话框提供了系统自带的各种组件。而且程序员可以通过该对话框加载第三方插件（例如 8.3 节要讲的个性化皮肤控件和图表控件）。在该对话框中，选择"COM 组件"选项卡，从列表中勾选 Windows Media Player 复选框，单击

"确定"按钮,操作过程如图 8.12 所示。

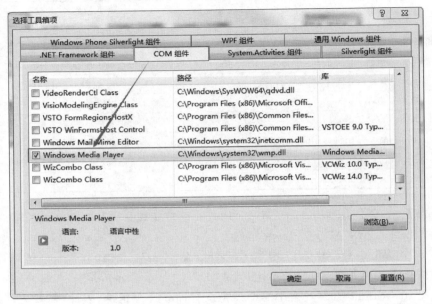

图 8.12 勾选 Windows Media Player 复选框

此时,Windows Media Player 控件将出现在工具箱中,将该控件拖放到 Form1 窗体中。为了使得在程序运行过程中播放控件能够显示在整个窗体中,并随着窗体大小的变化而变化,将 Windows Media Player 控件的 Dock 属性值设置为 Fill。Windows Media Player 控件的添加和属性设置过程如图 8.13 所示。

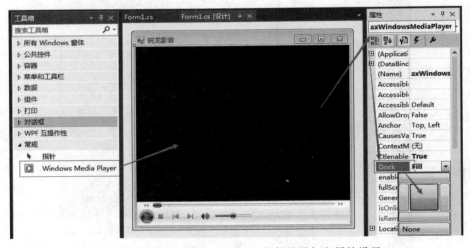

图 8.13 Windows Media Player 控件的添加和属性设置

(2) 添加 OpenFileDialog 控件和"浏览"按钮。

为了能够选择要播放的音频和视频文件,需要添加一个 OpenFileDialog 控件和一个按钮。在工具箱的"对话框"选项卡中选择 OpenFileDialog 控件并拖放到窗体中。注意,OpenFileDialog 控件不会显示在窗体中,只会显示在窗体下方。接着添加一个按钮,并设置其属性 Name＝"btn_BrowseFile"、Text＝"浏览"。考虑到在程序运行过程中窗体大小可能变化，为了使得"游览"按钮的位置始终固定在窗体的右下角，需要设置该按钮的 Anchor（锚定）属性。该属性用于设置当前控件与窗体的相对位置，当控件锚定到窗体和窗体调整时，控件将保持该控件的定位点位置之间的距离。在此，希望该按钮始终固定在窗体的右下角位置，因此将 Anchor 的值设置为 Button 和 Right。OpenFileDialog 控件的添加和"浏览"按钮的属性设置过程如图 8.14 所示。

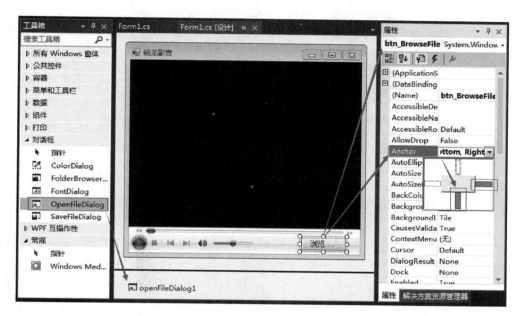

图 8.14　OpenFileDialog 控件的添加和"浏览"按钮的属性设置

（3）实现多媒体文件选择及播放功能。

由于 Windows Media Player 控件可以播放 mp3、mp4、wav、wmv、mov 等格式的多媒体文件，在打开文件时，设置文件类型过滤。选择"浏览"按钮控件，双击该控件，此时会进入源代码编辑窗口并自动创建一个 btn_BrowseFile_Click() 函数，在函数中编写如下源代码：

```
//选择多媒体文件并播放
private void btn_BrowseFile_Click(object sender, EventArgs e)
{
    openFileDialog1.Filter = "(mp3, mp4, wav, wmv, mov)| *.mp3; *.mp4; *.wav; *.mmv;
*.wov|all files| *.*";
    if (openFileDialog1.ShowDialog() == DialogResult.OK)
        axWindowsMediaPlayer1.URL = openFileDialog1.FileName;
}
```

源代码编写完成后，保存项目文件并运行程序，程序运行效果如图 8.15 所示。

图 8.15　视频播放器运行效果

8.3　个性化皮肤控件

IrisSkin 组件是为.NET Windows 应用程序开发的界面增强组件包,它能完全自动地为应用程序添加界面皮肤更换功能,不需要更改窗体界面设计和源代码。只需要将SkinEngine 组件拖放到当前应用程序的入口窗体(程序一运行就启动的窗体),并且设置一些属性,那么整个应用程序的所有窗体以及对话框都会自动的在运行时显示皮肤效果。

【例 8.6】　本例以皮肤控件为例,讲解 C♯.NET 编程中第三方控件的使用。创建一个Windows 应用程序,设计系统登录界面及主界面并体验程序皮肤效果功能。

(1) 下载 IrisSkin4.dll。

IrisSkin4.dll 可以从网络上下载,下载完成后解压得到一个 IrisSkin4.dll 插件和一个 Skins文件夹,如图 8.16 所示。Skins 文件夹中包括 73 套不同的皮肤风格文件(* .ssk)。

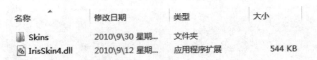

名称	修改日期	类型	大小
Skins	2010\9\30 星期...	文件夹	
IrisSkin4.dll	2010\9\12 星期...	应用程序扩展	544 KB

图 8.16　下载的 IrisSkin4 文件

(2) 将 IrisSkin4.dll 导入项目。

创建一个 Windows 窗体应用程序,命名为 case0806。将本案例所用到的皮肤资源文件(并不需要复制 73 个皮肤文件,只需要复制需要使用的若干个皮肤文件即可)和 IrisSkin4.dll文件复制到当前项目的 bin/Debug 目录中。接着为项目添加引用,在解决方案资源管理器中,右击项目名称,在弹出的快捷菜单中选择"添加引用"命令,如图 8.17 所示。在弹出的"引用管理器"对话框中,选择"浏览"按钮,找到项目的 bin/Debug 目录中的 IrisSkin4.dll 文件,单击"确定"按钮,如图 8.18 所示。此时,当前项目的解决方案资源管理器中的"引用"列表就会显示一个 IrisSkin4 的引用信息。

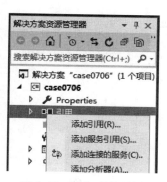

图 8.17 添加项目引用

图 8.18 选择 IrisSkin4.dll 文件

（3）将皮肤控件添加到"工具箱"面板。

打开"工具箱"面板，在空白处右击，在弹出的快捷菜单中选择"选择项"命令，如图 8.19 所示。

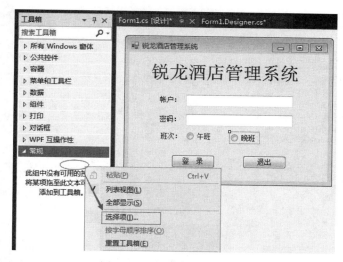

图 8.19 选择"选择项"命令

弹出"选择工具箱项"对话框，在弹出的对话框中单击"浏览"按钮，如图 8.20 所示。

弹出"选择文件"的对话框，通过对话框找到项目 bin/Debug 目录中的 IrisSkin4.dll 文件，单击"确定"按钮，返回"选择工具箱项"对话框，此时工具项列表中出现名称为 SkinEngine 的工具项，如图 8.21 所示。单击"确定"按钮，"工具箱"面板中出现 SkinEngine 控件。

如果这一步出现如图 8.21 所示的错误，说明操作系统不能识别该控件，则需要将 IrisSkin4.dll 控件复制到操作系统目录下（32 位操作系统的目录在 C:\Windows\System32，64 位操作系统的系统目录在 C:\Windows\SysWOW64），如图 8.22 所示。

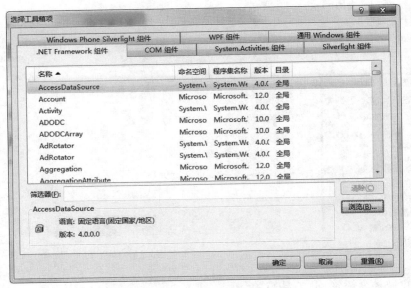

图 8.20　"选择工具箱项"对话框

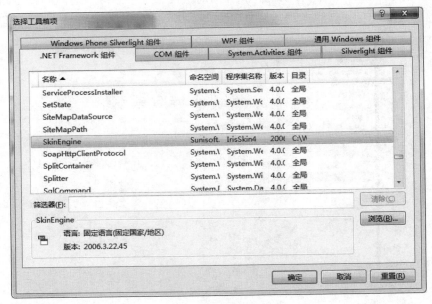

图 8.21　SkinEngine 控件

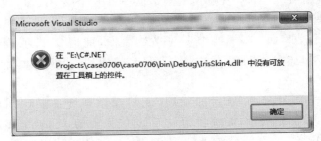

图 8.22　添加 IrisSkin4 控件出错

接着,选择"开始"→"运行"命令打开 cmd 命令行工具,将当前目录切换到 C:\Windows\ SysWOW64 目录下,然后输入命令 regsvr32 IrisSkin4.dll,即可完成注册,如图 8.23 所示。注册成功之后,再回到 Visual Studio 工具箱的"选择工具箱项"对话框(见图 8.20),找到 C:\Windows\ SysWOW64 目录中的 IrisSkin4.dll 文件(见图 8.24),也可添加 SkinEngine 控件到工具箱中。

图 8.23　注册 IrisSkin4.dll 控件

图 8.24　复制 IrisSkin4.dll 到系统目录

(4) 添加皮肤控件到窗体。

打开工具栏,从工具栏中选中皮肤控件 SkinEngine,按住该控件并拖放到 Form1 窗体指定位置,放开鼠标即可。此时在窗体下方显示一个名为 skinEngine1 的皮肤控件。选中皮肤控件 skinEngine1,找到其属性 SkinFile 值,在属性值中设置所需要的皮肤文件(扩展名为 .ssk 的文件)的完整路径,例如 E:\C♯.NET Projects\case0806\case0806\bin\Debug\ Skins\SteelBlue.ssk,如图 8.25 所示。

图 8.25　添加皮肤控件及设置 SkinFile 属性

除了通过"属性"面板为 SkinEngine 控件设置所需要的皮肤控件,也可以通过源代码实现。进入程序入口窗体的源代码界面,在窗体构造函数 Form1()编写如下源代码:

```
public partial class Form1 : Form
{
    public Form1()
    {
        InitializeComponent();
        //选择皮肤文件
        skinEngine1.SkinFile = System.Environment.CurrentDirectory + "\\Skins\\SteelBlue.
ssk";
    }
}
```

保存项目文件并运行程序,程序运行效果如图 8.26 所示。

图 8.26　个性化皮肤效果的系统登录界面

8.4　习题

一、选择题

1. 关于 Chart 控件的描述,描述不恰当的是(　　　)。
   A. Chart 控件的数据源可以是静态数据,也可以动态加载存储在数据库中的数据
   B. 一个 Chart 控件可以包含多个绘图区域(ChartAreas)
   C. 每个 ChartArea 绘图区域都包含独立的图表组和数据源,都可以设置各自的属性
   D. 一个 Chart 控件的多个绘图区域只能绘制同一种图表类型

2. 下列关于 ChartAreas 控件的属性描述,错误的是(　　　)。
   A. Position 属性用于设置绘图区域的位置
   B. BackColor 属性用于设置绘图区域的背景颜色
   C. BorderColor 属性用于设置绘图区域的背景颜色
   D. Axes 属性用于设置绘图区域的坐标轴集合,包括 X 轴和 Y 轴

3. Series 对象是 Chart 控件的重要属性之一，下列描述错误的是(　　)。

    A. Series 对象是用于设置图表的数据集合、图表类型和外观

    B. 一个 Chart 控件中只能有一组 Series 数据

    C. Series 对象可以设置不同的图表类型，包括饼图、柱状图、曲线图、散点图等

    D. 可以将多种含有相互兼容图表类型的 Series 对象放在一个绘图区域内

4. 关于 Series 对象的常用属性及说明，描述错误的是(　　)。

    A. ChartType 用于设置绘制该序列的图表类型

    B. ChartArea 表示当前序列所属的绘图区域名称

    C. MarkerSize 表示数据点标记的大小

    D. ShadowColor 表示数据点标记的颜色

5. ChartType 属性用于设置图表类型，其中，BoxPlot 是下列图表类型中的(　　)。

    A. 面积图　　　　　B. 条形图　　　　　C. 气泡图　　　　　D. 箱线图

二、程序设计题

    表 8.7 为福建省福州市 2021 年 2 月 1 日至 2 月 7 日的最高气温和最低气温。请综合使用 Chart、ChartArea、Series 编程知识，绘制曲线图以展示该时间段的最高和最低气温。要求：图表的标题为"福建省福州市气温"，X 轴标题为"日期"、Y 轴标题为"气温（摄氏度）"，两条曲线的标题分别是"最高气温"和"最低气温"。

表 8.7　福建省福州市气温

日期	2月1日	2月2日	2月3日	2月4日	2月5日	2月6日	2月7日
最高气温/℃	17.10	19.21	23.64	24.00	23.28	24.04	19.94
最低气温/℃	8.13	9.76	11.92	9.91	10.83	12.72	10.26

第3部分　　C#.NET项目开发实战篇

第9章

饮品店点餐收银系统

本章使用第 1~8 章讲解的 C♯. NET 和 ADO. NET 知识,设计并实现一款饮品店点餐收银系统,向读者展示 Windows 窗体项目的开发过程。

【本章要点】
☞ 系统需求分析
☞ 系统设计与数据库设计
☞ 系统各功能模块开发

9.1　系统需求分析与系统设计

9.1.1　系统需求分析

随着生活水平的提高和生活理念的改变,人们越来越重视饮食的绿色、健康。各类奶茶、果汁、咖啡等饮品深受年轻大众的喜爱。大量的小型饮品店遍布城市的各个角落,例如奶茶店、茶社、咖啡店、汉堡店等。一般而言,小型饮品店面积都不大,有的店不提供座位,或者提供的座位数量也相对较少。小型饮品店一般会有一个或者多个点餐窗口,顾客排队点餐,每个窗口都配备有一个服务员,负责点餐和收银操作。在客流高峰时,大量的订单让收银员手忙脚乱,很多店铺会出现排长队的情况,几乎每一家饮品店都使用不同种类的点餐收银管理软件进行日常运营操作和管理。本系统面向小型饮品店,支持顾客自助点餐和服务员点餐两种功能。

饮品店内可以设计一个自助点餐区域,放置若干台计算机并安装顾客自助点餐功能模块。顾客可以通过屏幕自行选择自己需要的饮品或食品,提交订单并付款,付款之后系统将自动打印订单。等饮品制作好之后,服务员将通过系统提醒顾客取餐,整个饮品购买流程结束。

服务员点餐功能模块将安装在每一个人工点餐收银窗口,并支持双屏幕显示,分别面向服务员和顾客。一方面,顾客可以通过屏幕自行查看并选择自己需要的饮品;另一方面,可以将购买需求告诉服务员,由服务员操作点餐过程,顾客可以通过面向自己的屏幕观看到服务员的操作过程。点餐完成后同样会打印订单,后续流程和自助点餐操作的流程相同。

传统收银软件多数承担的只是一个收银工具,缺乏与消费者互动的场景。饮品店点餐收银系统能够帮助商家创建友好的互动式点餐场景。顾客可以根据自己的需要进行选择,让点餐行为变得便捷和有趣。

9.1.2　功能模块设计

通过系统需求分析,本系统可以分为系统管理、点餐服务、查询统计等主要功能模块。其中系统管理模块负责饮品店的基础数据管理,包括饮品信息管理、饮品价格管理、会员信息管理和员工信息管理。点餐服务模块负责饮品店的点餐收银工作和店内音乐的播放,具体包括点餐收银以及音乐播放功能。查询统计模块主要负责对饮品店饮品信息和会员信息的查询,以及营业信息查询和业绩统计分析。系统功能结构如图9.1所示。

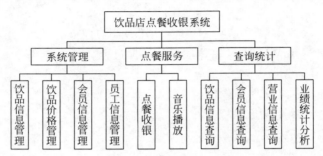

图 9.1　饮品店点餐收银系统的功能结构

9.1.3　数据库设计

本节根据系统需求分析和系统设计的结果,进行系统数据库结构分析,并为其设计合理的数据库。各数据表的具体结构及字段信息如表9.1~表9.6所示。

(1) 饮品信息表。

饮品信息表用于存储各种饮品、食品信息,例如奶茶、果汁、咖啡、甜点、汉堡等。每种饮品的信息包括饮品编号、饮品名称、饮品图片、不同尺寸/大小的价格,以及该饮品的当前状态。饮品信息表的字段信息如表9.1所示。

表 9.1　饮品信息表 Tea_Info 的字段信息

字　段　名　称	字　段　类　型	是否允许为空	备　　　注
TeaID	int	主键、自增长	饮品编号
TeaName	varchar(20)	非空	饮品名称
TeaImage	varchar(100)	空	饮品图片
Price_Small	money	空	价格(小)
Price_Medium	money	非空	价格(中)
Price_Large	money	空	价格(大)
Status	int	非空	状态(1:在售;2:售完;3:停售)

(2) 饮品价格表。

在运营过程中,饮品的价格可能发生变化。为了记录每一种饮品的价格变化情况(便于跟踪管理和统计分析),设计该饮品价格表,存储饮品的每一次变化的价格,以及价格的生效日期和失效日期。饮品价格表的字段信息如表9.2所示。

表 9.2 饮品价格表 Tea_Price 的字段信息

字 段 名 称	字 段 类 型	是否允许为空	备 注
TPID	int	主键、自增长	价格编号
TeaID	int	外键，非空	饮品编号
Price_Small	money	空	价格（小）
Price_Medium	money	非空	价格（中）
Price_Large	money	空	价格（大）
BeginDate	datetime	非空	价格生效日期
EndDate	datetime	非空	价格失效日期

（3）会员信息表。

为了促进饮品的销售和提高顾客回头率，饮品店可以为顾客办理会员卡，可以给予相应的优惠政策（例如打折），为简单起见，本表只存储会员的基本信息，不存储会员的消费记录、积分、会员级别等属性。会员信息表的字段信息如表 9.3 所示。

表 9.3 会员信息表 Member_Info 的字段信息

字 段 名 称	字 段 类 型	是否允许为空	备 注
MemberID	int	主键、自增长	会员编号
MemberName	varchar(20)	非空	会员姓名
MemberNumber	varchar(20)	非空	会员卡号
Sex	int	非空	性别
Telephone	varchar(20)	空	联系电话
Status	int	非空	状态
Remark	text	空	备注

（4）员工信息表。

员工信息表用于存储该饮品店涉及点餐收银的员工信息，即为需要使用该点餐收银系统的员工设置用户名和密码，以及用户的当前状态。员工信息表的字段信息如表 9.4 所示。

表 9.4 员工信息表 User_Info 的字段信息

字 段 名 称	字 段 类 型	是否允许为空	备 注
UserID	int	主键、自增长	用户编号
UserName	varchar(20)	非空	用户名
Password	varchar(20)	非空	密码
RealName	varchar(20)	非空	真实姓名
UserType	int	非空	用户类别
Status	int	非空	状态（启用、禁用）

（5）订单信息表。

订单信息表用于存储每天的点餐和收银信息，记录顾客所点的饮品信息（饮品名称、总数量）、顾客是否为会员（如果是会员，则记录会员卡号）、收银信息（应收金额、折扣比例、折扣金额、实收金额）以及其他信息（销售日期、操作员、状态、备注）。订单信息表的字段信息如表 9.5 所示。

表 9.5　订单信息表 Order_Info 的字段信息

字 段 名 称	字 段 类 型	是否允许为空	备　　注
OrderID	int	主键、自增长	订单编号
TeaNames	text	非空	订单内容(所有饮品名称)
TotalQuantity	int	非空	所有饮品数量
MemberNumber	varchar(20)	空	会员卡号
DueMoney	money	非空	订单金额
DiscountRate	float	非空	折扣比例
DiscountMoney	money	非空	折扣金额
PaidUpMoney	money	非空	实收金额
Payway	int	非空	支付方式(1:现金;2:银行卡;3:支付宝;4:微信)
OrderDate	datetime	非空	销售日期
UserName	varchar(20)	空	操作员
Status	int	非空	状态
Remark	text	空	备注

(6)订单详细信息表。

订单详细信息表用于记录每次订单中的具体饮品项目信息,每份订单可以购买多份饮品,因此需要详细记录每份订单中各份饮品的规格、单价以及数量等信息,订单详细信息表的字段信息如表 9.6 所示。

表 9.6　订单详细信息表 Order_Items 的字段信息

字 段 名 称	字 段 类 型	是否允许为空	备　　注
OrderItemID	int	主键、自增长	订单详细编号
OrderID	int	外键	订单编号
TeaID	int	外键,非空	饮品编号
Size	int	非空	尺寸
UnitPrice	money	非空	单价
Quantity	int	非空	数量
Remark	text	空	备注

饮品点餐收银系统的数据库及各表的创建源代码(SQL 语句)如下。

```
-- 创建数据库
create database TeaShop_DB

-- 使用数据库
use TeaShop_DB

-- 饮品信息表 Tea_Info
create table Tea_Info(
TeaID          int primary key identity,        -- 饮品编号
TeaName        varchar(20) not null,            -- 饮品名称
TeaImage       varchar(100),                    -- 饮品图片
```

```
   Price_Small        money not null,                -- 价格(小)
   Price_Medium       money not null,                -- 价格(中)
   Price_Large        money not null,                -- 价格(大)
   Status             int not null                   -- 状态(1:在售; 2:售完; 3:停售)
   )
```

```
-- 饮品价格表 Tea_Price
create table Tea_Price(
   TPID    int     primary key identity,             -- 价格编号
   TeaID   int     not null,                          -- 饮品编号
   Price_Small   money not null,                      -- 价格(小)
   Price_Medium  money not null,                      -- 价格(中)
   Price_Large   money not null,                      -- 价格(大)
   BeginDate     datetime not null,                   -- 价格生效日期
   EndDate       datetime not null                    -- 价格失效日期
   )
alter table Tea_Price
    add constraint FK_Tea_Price_INFo foreign key (TeaID) references Tea_Info (TeaID)
```

```
-- 会员信息表 Member_Info
create table Member_Info(
   MemberID      int    primary key identity,         -- 会员编号
   MemberName    varchar(20) not null,                -- 会员姓名
   MemberNumber  varchar(20) not null,                -- 会员卡号
   Sex           int         not null,                -- 性别
   Telephone     varchar(20),                         -- 联系电话
   Status        int         not null,                -- 状态
   Remark        text                                 -- 备注
   )
```

```
-- 员工信息表 User_Info
create table User_Info(
   UserID     int   primary key identity,             -- 用户编号
   UserName   varchar(20) not null,                   -- 用户名
   Password   varchar(20) not null,                   -- 密码
   RealName   varchar(20) not null,                   -- 真实姓名
   UserType   int not null,                           -- 用户类别
   Status     int not null                            -- 状态(启用、禁用)
   )
```

```
-- 先添加一条用户记录,用于登录
insert into User_Info values ('cjg', '123', '陈小东', 1, 1)
```

```
-- 订单信息表 Order_Info
create table Order_Info(
   OrderID        int          primary key identity,  -- 订单编号
   TeaNames       text         not null,              -- 订单内容(所有饮品名称)
   TotalQuantity  int          not null,              -- 所有饮品数量
   MemberNumber   varchar(20)  null,                  -- 会员卡号
```

```
DueMoney         money          not null,        -- 订单金额
DiscountRate     float          not null,        -- 折扣比例
DiscountMoney    money          not null,        -- 折扣金额
PaidUpMoney      money          not null,        -- 实收金额
Payway           int            not null,        -- 支付方式(1:现金; 2:银行卡; 3:支付宝; 4:微信)
OrderDate        datetime       not null,        -- 销售日期
UserName         varchar(20)    not null,        -- 操作员
Status           int            not null,        -- 状态
Remark           text           null             -- 备注
)

-- 订单详细信息表 Order_Items
create table Order_Items(
OrderItemID   int primary key identity,          -- 订单详细编号
OrderID       int,                               -- 订单编号
TeaID         int,                               -- 饮品编号
Size          int   not null,                    -- 尺寸
UnitPrice     money not null,                    -- 单价
Quantity      int   not null,                    -- 数量
Remark        text,                              -- 备注
)
alter table Order_Items
    add constraint FK_Order_Items_INFo1 foreign key (OrderID) references Order_Info (OrderID)
alter table Order_Items
    add constraint FK_Order_Items_INFo2 foreign key (TeaID) references Tea_Info (TeaID)
```

至此,数据库设计与创建操作完成。

9.2 系统框架

9.2.1 创建项目

启动 Visual Studio 2015 开发环境,创建一个"Windows 窗体应用程序"项目,命名为 TeaShopMIS,项目创建完成。添加 13 个 WinForm 窗体、1 个类文件和 1 个应用程序配置文件,每个文件的命名方式及用途说明如表 9.7 所示。

表 9.7　TeaShopMIS 项目文件的命名方式及用途说明

序　号	文 件 名 称	用 途 说 明
1	Frm_Login. cs	系统登录
2	Frm_Main. cs	系统主界面
3	Frm_TeaInfoManage	饮品信息管理
4	Frm_TeaPriceManage	饮品价格管理
5	Frm_MemberInfoManage	会员信息管理
6	Frm_UserInfoManage	员工信息管理
7	Frm_ChangePassword	修改密码
8	Frm_Order	点餐收银

续表

序　号	文 件 名 称	用 途 说 明
9	Frm_PlayMusic	音乐播放
10	Frm_TeaInfoQuery	饮品信息查询
11	Frm_MemberInfoQuery	会员信息查询
12	Frm_OrderInfoQuery	营业信息查询
13	Frm_BusinessChart	业绩统计分析
14	DataWork.cs	数据操作类文件
15	App. config	应用程序配置文件

在"解决方案资源管理器"面板中可以看到,Windows 应用程序项目 TeashopMIS 的项目文件清单,如图 9.2 所示。

图 9.2　TeashopMIS 项目文件清单

9.2.2　应用程序配置文件

应用程序配置文件是标准的 XML 文件,XML 标记和属性是区分大小写的。它是可以按需要更改的,开发人员可以使用配置文件来更改设置,而不必重新编译应用程序。本程序中,许多功能模块都需要对数据库中的数据执行增、删、改、查操作,每个数据操作都需要用到数据库连接。如果将数据库连接语句直接编写在程序源代码文件中将带来很多不便和问题。当数据库服务器名称改变(如项目程序和数据库从开发环境迁移到饮品店的运营环境)时,需要修改多处数据库连接语句的源代码。此时项目程序已经编译生成可执行文件,源程序已经编译成.dll 文件。项目程序经过编译生成可执行文件并部署到实际应用环境中后,无法修改编写在源程序源代码中的数据库连接语句。因此,将数据库连接字符串统一写在应用程序配置文件中,这样就可以在不修改源程序的情况下,在运营环境直接修改配置文件的数据库连接信息,然后在各个数据操作函数中进行调用。

(1) 打开应用程序配置文件 App. config。

在 Visual Studio 2015 中创建 Windows 窗体应用程序时,系统会自动创建一个 App. config 文件,因此不需要重新创建配置文件。而且每个应用程序都只识别一个默认名称(App. config)的程序配置文件。如果系统没有自动创建该文件,则可以手动添加一个应用程序配置文件:在"解决方案资源管理器"中右击项目名称,在弹出的快捷菜单中选择"添加"→"新项"命令,弹出"添加新项"对话框,选择"应用程序配置文件"选项,文件名称默认为 App. config。当前项目的应用程序配置文件如图9.3所示。

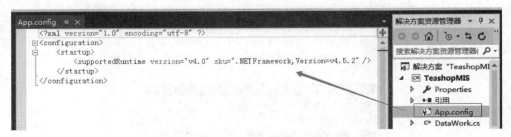

图 9.3 当前项目的应用程序配置文件 App. config

(2) 向 App. config 配置文件添加参数。

配置文件的根节点是 configuration,经常访问的是 appSettings,它是由. NET 预定义配置的。在 appSettings 节点中添加一个配置项,每个配置项由名称和值组成。设置一个配置项,命名为 DBConn,用于存储数据库连接字符串,其值设置为"Data Source＝captainstudio; database＝TeaShop_DB; Integrated Security ＝SSPI",其中 captainstudio 是数据库服务器名称,TeaShop_DB 是数据库名称,读者在实际编程时需要修改为自己计算机中的相应名称。源代码如下:

```
< appSettings >
  < add key = "DBConn" value = "Data Source = captainstudio; database = TeaShop_DB; Integrated
Security = SSPI"/>
</appSettings >
```

App. config 文件源代码界面如图9.4所示。

```
App.config  ⊟ ×
    <?xml version="1.0" encoding="utf-8" ?>
⊟<configuration>
⊟    <startup>
          <supportedRuntime version="v4.0" sku=".NETFramework,Version=v4.5.2" />
      </startup>
⊟  <appSettings>
⊟    <add key="DBConn" value="Data Source=captainstudio; database=TeaShop_DB;
          Integrated Security=SSPI"/>            数据库服务器名称    数据库名称
    </appSettings>
</configuration>            身份验证方式
```

图 9.4 App. config 文件源代码界面

我们将在自定义数据操作类中调用该配置信息,相关讲解见9.2.3节。

此时,当数据库服务器名称改变时(如项目程序和数据库从开发人员的计算机复制到饮品店计算机时),只需要修改该配置项信息就可以继续运行程序并访问新的数据库服务器进行各种数据操作,而无须修改多处数据库连接语句的源代码。同时,当项目程序经过编译生成可执行文件并部署到实际应用环境中后,虽然源程序源代码已经编译成.dll 的文件,但是可以通过修改应用程序配置文件中的配置项进行数据库连接信息的配置。

读者可以进一步拓展,为程序添加其他配置项,例如实现可配置的公司名称、软件版本信息、软件有效期标志等功能。

9.2.3 自定义数据操作类

在饮品店点餐收银系统的大部分功能模块中都需要用到 ADO. NET 的数据查询和数据增、删、改等数据操作功能。一个软件系统中有多个信息管理模块,每个信息管理模块中又多处使用数据操作功能,而且每个数据操作功能的源代码有很多重复。这样就会产生源代码冗余问题,源代码冗余不仅会导致程序的可读性下降,而且将导致程序的可维护性变差等一系列问题。那么,能否将数据操作功能的相同部分源代码统一编写在一个自定义函数,然后在各个数据操作函数中进行调用呢? 答案是:可以自定义一个类文件作为数据操作类,然后将数据操作(包括数据查询操作和数据的增、删、改操作)的相同部分语句统一写在数据操作类的函数中。

(1)添加引用。

需要在 DataWork. cs 类文件中调用应用程序配置文件中的数据库连接字符串信息。想调用 ConfigurationManager 必须要先在项目里添加 System. Configuration 程序集的引用。在解决方案管理器中右击项目名称,在弹出的快捷菜单中选择"添加引用"命令。在弹出的"引用管理器"对话框中,从"程序集"→"框架"选项卡中找到并勾选 System. Configuration 复选框即可,过程如图 9.5 所示。

图 9.5 添加 System. Configuration 程序集引用

(2)数据查询函数 DataQuery()。

在类文件 DataWork. cs 中,首先引入 System. Data 和 System. Data. SqlClient 命名空间,然后编写自定义数据查询函数 DataQuery(),该函数接收传入的 SQL 数据查询语句,在数据库中执行查询,然后返回查询结果集。

(3)数据操作函数 DataExcute()。

在类文件 DataWork. cs 中,继续编写自定义数据操作函数 DataExcute(),该函数接收传入的增加、删除、修改等 SQL 数据操作语句,在数据库中执行操作,然后返回受影响的行数。DataWork.cs 类文件中的 DataQuery()和 DataExcute()函数的具体源代码如下:

```csharp
using System;
using System.Collections.Generic;
using System.Text;
//添加
using System.Configuration;
using System.Data;
using System.Data.SqlClient;

namespace TeashopMIS
{
    class DataWork
    {
        static string connstr = ConfigurationManager.AppSettings["DBConn"];
        //< summary >
        //数据查询函数
        //</summary>
        //< param name = "str">输入参数:查询语句</param >
        //< returns >返回值:数据表</returns >
        public static DataTable DataQuery(string str)
        {
            SqlConnection conn = new SqlConnection(connstr);
            conn.Open();
            SqlDataAdapter da = new SqlDataAdapter(str, conn);
            DataTable dt = new DataTable();
            da.Fill(dt);
            conn.Close();
            return dt;
        }

        /< summary >
        //数据操作函数(增、删、改)
        //</summary>
        //< param name = "str">输入参数:增、删、改语句</param >
        //< returns >返回值:受影响行数</returns >
        public static int DataExcute(string str)
        {
            SqlConnection conn = new SqlConnection(connstr);
            conn.Open();
            SqlCommand cmd = new SqlCommand(str, conn);
            int i = cmd.ExecuteNonQuery();
            conn.Close();
            return i;
        }
        //< summary >
        //数据操作函数(插入数据并返回 ID)
```

```
//</summary>
//< param name = "str">输入参数:插入语句</param >
//< returns>返回值:生成的记录 ID </returns>
public static int ExecuteScalar(string str)
{
    SqlConnection conn = new SqlConnection(connstr);
    conn.Open();
    SqlCommand cmd = new SqlCommand(str, conn);
    int i = int.Parse(cmd.ExecuteScalar().ToString());
    conn.Close();
    return i;
}
}
}
```

至此,数据操作类的编程已经完成,该类提供数据查询和数据增、删、改操作的公共函数。本项目所有功能模块都可以调用数据操作类进行数据访问。

9.3　系统登录模块

系统登录模块是整个饮品店点餐收银系统的入口界面,负责点餐收银工作的服务人员通过合法账号和密码登录本系统。系统登录模块由系统登录窗体和系统主窗体组成。

9.3.1　系统登录模块实现

系统登录模块主要用于实现饮品店工作人员通过合法账号和密码登录本系统的功能。系统登录模块的具体实现步骤如下。

(1)窗体界面设计。

打开系统登录窗体 Frm_Login 的窗体设计器,为窗体添加 Label、TextBox 和 Button 等控件,并为各控件设置相应的属性值,如表 9.8 所示。

表 9.8　系统登录界面控件属性设置及说明

控 件 名 称	属 性 名 称	属 性 值	控 件 名 称	属 性 名 称	属 性 值
"账号"文本框	Name	txt_UserName	"登录"按钮	Name	btn_Login
"密码"文本框	Name	txt_Password		Text	登录
	PasswordChar	*	"退出"按钮	Name	btn_Exit
皮肤控件	Name	skinEngine1		Text	退出
	SkinFile	皮肤资源文件	提示信息标签	Name	lbl_Note

皮肤控件的添加和使用方法已在第 8 章中介绍,在此不再赘述。皮肤控件的使用只是增加系统界面的美观,不添加皮肤控件也不会影响系统功能的使用。系统登录界面设计效果如图 9.6 所示。

(2)实现系统登录功能。

双击"登录"按钮,为该按钮编写 Click()事件函数,在函数中实现如下功能。

图 9.6　系统登录界面设计效果

① 获取界面上的账号和密码信息,并过滤掉潜在的非法字符,防止用户输入非法字符。

② 编写 SQL 查询语句并调用 DataWork.cs 数据操作类的 DataQuery()函数,实现数据查询。

③ 如果查询成功,则进入主界面,同时隐藏登录界面。因为登录窗体是程序的入口窗体,所以不能在此关闭,否则整个程序也会随之关闭。

④ 将查询得到的用户编号、账号和真实姓名保存到应用程序配置文件中,以便于在其他窗口中调用(将在主界面中显示当前服务员真实姓名,在收银界面中记录收银操作的用户名)。为了保存用户编号、账号和真实姓名在应用程序配置文件中,需要在 App.config 文件的 AppSettings 节点中添加三个配置项,名称分别为 UserID、UserName、RealName。

⑤ 如果查询失败,则可能是账号或者密码错误,或者是用户状态已失效,弹出提示对话框,具体源代码如下:

```csharp
using System;
using System.Collections.Generic;
using System.ComponentModel;
using System.Data;
using System.Drawing;
using System.Text;
using System.Windows.Forms;
//新增
using System.Configuration;

namespace TeashopMIS
{
```

```csharp
public partial class Frm_Login : Form
{
    public Frm_Login()
    {
        InitializeComponent();
    }

    //过滤非法字符
    protected string StringFilter(string str)
    {
        //过滤掉 or, and, -- 等 SQL 关键词或者注释符,防止 SQL 注入式攻击
        str = str.Replace(" or ", "");
        str = str.Replace(" and ", "");
        str = str.Replace("--", "");
        //去掉空格
        str = str.Replace(" ", "");
        return str;
    }

    //"登录"按钮
    private void btn_Login_Click(object sender, EventArgs e)
    {
        //获取账号和密码,并过滤非法字符
        string username = StringFilter(txt_UserName.Text);
        string password = StringFilter(txt_Password.Text);

        if (username == "")
        {
            lbl_Note.Text = "账号不能为空!";
            txt_UserName.Focus();              //将焦点移入"账号"文本框
        }
        else if (password == "")
        {
            lbl_Note.Text = "密码不能为空!";
            txt_Password.Focus();              //将焦点移入"密码"文本框
        }
        else
        {
            //SQL 查询语句(根据用户名查询)
            string sqlstr = string.Format("select * from User_Info where UserName = '{0}'", username);
            //调用业务逻辑对象的方法
            DataTable dt = DataWork.DataQuery(sqlstr);
            if (dt.Rows.Count == 0)            //如果查询结果为空,说明该账号不存在
            {
                MessageBox.Show("对不起,用户名不存在!");
            }
            else if (dt.Rows[0]["Password"].ToString() != password)  //如果该账号存在,则
            //继续判断密码是否正确(用户名具有唯一性,因此记录数最多为 1)
            {
```

```
                                MessageBox.Show("对不起,密码不正确!");
                    }
                    else if (dt.Rows[0]["Status"].ToString() != "1")
                    {
                                MessageBox.Show("对不起,该用户状态已经失效,请联系系统管理人员进行设置!");
                    }
                    else //如果密码正确,用户状态为1,则可以进入系统主界面
                    {
                                Frm_Main frm_main = new Frm_Main();
                                //将当前用户编号和账号存储在配置文件中,在主界面和收银界面中有用
                                ConfigurationManager.AppSettings["UserID"] = dt.Rows[0]["UserID"].ToString();
                                ConfigurationManager.AppSettings["UserName"] = dt.Rows[0]["
UserName"].ToString();
                                ConfigurationManager.AppSettings["RealName"] = dt.Rows[0]["
RealName"].ToString();

                                frm_main.Show();              //显示主界面
                                this.Hide();                  //隐藏登录界面,注意不能关闭
                    }
                }
            }

            //此处写"退出"按钮单击事件函数
        }
}
```

(3) 编写"退出"按钮单击事件,实现退出系统功能。

在设计界面中双击"退出"按钮,为该按钮编写 Click 事件,实现退出系统的功能。具体源代码如下:

```
//"退出"按钮
private void btn_Exit_Click(object sender, EventArgs e)
{
    this.Close();
    this.Dispose();
    Application.Exit();
}
```

系统登录模块开发完成,保存项目文件并运行程序,在系统登录界面中分别输入账号和密码,单击"登录"按钮,系统将账号和密码传入数据库进行用户信息验证。如果验证通过,则进入系统主界面;否则,弹出登录失败提示。

9.3.2 系统主界面

系统主界面提供各功能模块的访问入口,主界面由菜单栏、工具栏、主界面区和状态栏组成。系统操作员通过访问菜单栏的各个菜单项,调用系统各功能模块。工具栏以按钮的形式提供常用功能模块的访问入口,状态栏则显示当前登录系统的管理员信息和实时更新的当前系统时间。饮品店点餐收银系统的主界面运行效果如图 9.7 所示。

图 9.7　饮品店点餐收银系统主界面运行效果

（1）窗体界面设计。

系统主界面对应窗体为 Frm_Main，打开 Frm_Main.cs 的窗体设计器，设置窗体 Frm_Main 的 IsMidContainer 属性值为 True，即将主窗体设置为多窗体容器。接着为窗体添加 MenuStrip、ToolStrip、StatusStrip 和 Timer 等控件。

菜单设置：菜单是整个系统所有功能模块的操作入口，提供各个功能模块的链接。菜单控件的属性设置及说明如表 9.9 所示。

表 9.9　菜单控件 MenuStrip 的属性设置及说明

一 级 菜 单	二 级 菜 单	属 性 值
系统管理	饮品信息管理	menu_TeaInfoManage
	饮品价格管理	menu_TeaPriceManage
	会员信息管理	menu_MemberInfoManage
	员工信息管理	menu_UserInfoManage
	修改密码	menu_ChangePassword
	-（分隔符）	
	退出系统	menu_Exit
点餐服务	点餐收银	menu_Order
	播放音乐	menu_PlayMusic
查询中心	饮品信息查询	menu_TeaInfoQuery
	会员信息查询	menu_MemberInfoQuery
	营业信息统计	menu_OrderInfoQuery
	业绩统计分析	menu_BusinessChart

设置完成的系统菜单项如图 9.8 所示。

工具栏设置：向主界面中添加一个 ToolStrip 工具栏控件，并在工具栏中添加 5 个按钮

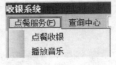

(a) "系统管理" 子菜单　　(b) "点餐服务" 子菜单　　(c) "查询中心" 子菜单

图 9.8　系统菜单项

项,各个按钮项的属性设置及说明如表 9.10 所示。

表 9.10　工具栏各个按钮控件属性设置及说明

工具项(按钮)	属 性 值
饮品信息管理	btn_TeaInfoManage
会员信息管理	btn_MemberInfoManage
点餐收银	btn_Order
播放音乐	btn_PlayMusic

　　状态栏设置:向主界面中添加一个 StatusStrip 状态栏控件,并在状态栏控件中添加 5 个 StatusLabel 文本域,用于显示当前登录的用户姓名(即当前操作员),以及当前时间。状态栏各控件设计说明如图 9.9 所示。

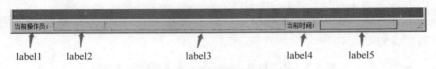

图 9.9　状态栏控件设计说明

　　状态栏各个文本域控件的属性设置及说明如表 9.11 所示。

表 9.11　状态栏各个文本域控件属性设置及说明

文本域项	属性及属性值设置	说　　明
label1	text="当前操作员:"	
label2	name="lbl_Name" text=""	用于加载显示当前用户的真实姓名
label3	text=""	只是起占位置的作用,将当前操作员和当前时间隔开显示
label4	text="当前时间:"	
label5	name="lbl_Time" text=""	用于动态显示系统的实时时间

　　系统主界面设计效果如图 9.10 所示。
　　(2) 加载显示当前服务员(操作员)姓名。
　　在系统登录时,已经将所登录用户的用户名和真实姓名保存在程序配置文件中,此时就从程序配置文件中加载相应的用户真实姓名并显示在状态栏的文本域控件 lbl_Name 上。

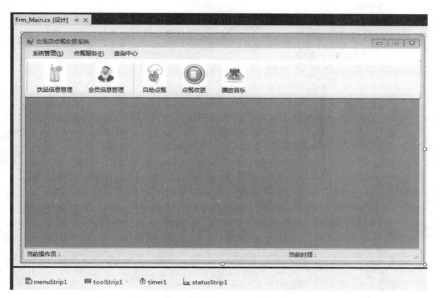

图 9.10 系统主界面设计效果

```
//新增引用
using System.Configuration;

namespace TeashopMIS
{
    public partial class Frm_Main : Form
    {
        public Frm_Main()
        {
            InitializeComponent();
        }
        //窗体加载事件
        private void Frm_Main_Load(object sender, EventArgs e)
        {
            //获取配置文件中的当前服务员姓名
            lbl_Name.Text = ConfigurationManager.AppSettings["RealName"];
        }
    }
}
```

（3）实现状态栏的时间实时显示功能。

在主界面中添加一个时间控件，默认控件名称为 timer1。对该时间控件的相关属性进行设置：设置时间控件 timer1 的 Interval＝1000(1000ms＝1s)。接着，为时间控件 timer1 的 Tick 事件编写程序，以实现每隔 1s 读取当前系统时间并显示，从而达到系统时间实时显示的效果，具体源代码如下：

```
//时间控件
private void timer1_Tick(object sender, EventArgs e)
{
```

```
        lbl_Time.Text = DateTime.Now.ToString();
    }
```

（4）为各菜单项和工具栏按钮编写单击事件,实现相应功能模块的访问,具体源代码如下：

```
//菜单 -- 饮品信息管理
private void menu_TeaInfoManage_Click(object sender, EventArgs e)
{
    Frm_TeaInfoManage frm = new Frm_TeaInfoManage();
    frm.Show();
}

... //其他菜单击事件

//工具栏按钮: 饮品信息管理
private void btn_TeaInfoManage_Click(object sender, EventArgs e)
{
    Frm_TeaInfoManage frm = new Frm_TeaInfoManage();
    frm.Show();
}

... //其他工具栏按钮
```

（5）主窗体关闭事件。

一般情况下,当主窗体要关闭时,需要先弹出一个操作确认框,让用户确认是否需要关闭。如果用户单击"是"按钮,则释放整个程序的内存资源并退出整个程序。注意,由于从登录窗体进入主窗体时,登录窗体是隐藏的,因此,主窗体关闭时需要将整个程序都退出,不能只关闭主窗体本身；否则,虽然主窗体关闭了,但登录窗体还在后台运行,整个程序还没有完全退出。关闭主窗体并退出程序的源代码如下：

```
//窗体关闭
private void Frm_Main_FormClosing(object sender, FormClosingEventArgs e)
{
    if (MessageBox.Show("确实要退出吗", "退出提示", MessageBoxButtons.YesNo, MessageBoxIcon.
Question) == DialogResult.Yes)
    {
        this.Dispose();                   //清理正在使用的资源
        Application.Exit();
    }
    else
    {
        e.Cancel = true;
    }
}
```

9.4 系统管理模块

9.4.1 饮品信息管理

饮品信息管理模块主要用于对该店中所有生产销售的饮品和甜点等所有商品信息进行查询、添加、修改和删除等综合管理功能，界面设计效果和运行效果分别如图 9.11 和图 9.12 所示。

图 9.11 饮品信息管理模块设计效果

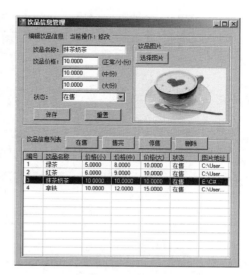

图 9.12 饮品信息管理模块运行效果

（1）窗体界面设计。

打开饮品信息管理模块 Frm_TeaInfoManage.cs 的窗体设计器，为窗体添加 GroupBox、Label、TextBox、Button 和 ListView 等控件，接着为各控件设置相应的属性值。饮品信息管理界面各控件的属性设置及说明如表 9.12 所示。

表 9.12 饮品信息管理界面控件属性设置及说明

控件类型	控件名称	属性值设置	说 明
分组框 GroupBox	groupBox1	Text＝"编辑饮品信息 当前操作："	
	groupBox2	Text＝"饮品信息列表"	
	groupBox3	Text＝"饮品图片"	
文本框 TextBox	txt_TeaName	Name＝"txt_TeaName"	用于输入饮品名称
	txt_Price_Small	Name＝"txt_Price_Small"	用于输入饮品价格文本框(正常/小份)
	txt_Price_Medium	Name＝"txt_Price_Medium"	价格文本框(中份)
	txt_Price_Large	Name＝"txt_Price_Large"	价格文本框(大份)
下拉列表框 ComboBox	cbb_Status	Items＝"在售 售完 停售"	用于选择饮品状态

续表

控件类型	控件名称	属性值设置	说　明
文本域 Label	lbl_Operation	Text＝"添加"或"修改"	动态显示当前的编辑操作
	lbl_Note	Text＝""	动态显示操作提示
按钮 Button	btn_Save	Text＝"保存"	"保存"按钮
	btn_Cancel	Text＝"取消"	"取消"按钮
	btn_OnSale	Text＝"在售"	"在售"按钮
	btn_Soldout	Text＝"售完"	"售完"按钮
	btn_Discontinued	Text＝"停售"	"停售"按钮
	btn_Delete	Text＝"删除"	"删除"按钮
	btn_SelectImage	Text＝"选择图片"	"选择图片"按钮
视图列表 ListView	lv_TeaInfo	View＝"Details" MultiSelect＝"False" FullRowSelect＝"True" GridLines＝"True" Columns＝"编号、饮品名称等"	设置显示格式 不允许一次选中多行 允许整行选中 显示网格线 设置各列标题
图片框 PictureBox	pictureBox1		用于显示饮品图片
"打开文件" 对话框 OpenFileDialog	openFileDialog1		用于选择饮品图片

（2）加载饮品信息。

为 Frm_Sys_RoomTypeManage 窗体编写 Load 事件，实现饮品信息加载功能，即从数据库中的 Tea_Info 表中查询所有饮品信息并显示到界面的 ListView 控件中。选中 Frm_Sys_RoomTypeManage 窗体，在"属性"面板中单击"事件"选项，进入事件列表面板。双击 Load 事件，进入源代码编写窗口。具体源代码如下：

```
//窗体加载事件
private void Frm_TeaInfoManage_Load(object sender, EventArgs e)
{
    DataBind_TeaInfo();                      //加载饮品信息
}

//加载饮品信息
protected void DataBind_TeaInfo()
{
    string sqlstr = "select * from Tea_Info";
    DataTable dt = DataWork.DataQuery(sqlstr);
    lv_TeaInfo.Items.Clear();                //先清空列表视图控件中现有行
    foreach (DataRow dr in dt.Rows)
    {
        ListViewItem myitem = new ListViewItem(dr["TeaID"].ToString());   //饮品编号
        myitem.SubItems.Add(dr["TeaName"].ToString());                    //饮品名称
        myitem.SubItems.Add(dr["Price_Small"].ToString());               //价格(小)
```

```
            myitem.SubItems.Add(dr["Price_Medium"].ToString());         //价格(中)
            myitem.SubItems.Add(dr["Price_Large"].ToString());          //价格(大)
            switch (dr["Status"].ToString())                            //状态
            {
                case "1": myitem.SubItems.Add("在售"); break;
                case "2": myitem.SubItems.Add("售完"); break;
                case "3": myitem.SubItems.Add("停售"); break;
                default: break;
            }
            myitem.SubItems.Add(dr["TeaImage"].ToString());             //图片路径
            lv_TeaInfo.Items.Add(myitem);              //将新建项添加到 ListView 控件中
        }
    }
```

源代码编写完成后,保存项目文件并运行程序。打开饮品信息管理窗口,可以看到数据库中的饮品信息已经显示到 ListView 控件中(可以先在 SQL Server 中手动向 Tea_Info 表中插入若干饮品记录,以便窗体加载时可以查看到饮品信息)。

(3) 添加饮品信息。

要添加一条饮品信息时,需要分别输入饮品名称和各种规格的价格(如果该饮品只有一种规格,则三种规格的价格设置为相同),并且选择饮品对应的图片。选择饮品图片的功能源代码如下:

```
private void btn_SelectImage_Click(object sender, EventArgs e)
{
    openFileDialog1.Filter = "图片|*.jpg;*.png";
    if (openFileDialog1.ShowDialog() == DialogResult.OK)
    {
        pictureBox1.ImageLocation = openFileDialog1.FileName;
        pictureBox1.SizeMode = PictureBoxSizeMode.StretchImage;
    }
}
```

饮品信息保存的功能源代码如下:

```
//饮品信息保存
private void btn_Save_Click(object sender, EventArgs e)
{
    string teaName = txt_TeaName.Text.Trim();              //饮品名称
    string teaImage = pictureBox1.ImageLocation;           //饮品图片
    string priceSmall = txt_Price_Small.Text.Trim();       //价格(小)
    string priceMedium = txt_Price_Medium.Text.Trim();     //价格(中)
    string priceLarge = txt_Price_Large.Text.Trim();       //价格(大)
    int status = ccb_Status.SelectedIndex + 1;             //状态(1:在售; 2:售完; 3:停售)

    if (teaName == "")                                     //饮品名称
    {
        lbl_Note.Text = "饮品名称不能为空!";
```

```
            lbl_Note.ForeColor = Color.Red;
            txt_TeaName.Focus();
        }
        else if (lbl_Operation.Text == "添加")        //如果是"添加"操作
        {
            string sqlstr = string.Format("insert into Tea_Info values('{0}','{1}', {2},{3},{4},
{5})", teaName, teaImage, priceSmall, priceMedium, priceLarge, status);
            int i = DataWork.DataExcute(sqlstr);
            if (i > 0)
            {
                lbl_Note.Text = "饮品信息添加成功!";
                lbl_Note.ForeColor = Color.Blue;
                ClearTextBox();                        //调用函数,清空各控件
                DataBind_TeaInfo();                    //重新加载饮品信息
            }
            else
            {
                lbl_Note.Text = "对不起,饮品信息添加失败!";
                lbl_Note.ForeColor = Color.Red;
            }
        }
        else                       //如果是"修改"操作(后续步骤将会实现该功能)
        {
        }
}

//清空各控件
protected void ClearTextBox()
{
    txt_TeaName.Text = "";
    pictureBox1.ImageLocation = "";
    txt_Price_Medium.Text = "0";
    txt_Price_Small.Text = "0";
    txt_Price_Large.Text = "0";
    ccb_Status.SelectedIndex = 0;
    lbl_Operation.Text = "添加";
    lbl_Note.Text = "";
}
```

保存项目文件并运行程序,分别输入饮品名称、价格和图片信息,单击"保存"按钮,系统将饮品信息保存到数据库中,并显示"饮品信息添加成功!"的提示信息。

(4) 修改饮品信息。

修改饮品信息的功能分为两个部分实现。首先,在饮品信息列表中选择要修改的饮品信息,系统将选中的饮品信息显示到各文本框中,并且将当前操作由"添加"改为"修改"。具体实现过程为:选中 ListView 控件,为 ListView 控件编写选中项改变事件,在"属性"面板中单击"事件"选项进入事件列表面板,双击 SelectedIndexChanged 事件,进入源代码编写窗口,编写相应源代码如下:

```
//饮品信息选中项改变事件
private void lv_TeaInfo_SelectedIndexChanged(object sender, EventArgs e)
{
    if (lv_TeaInfo.SelectedItems.Count > 0)                        //如果有选中项
    {
        ListViewItem myitem = lv_TeaInfo.SelectedItems[0];        //获取选中的第一行(一次只
                                                                  //能选一行)
        teaid = myitem.SubItems[0].Text;          //将选中行第1列的值赋值全局变量,饮品编号
        txt_TeaName.Text = myitem.SubItems[1].Text;              //饮品名称
        txt_Price_Small.Text = myitem.SubItems[2].Text;          //价格(小)
        txt_Price_Medium.Text = myitem.SubItems[3].Text;         //价格(中)
        txt_Price_Large.Text = myitem.SubItems[4].Text;          //价格(大)
        switch (myitem.SubItems[5].Text)                         //状态
        {
            case "在售": ccb_Status.SelectedIndex = 0; break;
            case "售完": ccb_Status.SelectedIndex = 1; break;
            case "停售": ccb_Status.SelectedIndex = 2; break;
            default: ccb_Status.SelectedIndex = 0; break;
        }
        pictureBox1.ImageLocation = myitem.SubItems[6].Text;      //饮品图片
        pictureBox1.SizeMode = PictureBoxSizeMode.StretchImage;
        lbl_Operation.Text = "修改";                              //当前状态
    }
}
```

注意,当在饮品信息列表中选中某个饮品时,既可以对其修改饮品信息,也可以修改饮品状态,还可以删除饮品信息。

接着,继续实现饮品信息修改功能,当操作员根据具体情况修改饮品信息后,将单击"保存"按钮实现饮品信息修改功能。因此,继续完善"保存"按钮的单击事件函数,在 btn_Save_Click()函数源代码段中相应位置继续编写如下源代码。

```
private void btn_Save_Click(object sender, EventArgs e)           //"保存"按钮
{
    ...
    else if (lbl_Operation.Text == "添加")                        //如果是"添加"状态
    {
        ...
    }
    else                                                          //修改操作
    {
        string sqlstr = string.Format("update Tea_Info set TeaName = '{0}', TeaImage = '{1}',
Price_Small = {2}, Price_Medium = {3}, Price_Large = {4}, Status = {5} where TeaID = {6}",
teaName, teaImage, priceSmall, priceMedium, priceLarge, status, teaid);
        int i = DataWork.DataExcute(sqlstr);
        if (i > 0)
        {
            lbl_Note.Text = "饮品信息修改成功!";
            lbl_Note.ForeColor = Color.Blue;
```

```
            ClearTextBox();                //调用函数,清空各控件
            DataBind_TeaInfo();            //重新加载饮品信息
        }
        else
        {
            lbl_Note.Text = "对不起,饮品信息修改失败!";
            lbl_Note.ForeColor = Color.Red;
        }
    }
}
```

源代码编写完成后,保存项目文件并运行程序。在饮品信息列表中选择要修改的饮品
信息,此时系统将选中的饮品信息显示到各文本框中。接着修改饮品信息并单击"保存"按
钮,系统将到数据库中更新指定饮品信息。最后重新加载饮品信息到 ListView 控件中。

(5) 修改饮品信息的状态。

在完成添加和修改饮品信息之后,还可以通过选中饮品列表中的饮品记录,对各个饮品的
状态进行修改。饮品状态可以分为在售、售完、停售。以"在售"按钮为例,其实现源代码如下:

```
private void btn_OnSale_Click(object sender, EventArgs e)
{
    if (teaid == "")                        //如果没有选中要设置的饮品信息
    {
        MessageBox.Show("请先选择要设置的饮品信息");
    }
    else
    {
        DialogResult result = MessageBox.Show("确定要设置选中的饮品状态为"在售"?", "操作
提示", MessageBoxButtons.YesNo, MessageBoxIcon.Question);
        if (result == DialogResult.Yes)
        {
            string sqlstr = string.Format("update Tea_Info set Status = 1 where TeaID =
{0}", teaid);
            int i = DataWork.DataExcute(sqlstr);
            if (i > 0)
            {
                lbl_Note.Text = "恭喜您,饮品状态成功修改为"在售"!";
                lbl_Note.ForeColor = Color.Blue;
                ClearTextBox();                //调用函数,清空各控件
                DataBind_TeaInfo();            //重新加载饮品信息
            }
            else
            {
                lbl_Note.Text = "对不起,饮品状态修改失败!";
                lbl_Note.ForeColor = Color.Red;
            }
        }
    }
}
```

"售完"和"停售"的功能和"在售"相似,只是将 Status 分别改为 2 和 3 即可。

(6) 删除饮品信息。

删除饮品信息的具体过程是:首先在饮品信息列表中选择要删除的信息,然后单击"删除"按钮,实现删除操作。"删除"按钮的 Click 事件源代码如下:

```csharp
private void btn_Delete_Click(object sender, EventArgs e)
{
    if (teaid == "")                          //如果没有选中要删除的饮品信息
    {
        MessageBox.Show("请先选择要删除的饮品信息");
    }else {
        DialogResult result = MessageBox.Show("确定要删除选中的饮品信息?", "删除提示",
MessageBoxButtons.YesNo, MessageBoxIcon.Question);
        if (result == DialogResult.Yes)
        {
            string sqlstr = string.Format("delete from Tea_Info where TeaID = {0}", teaid);
            int i = DataWork.DataExcute(sqlstr);
            if (i > 0)
            {
                lbl_Note.Text = "恭喜您,饮品信息删除成功!";
                lbl_Note.ForeColor = Color.Blue;
                ClearTextBox();                //调用函数,清空各控件
                DataBind_TeaInfo();            //重新加载饮品信息
            }
            else
            {
                lbl_Note.Text = "对不起,饮品信息删除失败!";
                lbl_Note.ForeColor = Color.Red;
            }
        }
    }
}
```

(7) 限制"价格"文本框输入。

限制"价格"文本框只能输入数字,为该文本框编写 KeyPress 事件。具体源代码如下:

```csharp
//限制"价格"文本框只能输入数字
private void txt_Price_Small_KeyPress(object sender, KeyPressEventArgs e)
{
    //如果输入的不是数字,也不是退格键,也不是 Enter 键
    if (!char.IsDigit(e.KeyChar) && e.KeyChar != 8 && e.KeyChar != 13)
    {
        e.Handled = true;            //不接受此输入,即输入无效
    }
}
```

(8) 编写"取消"按钮单击事件。

双击"取消"按钮,为该按钮编写 Click 事件。具体源代码如下:

```
private void btn_Cancel_Click(object sender, EventArgs e)
{
    ClearTextBox();                    //调用函数,清空各控件
    lbl_Operation.Text = "添加";
    lbl_Note.Text = "";
    teaid = "";
}
```

本系统其他模块的文本框限制输入功能和"取消"按钮功能的实现方法与本模块相同。因此这两个功能在其他模块的实现过程将不再进行介绍。

9.4.2 会员信息管理

会员信息管理功能模块的实现过程与饮品信息管理功能模块相似,读者可以自己设计界面各个控件及属性,并且实现会员信息的添加、修改和删除等功能。会员信息管理功能模块运行效果如图 9.13 所示。

9.4.3 员工信息管理

员工信息管理功能模块的实现过程与饮品信息管理功能模块相似,读者可以自己设计界面各个控件及属性,并且实现员工信息的添加、修改和删除等功能。员工信息管理功能模块运行效果如图 9.14 所示。

图 9.13 会员信息管理功能模块运行效果

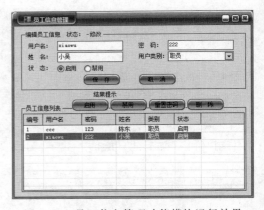

图 9.14 员工信息管理功能模块运行效果

9.5 点餐服务模块

9.5.1 点餐收银

点餐收银是整个系统的核心业务,可以由前台服务员为顾客点餐,也可以由顾客操作进行自助点餐,其运行效果如图 9.15 所示。

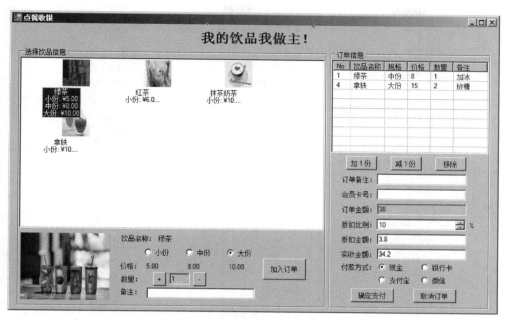

图 9.15　点餐收银模块运行效果

（1）窗体界面设计。

点餐收银界面各主要控件的属性设置及说明如表 9.13 所示。

表 9.13　点餐收银界面各主要控件的属性设置及说明

控件类型	控件名称	属性值设置	说　明
图像列表 ImageList	imageList1	ImageSize＝"48,48"	用于显示视图列表中的 饮品图片
视图列表 ListView	lv_TeaInfo	View ＝"LargeIcon" MultiSelect＝"False" LargeImageList＝"imageList1"	设置显示格式 不允许一次选中多行 设置列表项的图标
	lv_OrderInfo	View ＝"Details" MultiSelect＝"False" FullRowSelect＝"True" GridLines＝"True" Columns＝"No、饮品名称等"	用于显示订单信息列表
单选按钮 RadioButton	rb_Small	Checked＝"True" Text＝"小份"	饮品规格
	rb_Medium	Text＝"中份"	饮品规格
	rb_Large	Text＝"大份"	饮品规格
	rb_Payway1	Checked＝"True" Text＝"现金"	付款方式
	rb_Payway2	Text＝"银行卡"	付款方式
	rb_Payway3	Text＝"支付宝"	付款方式
	rb_Payway4	Text＝"微信"	付款方式

续表

控件类型	控件名称	属性值设置	说　明
文本框 TextBox	txt_Quantity	ReadOnly="True"	饮品数量
	txt_Remark1		饮品备注
	txt_Remark2		订单备注
	txt_MemberNumber		会员卡号
	txt_DueMoney		订单金额
	txt_DiscountMoney		折扣金额
	txt_PaidUpMoney		实收金额
数字选择框 NumericUpDown	txt_DiscountRate		折扣比例
按钮 Button	btn_plus	Text="＋"	"＋"按钮
	btn_minus	Text="－"	"－"按钮
	btn_plus2	Text="加 1 份"	"加 1 份"按钮
	btn_minus2	Text="减 1 份"	"减 1 份"按钮
	btn_delete	Text="移除"	"移除"按钮
	btn_Pay	Text="确定支付"	"确定支付"按钮
	btn_CancelOrder	Text="取消订单"	"取消订单"按钮

（2）加载饮品信息。

为窗体编写 Load 事件，实现饮品信息加载功能，具体源代码如下：

```csharp
private void Frm_Order_Load(object sender, EventArgs e)
{
    DataBind_TeaInfo();                 //加载饮品信息
}


//加载饮品信息
protected void DataBind_TeaInfo()
{
    //查询所有在售饮品信息
    string sqlstr = "select * from Tea_Info where Status = 1";
    DataTable dt = DataWork.DataQuery(sqlstr);

    //加载图片到 ImageList 控件中
    imageList1.Images.Clear();
    foreach (DataRow dr in dt.Rows)
        imageList1.Images.Add(Image.FromFile(dr["TeaImage"].ToString()));

    //加载数据到 ListView 控件中
    lv_TeaInfo.Items.Clear();           //先清空列表视图控件中现有行
    for (int i = 0; i < dt.Rows.Count; i++)
    {
        string title = dt.Rows[i]["TeaName"].ToString() + "\n";
        title += "小份: " + double.Parse(dt.Rows[i]["Price_Small"].ToString()).ToString
("C") + "\n";
```

```
            title += "中份: " + double.Parse(dt.Rows[i]["Price_Medium"].ToString()).ToString
("C") + "\n";
            title += "大份: " + double.Parse(dt.Rows[i]["Price_Large"].ToString()).ToString("C");

            ListViewItem myitem = new ListViewItem(title);
            myitem.SubItems.Add(dt.Rows[i]["TeaID"].ToString());
            myitem.ImageIndex = i;
            lv_TeaInfo.Items.Add(myitem);                    //将新建项添加到ListView控件中
    }
}
```

（3）选中饮品列表中的饮品，显示其详细信息。

从饮品信息列表中选中某项饮品，根据饮品编号到数据库中查询该饮品的详细信息并显示在界面左下方控件中，功能源代码如下：

```
private void lv_TeaInfo_SelectedIndexChanged(object sender, EventArgs e)
{
    if (lv_TeaInfo.SelectedIndices.Count > 0)
    {
        teaid = lv_TeaInfo.SelectedItems[0].SubItems[1].Text;
        string sqlstr = string.Format("select * from Tea_Info where Status = 1 and teaid =
{0}", teaid);
        DataTable dt = DataWork.DataQuery(sqlstr);
        if (dt.Rows.Count > 0)
        {
            lbl_TeaName.Text = dt.Rows[0]["TeaName"].ToString();
            pictureBox1.ImageLocation = dt.Rows[0]["TeaImage"].ToString();
            lbl_Price_Small.Text = double.Parse(dt.Rows[0]["Price_Small"].ToString()).
ToString("f2");
            lbl_Price_Medium.Text = double.Parse(dt.Rows[0]["Price_Medium"].ToString()).
ToString("f2");
            lbl_Price_Large.Text = double.Parse(dt.Rows[0]["Price_Large"].ToString()).
ToString("f2");
            pictureBox1.SizeMode = PictureBoxSizeMode.StretchImage;
        }
    }
}
```

可以对当前选中的饮品的数据进行调整，设置饮品数量加1或者减1，实现源代码如下：

```
private void btn_plus_Click(object sender, EventArgs e)
{
    int quality = int.Parse(txt_Quantity.Text);
    txt_Quantity.Text = (quality + 1).ToString();
}
private void btn_minus_Click(object sender, EventArgs e)
{
```

```
        int quality = int.Parse(txt_Quantity.Text);
        if (quality > 1)
            txt_Quantity.Text = (quality - 1).ToString();
        else
            txt_Quantity.Text = "1";
}
```

单击"加入订单"按钮,将当前饮品添加到订单项目列表中,实现源代码如下:

```
private void btn_AppendtoOrder_Click(object sender, EventArgs e)
{
    if (teaid == "")
    {
        MessageBox.Show("请先选择要下单的饮品!");
    }
    else
    {
        string[] data = new string[6];
        data[0] = teaid;
        data[1] = lbl_TeaName.Text;
        string size = "";
        double unitprice = 0;
        if (rb_Small.Checked == true)
        {
            size = "小份";
            unitprice = double.Parse(lbl_Price_Small.Text);
        }
        else if (rb_Medium.Checked == true)
        {
            size = "中份";
            unitprice = double.Parse(lbl_Price_Medium.Text);
        }
        else if (rb_Large.Checked == true)
        {
            size = "大份";
            unitprice = double.Parse(lbl_Price_Large.Text);
        }
        data[2] = size.ToString();
        data[3] = unitprice.ToString();
        data[4] = txt_Quantity.Text;
        data[5] = txt_Remark1.Text;

        ListViewItem orderitem = new ListViewItem(data);
        lv_OrderInfo.Items.Add(orderitem);
        updateOrderPrice();               //更新订单价格
        txt_Remark1.Text = "";            //清空备注
        txt_Quantity.Text = "1";
    }
}
```

（4）订单项目信息管理。

订单项目信息管理是指对加入订单的饮品的数量进行增加或者减少，也可以将订单中的某些饮品项目进行移除，实现源代码如下：

```
int selectitemindex = -1;                        //用于存储选中的订单项目行号
private void lv_OrderInfo_SelectedIndexChanged(object sender, EventArgs e)
{
    if (lv_OrderInfo.SelectedIndices.Count > 0)
        selectitemindex = lv_OrderInfo.SelectedItems[0].Index;
}


//加1份
private void btn_plus2_Click(object sender, EventArgs e)
{
    if (selectitemindex == -1)
        MessageBox.Show("请先选择要增加份数的订单项");
    else
    {
        int quality = int.Parse(lv_OrderInfo.Items[selectitemindex].SubItems[4].Text);
        lv_OrderInfo.Items[selectitemindex].SubItems[4].Text = (quality + 1).ToString();
        updateOrderPrice();                   //更新订单价格
    }
}


//减1份
private void btn_minus2_Click(object sender, EventArgs e)
{
    if (selectitemindex == -1)
        MessageBox.Show("请先选择要减少份数的订单项");
    else
    {
      int quality = int.Parse(lv_OrderInfo.Items[selectitemindex].SubItems[4].Text);
      if (quality > 1)
      {
        lv_OrderInfo.Items[selectitemindex].SubItems[4].Text = (quality - 1).ToString();
        updateOrderPrice();                   //更新订单价格
      }
    }
}

//移除订单项
private void btn_delete_Click(object sender, EventArgs e)
{
    if (selectitemindex == -1)
        MessageBox.Show("请先选择要移除的订单项");
    else
    {
        lv_OrderInfo.Items[selectitemindex].Remove();
        selectitemindex = -1;
        updateOrderPrice();                   //更新订单价格
    }
}
```

当添加订单项目或者修改订单项目数量时,需要自动计算订单的总价格。同时,当输入折扣比率时,需要自动计算折扣金额和实收金额。这两个功能的实现源代码如下:

```csharp
//自动更新订单价格
protected void updateOrderPrice()
{
    double duemoney = 0;                        //订单金额
    foreach (ListViewItem item in lv_OrderInfo.Items)
    {
        int quality = int.Parse(item.SubItems[4].Text);
        double unitprice = double.Parse(item.SubItems[3].Text);
        duemoney += quality * unitprice;
    }
    txt_DueMoney.Text = duemoney.ToString();
    txt_DiscountRate_Leave(null, null);         //调用函数,计算折扣
}


//自动计算折扣金额
private void txt_DiscountRate_Leave(object sender, EventArgs e)
{
    double duemoney = double.Parse(txt_DueMoney.Text);
    double discountrate = double.Parse(txt_DiscountRate.Value.ToString());
    double discountmoney = duemoney * (discountrate / 100.00);
    double paidupmoney = duemoney - discountmoney;
    txt_DiscountMoney.Text = discountmoney.ToString();
    txt_PaidUpMoney.Text = paidupmoney.ToString();
}
```

(5) 订单保存。

当单击"确定支付"按钮时,将订单信息和订单中的详细项目信息分别保存到数据库中的 Order_Info 和 OrderItems 表中。具体步骤是: 先将订单整体信息保存到 Order_Info 表中,并生成一个相应的订单编号,接着将订单列表中的各个饮品项目逐个保存到 Order_Items 表中。具体的实现源代码如下:

```csharp
private void btn_Pay_Click(object sender, EventArgs e)
{
    int payway = 0;
    if (rb_Payway1.Checked) payway = 1;
    else if (rb_Payway2.Checked) payway = 2;
    else if (rb_Payway3.Checked) payway = 3;
    else if (rb_Payway4.Checked) payway = 4;
    string username = ConfigurationManager.AppSettings["UserName"]; //获取配置文件中的当前
                                                                    //服务员用户名

    int status = 1;
    string teanames = "";                               //该订单中的所有饮品名称
    int totalquantity = 0;                              //该订单中的所有饮品数量
    foreach (ListViewItem item in lv_OrderInfo.Items)
```

```
    {
        teanames += item.SubItems[1].Text + ",";
        totalquantity += int.Parse(item.SubItems[4].Text);
    }
    //先插入一条订单信息并获取生成的订单编号
    string sqlstr1 = "insert into Order_Info (TeaNames, TotalQuantity, MemberNumber, DueMoney,
DiscountRate, DiscountMoney, PaidUpMoney, Payway, OrderDate, UserName, Status, Remark) ";
    sqlstr1 += string.Format(" values ('{0}', {1}, '{2}', {3}, {4}, {5}, {6}, {7}, '{8}', '{9}',
{10}, '{11}'); ", teanames, totalquantity, txt_MemberNumber.Text, txt_DueMoney.Text, txt_
DiscountRate.Value.ToString(), txt_DiscountMoney.Text, txt_PaidUpMoney.Text, payway,
DateTime.Now.ToString(), username, status, txt_Remark2.Text);
    sqlstr1 += "SELECT @@IDENTITY";
    int orderid = DataWork.ExecuteScalar(sqlstr1);

    //逐条插入订单详细项目
    int i = 0;
    foreach (ListViewItem item in lv_OrderInfo.Items)
    {
        int size = 0;
        switch( item.SubItems[2].Text)
        {
            case "小份": size = 1; break;
            case "中份": size = 2; break;
            case "大份": size = 3; break;
        }
        string sqlstr2 = " insert into Order_Items (OrderID, TeaID, Size, UnitPrice,
Quantity, Remark) ";
        sqlstr2 += string.Format(" values ({0}, {1}, {2}, {3}, {4}, '{5}')", orderid, item.
SubItems[0].Text, size, item.SubItems[3].Text, item.SubItems[4].Text, item.SubItems[5].Text);
        i += DataWork.DataExcute(sqlstr2);
    }
    if (orderid != 0 && i == lv_OrderInfo.Items.Count)
    {
        MessageBox.Show("付款成功,谢谢惠顾!");
        ClearTextBox();                      //清空控件内容
    }
    else
    {
        MessageBox.Show("订单保存失败,请联系店家!");
    }
}
```

最后实现取消订单的功能,将各个文本框等相关控件的内容清空,实现源代码如下:

```
//取消订单
private void btn_CancelOrder_Click(object sender, EventArgs e)
{
    lv_OrderInfo.Items.Clear();
    txt_DueMoney.Text = "0";
```

```
            txt_MemberNumber.Text = "";
            txt_DiscountRate.Text = "0";
            txt_PaidUpMoney.Text = "0";
    }


    //清空各控件
    protected void ClearTextBox()
    {
            pictureBox1.ImageLocation = "";
            lbl_TeaName.Text = "";
            teaid = "";
            rb_Small.Checked = true;
            lbl_Price_Small.Text = "0";
            lbl_Price_Medium.Text = "0";
            lbl_Price_Large.Text = "";
            txt_Quantity.Text = "1";
            lv_OrderInfo.Items.Clear();
            txt_MemberNumber.Text = "";
            txt_DueMoney.Text = "0";
            txt_DiscountRate.Text = "0";
            txt_DiscountMoney.Text = "0";
            txt_PaidUpMoney.Text = "0";
    }
```

9.5.2　音乐播放

　　饮品店在营业过程中可以根据需要播放一些轻松愉快的音乐,以提升饮品店的顾客就餐体验。该功能的运行效果如图 9.16 所示。

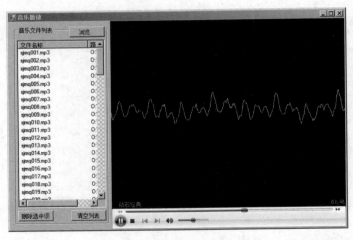

图 9.16　音乐播放功能运行效果

　　音乐播放功能已在 8.2 节中讲解,本节不再介绍其界面设计过程。该界面所需要的主要控件分别是 ListView 控件、FolderBrowserDialog 控件、WindowsMediaPlayer 控件以及相关按钮控件等。

（1）选择音乐文件。

使用"文件夹浏览"对话框进行音频和视频文件的选择，可以通过自行定义要过滤的音视频文件扩展名来限制需要加载的文件，并将音视频文件名及完整路径加载到 ListView 控件中，其实现源代码如下：

```
//浏览文件夹
private void btn_selectFolder_Click(object sender, EventArgs e)
{
    string[] strArr = { ".mp3", ".mp4", ".wma", ".avi", ".rm", ".rmvb", ".flv", ".mpg",
".mov", ".mkv" };
    folderBrowserDialog1.Description = "选择所有文件存放目录";
    if (folderBrowserDialog1.ShowDialog() == DialogResult.OK)
    {
        string sPath = folderBrowserDialog1.SelectedPath;
        DirectoryInfo dir = new DirectoryInfo(sPath);
        FileInfo[] files = dir.GetFiles();
        foreach (FileInfo info in files)
        {
            string str = info.Extension;                 //获取扩展名
            if (((System.Collections.IList)strArr).Contains(str))
            {
                string[] musicdata = new string[2];
                musicdata[0] = info.Name;                //文件名
                musicdata[1] = info.FullName;            //路径 + 文件名
                listView1.Items.Add(new ListViewItem(musicdata));
            }
        }
    }
}
```

（2）播放音乐。

在 ListView 列表中选中某个音视频文件，即可播放，实现源代码如下所示。音视频文件在播放过程中的暂停、停止、快进、快退、音量大小调整等功能都在 WindowsMediaPlayer 控件中自定义实现。

```
int itemid = -1;
//播放音乐
private void listView1_SelectedIndexChanged(object sender, EventArgs e)
{
    if (listView1.SelectedItems.Count > 0)
    {
        itemid = listView1.SelectedItems[0].Index;
        string path = listView1.SelectedItems[0].SubItems[1].Text;
        axWindowsMediaPlayer1.URL = path;
    }
}
```

（3）删除音视频文件列表。

对于列表中的音视频文件，可以删除选中的文件项，也可以将整个列表进行清空，实现源代码如下：

```
//删除选中项
private void btn_Delete_Click(object sender, EventArgs e)
{
    if (itemid == -1)
    {
        MessageBox.Show("请先选择要删除的音视频文件");
    }
    else
    {
        listView1.Items[itemid].Remove();
        itemid = -1;
    }
}

//清空列表
private void btn_ClearItems_Click(object sender, EventArgs e)
{
    listView1.Items.Clear();
}
```

9.6 查询统计模块

9.6.1 饮品信息查询

饮品信息查询模块主要用于对所有饮品信息进行统计和查询，查询条件包括各种规格的价格范围以及饮品的状态等，运行效果如图 9.17 所示。

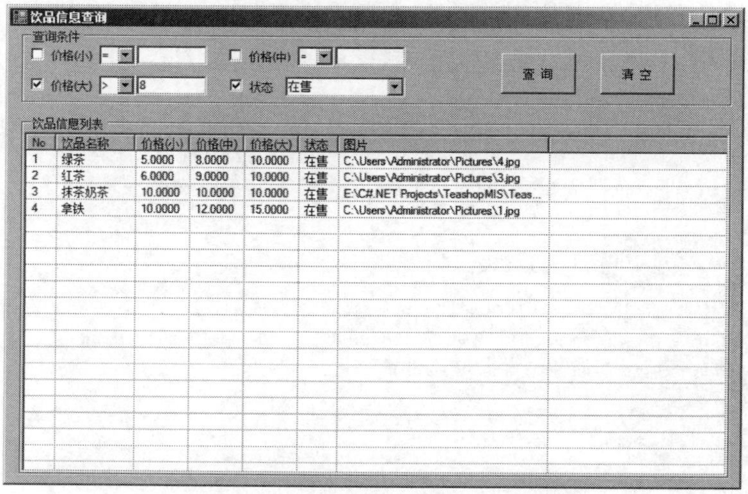

图 9.17 饮品信息查询模块运行效果

(1) 窗体界面设计。

打开饮品信息查询模块 Frm_TeaInfoQuery.cs 的窗体设计器,为窗体添加 GroupBox、ComboBox、TextBox、Button 和 ListView 等控件。接着为各控件设置相应的属性值,具体属性设置及说明,如表 9.14 所示。

表 9.14 饮品信息查询界面控件属性设置及说明

控 件 类 型	控 件 名 称	属 性 值 设 置	说 明
分组框 GroupBox	groupBox1	Text="查询条件"	
	groupBox3	Text="饮品信息列表"	
复选框 CheckBox	chb_Price_Small	Text="价格(小)"	
	chb_Price_Medium	Text="价格(中)"	
	chb_Price_Large	Text="价格(大)"	
	chb_Status	Text="状态"	
下拉列表框 ComboBox	cbb_Price_Small	Items="="、"<"、">"	
	cbb_Price_Medium	Items="="、"<"、">"	
	cbb_Price_Large	Items="="、"<"、">"	
	cbb_Status	Items="全部"、"在售"、"售完"、"停售"	
文本框 TextBox	txt_Price_Small		
	txt_Price_Medium		
	txt_Price_Large		
按钮 Button	btn_Search	Text="查 询"	"查询"按钮
	btn_Cancel	Text="清 空"	"清空"按钮
视图列表 ListView	lv_TeaInfo	View="Details" MultiSelect="False" FullRowSelect="True" GridLines="True" Columns="No、饮品名称等"	设置显示格式 不允许一次选中多行 允许整行选中 显示网格线 设置各列标题

(2) 查询饮品信息。

查询饮品信息时,既支持全部查询,也支持多条件查询。当所有复选框都未选中时单击"查询"按钮,则为全部查询。当选中某个复选框时,表示该项作为查询条件,根据复选框后面的查询条件进行查询。具体源代码如下:

```
//查询
private void btn_Search_Click(object sender, EventArgs e)
{
    string sqlstr = "select * from Tea_Info where 1 = 1 ";
    //价格(小)
    if (chb_Price_Small.Checked && txt_Price_Small.Text.Trim()!= "")
    {
        //判断 = ,<,>
        switch (cbb_Price_Small.SelectedIndex)
        {
            case 0: sqlstr += string.Format(" and Price_Small = {0} ", txt_Price_Small.Text); break;
```

```
            case 1: sqlstr += string.Format(" and Price_Small < {0} ", txt_Price_Small.Text); break;
            case 2: sqlstr += string.Format(" and Price_Small > {0} ", txt_Price_Small.Text); break;
        }
    }

    //价格(中)
    if (chb_Price_Medium.Checked && txt_Price_Medium.Text.Trim() != "")
    {
        //判断 = ,<,>
        switch (cbb_Price_Medium.SelectedIndex)
        {
            case 0: sqlstr += string.Format(" and Price_Medium = {0} ", txt_Price_Medium.
Text); break;
            case 1: sqlstr += string.Format(" and Price_Medium < {0} ", txt_Price_Medium.
Text); break;
            case 2: sqlstr += string.Format(" and Price_Medium > {0} ", txt_Price_Medium.
Text); break;
        }
    }

    //价格(大)
    if (chb_Price_Large.Checked && txt_Price_Large.Text.Trim() != "")
    {
        //判断 = ,<,>
        switch (cbb_Price_Large.SelectedIndex)
        {
            case 0: sqlstr += string.Format(" and Price_Large = {0} ", txt_Price_Large.
Text); break;
            case 1: sqlstr += string.Format(" and Price_Large < {0} ", txt_Price_Large.
Text); break;
            case 2: sqlstr += string.Format(" and Price_Large > {0} ", txt_Price_Large.
Text); break;
        }
    }

    //状态
    if (chb_Status.Checked )
    {
        if (cbb_Status.SelectedIndex != 0)              //0 为全部,即不用设条件
        {
            sqlstr += string.Format(" and Status = {0} ", cbb_Status.SelectedIndex);
        }
    }
    DataBind_TeaInfo(sqlstr);
}

//根据条件查询饮品信息
protected void DataBind_TeaInfo(string sqlstr)
{
```

```
DataTable dt = DataWork.DataQuery(sqlstr);
lv_TeaInfo.Items.Clear();                                  //先清空列表视图控件中现有行
foreach (DataRow dr in dt.Rows)
{
    ListViewItem myitem = new ListViewItem(dr["TeaID"].ToString());    //饮品编号
    myitem.SubItems.Add(dr["TeaName"].ToString());              //饮品名称
    myitem.SubItems.Add(dr["Price_Small"].ToString());         //价格(小)
    myitem.SubItems.Add(dr["Price_Medium"].ToString());        //价格(中)
    myitem.SubItems.Add(dr["Price_Large"].ToString());         //价格(大)
    switch (dr["Status"].ToString())                           //状态
    {
        case "1": myitem.SubItems.Add("在售"); break;
        case "2": myitem.SubItems.Add("售完"); break;
        case "3": myitem.SubItems.Add("停售"); break;
        default: break;
    }
    myitem.SubItems.Add(dr["TeaImage"].ToString());            //图片路径
    lv_TeaInfo.Items.Add(myitem);        //将新建项添加到 ListView 控件中
}
}
```

（3）清空查询条件和查询结果。

单击"清空"按钮时,将查询条件中所有控件状态还原至初始状态,即将复选框设置为未选中状态、将下拉列表框选中项设置为第 1 项、将各文件框内容清空,并且将 ListView 控件中的查询结果清空。该功能源代码略。

9.6.2 会员信息查询

会员信息查询模块主要用于对所有会员信息进行统计和查询,查询条件包括会员姓名、会员卡号、性别和电话等,其中,前三项的查询为模糊匹配查询,运行效果如图 9.18 所示。

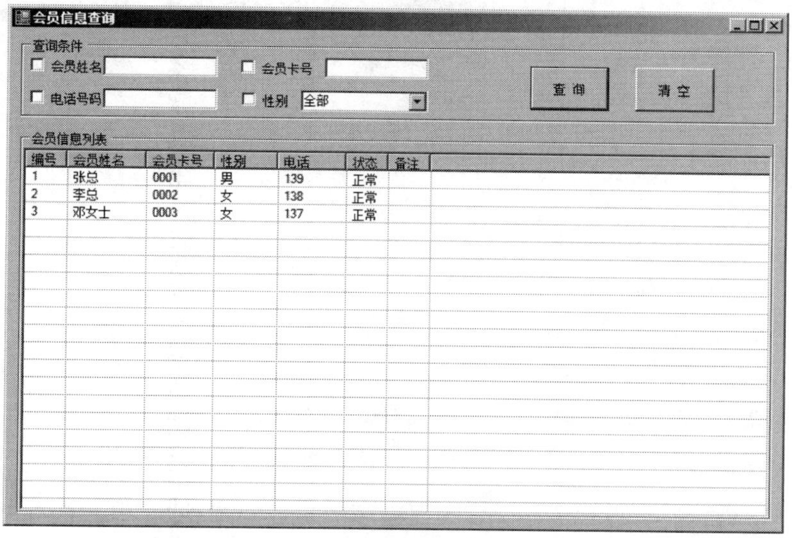

图 9.18 会员信息查询模块运行效果

由于该功能模块的实现与饮品信息查询模块的实现原理相同,因此此处略去界面设计和详细实现过程,仅提供核心的 SQL 查询语句源代码片段如下:

```
private void btn_Search_Click(object sender, EventArgs e)
{
    string sqlstr = "select * from Member_Info where 1 = 1 ";
    //会员姓名
    if (chb_MemberName.Checked && txt_MemberName.Text.Trim() != "")
        sqlstr += string.Format(" and MemberName like '%{0}%'", txt_MemberName.Text);
    //会员卡号
    if (chb_MemberNumber.Checked && txt_MemberNumber.Text.Trim() != "")
        sqlstr += string.Format(" and MemberNumber like '%{0}%'", txt_MemberNumber.Text);
    //性别
    if (chb_Sex.Checked && cbb_Sex.SelectedIndex != 0)          //0 为全部,即不用设条件
        sqlstr += string.Format(" and Sex = {0}", cbb_Sex.SelectedIndex);
    //电话
    if (chb_Telephone.Checked && txt_Telephone.Text.Trim() != "")
        sqlstr += string.Format(" and Telephone like '%{0}%'", txt_Telephone.Text);
    DataBind_MemberInfo(sqlstr);
}
```

9.6.3 营业信息查询

营业信息查询模块主要用于对该店所有销售订单信息进行统计和查询,查询条件包括销售日期范围、支付方式、饮品名称以及会员卡号等,运行效果如图 9.19 所示。

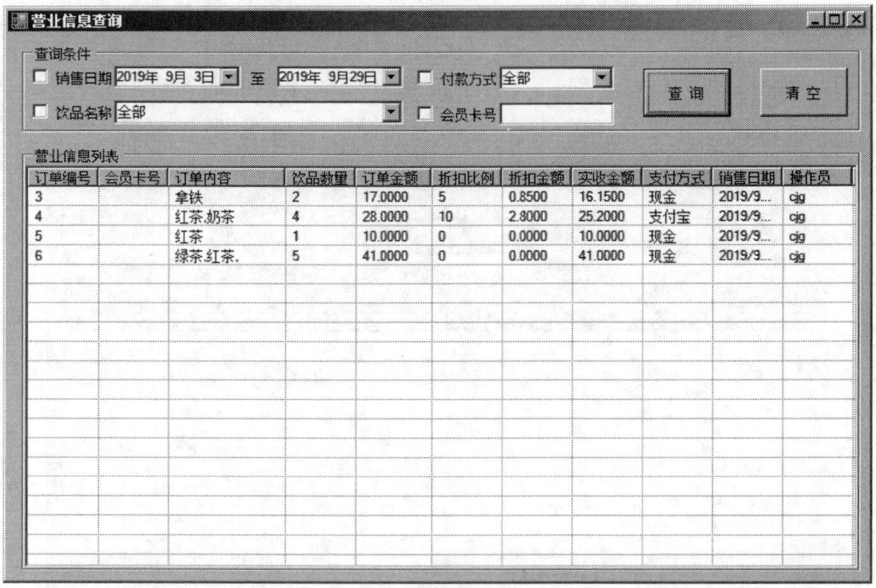

图 9.19 营业信息查询模块运行效果

由于该功能模块的实现与饮品信息查询模块的实现原理相同,因此此处略去界面设计和详细实现过程,仅提供核心的 SQL 查询语句源代码片段如下:

```
private void btn_Search_Click(object sender, EventArgs e)
{
    string sqlstr = "select * from Order_Info where 1 = 1 ";
    if (chb_OrderDate.Checked)                                      //销售日期
        sqlstr += string.Format(" and OrderDate between '{0}' and '{1}'", dtp_BeginDate.Value,
dtp_EndDate.Value);
    if (chb_Payway.Checked && cbb_Payway.SelectedIndex != 0)        //支付方式，0为全部
        sqlstr += string.Format(" and Payway = {0} ", cbb_Payway.SelectedIndex);
    if (chb_MemberNumber.Checked && txt_MemberNumber.Text.Trim() != "")   //会员卡号
        sqlstr += string.Format(" and MemberNumber like '%{0}%'", txt_MemberNumber.Text);
    if (chb_Tea.Checked && cbb_Tea.SelectedIndex != 0 && cbb_Tea.Text !="全部")   //饮品名称
        sqlstr += string.Format(" and TeaNames like '%{0}%'", cbb_Tea.Text);
    DataBind_OrderInfo(sqlstr);
}
```

9.6.4　业绩统计分析

业绩统计分析模块主要用于对该店所有营业销售情况的统计分析，并以图表形式进行展示，运行效果如图9.20所示。

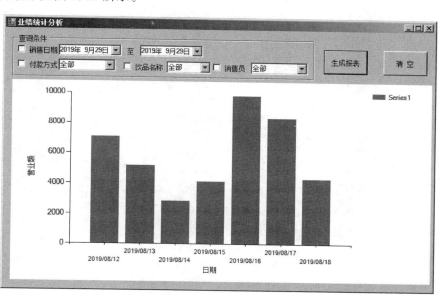

图 9.20　业绩统计分析模块运行效果

Chart 控件的使用已在 8.1 节中讲解，本功能中，首先对 Order_Info 的订单数据进行条件查询，对查询结果根据销售日期进行分组统计，计算每天的实际收款作为当天的营业额，实现源代码如下：

```
private void btn_Search_Click(object sender, EventArgs e)
{
    string sqlstr = "select sum(PaidupMoney) as business, convert(varchar,OrderDate,111) as
date from Order_Info where 1 = 1 ";
```

```
        if (chb_OrderDate.Checked)                              //销售日期
            sqlstr += string.Format(" and OrderDate between '{0}' and '{1}'", dtp_BeginDate.
Value, dtp_EndDate.Value);
        if (chb_Payway.Checked && cbb_Payway.SelectedIndex != 0)       //支付方式,0为全部
            sqlstr += string.Format(" and Payway = {0} ", cbb_Payway.SelectedIndex);
        if (chb_User.Checked && cbb_User.SelectedIndex != 0 && cbb_User.Text != "全部")
                                                                //用户名
            sqlstr += string.Format(" and UserName like '%{0}%'", cbb_User.Text);
        if (chb_Tea.Checked && cbb_Tea.SelectedIndex != 0 && cbb_Tea.Text != "全部")
                                                                //饮品名称
            sqlstr += string.Format(" and TeaNames like '%{0}%'", cbb_Tea.Text);
        sqlstr += " Group by convert(varchar,OrderDate,111) order by convert(varchar,OrderDate,111)";
        DataBind_OrderInfo(sqlstr);
    }

//根据条件查询营业信息
protected void DataBind_OrderInfo(string sqlstr)
{
    DataTable dt = DataWork.DataQuery(sqlstr);
    double[] business = new double[dt.Rows.Count];
    string[] date = new string[dt.Rows.Count];
    for (int i = 0; i < dt.Rows.Count; i++)
    {
        business[i] = double.Parse(dt.Rows[i]["business"].ToString());
        date[i] = dt.Rows[i]["date"].ToString();
    }
    //设置网格线
    chart1.ChartAreas[0].AxisX.MajorGrid.Enabled = false;
    chart1.ChartAreas[0].AxisY.MajorGrid.Enabled = false;
    //设置坐标轴标题
    chart1.ChartAreas[0].AxisX.Title = "日期";
    chart1.ChartAreas[0].AxisY.Title = "营业额";
    //设置图表序列
    chart1.Series[0].Points.DataBindXY(date, business);
}
```

　　读者可以在此基础上设计更多复杂的业绩统计分析功能,并以不同形式的图表进行展示。统计查询结果的导出功能将在第 10 章进一步讲解。

第10章 宾馆管理系统

本章以宾馆管理系统为主线,详细讲解基于三层架构编程模式的 C♯.NET 项目开发的全过程,分别介绍系统需求分析与系统设计、系统三层架构搭建、系统各模块开发实现等知识。

【本章要点】

☞ 系统需求分析与系统设计
☞ 系统三层架构搭建
☞ 系统各功能模块开发

10.1 系统需求分析与系统设计

10.1.1 系统需求分析

随着宾馆行业的发展和宾馆规模的不断扩大,宾馆的客房数量、顾客数量和业务量急剧增加。面对着庞大而烦琐的一系列数据管理,传统的人工管理模式将无法满足宾馆日常工作需求。因此,需要开发一套宾馆管理系统来提高宾馆管理工作的效率。宾馆客房管理工作主要由客房预订、住宿登记、退房结账等环节组成。宾馆管理系统要求能够基本实现宾馆客房的预订管理、前台接待服务、退房收银服务、顾客信息管理和基础信息维护等功能。本系统的功能需求如下。

(1)前台接待:宾馆工作人员可以方便地查看宾馆内所有客房的实时状态,系统应以简洁明了的界面向工作人员展示各类别客房,各客房当前状态(空闲、预订和已住),客房基本信息等,方便顾客前来咨询、预订或住宿登记时查看和操作。

(2)客房预订:宾馆工作人员应能通过系统完成客房预订登记操作,同时能将没有按时前来住宿的预订信息取消。

(3)顾客住宿登记:顾客前来住宿时,宾馆工作人员应根据公安机关或国家其他相关部门的相关规定,详细登记入住顾客的信息,包括顾客姓名、证件类别、证件号码、联系电话和入住事由等,接着为顾客选择相应客房并登记预交押金、预住天数、住宿时间等信息,完成住宿登记操作。

(4)退房结账:顾客办理退房结账手续时,系统应能根据退房日期和入住日期自动计算出住宿费用,同时支持对某些顾客的住宿费用进行灵活打折的功能。

(5)财务统计报表:系统应能够实现对客房各项经营业绩的统计查询,并支持将营业信息导出到 Word 和 Excel 文档,方便工作人员对财务数据进一步处理。

10.1.2　功能模块设计

通过系统需求分析可知,本系统可以分为系统登录、系统管理、前台接待、查询统计等功能模块。宾馆管理系统功能结构如图10.1所示。

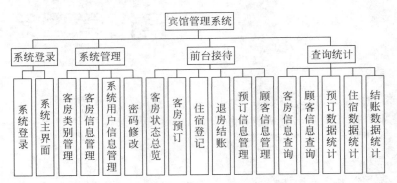

图 10.1　宾馆管理系统功能结构

1. 系统登录模块

(1)系统登录:宾馆工作人员通过合法账号和密码登录本系统,系统将分别验证用户账号、密码和状态信息,并分别给出相应提示。如果验证通过,则进入系统主界面。

(2)系统主界面:宾馆管理系统主界面由菜单栏、工具栏、主界面区和状态栏组成。其中,菜单栏提供系统全部功能模块的访问入口,工具栏以按钮的形式提供常用功能模块的访问入口,状态栏则显示当前登录系统的用户信息和实时更新的当前系统时间。

2. 系统管理模块

系统管理模块用于宾馆管理系统基础数据的综合管理,包括客房类别管理、客房信息管理、系统用户信息管理和密码修改等功能。

(1)客房类别管理:对宾馆所有客房类别进行添加、修改和删除等综合管理。客房类别包括类别名称、各类别对应的标准价格。

(2)客房信息管理:对宾馆所有客房信息进行添加、修改和删除等综合管理。客房信息包括客房名称、客房所属类别、具体位置、房间面积、床位数量、价格和状态。

(3)系统用户信息管理:对宾馆中使用本软件系统的相关工作人员信息进行添加、修改和删除等综合管理。系统用户信息包括用户姓名、账号、密码、身份和状态等。

(4)密码修改:对登录系统的当前用户的密码进行修改。

3. 前台接待模块

前台接待模块是本系统的核心模块,用于宾馆前台接待的各项业务操作,包括客房状态总览、客房预订、住宿登记、退房结账,以及预订信息管理和顾客信息管理等功能。宾馆前台接待模块业务流程如图10.2所示。

(1)客房状态总览:前台接待工作的主要操作模块,工作人员能够通过该模块查看到当前宾馆所有类别的客房的使用状态,并为顾客提供各类客房特点的咨询并进行回复。

(2)客房预订:操作人员根据顾客需求,在客房状态总览模块选择顾客想要预订的客房,将客房编号传递给客房预订模块。客房预订模块用于接收由客房状态总览模块传递的

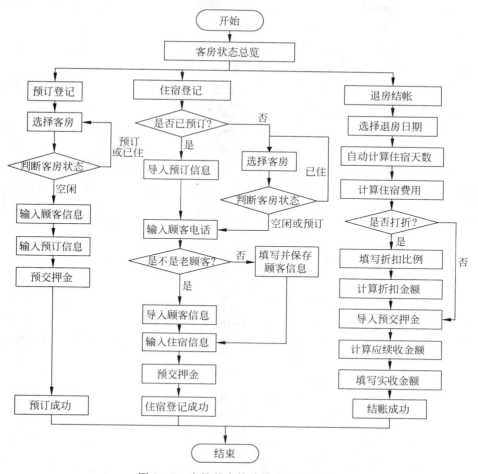

图 10.2　宾馆前台接待模块业务流程

客房编号，并对该客房进行预订登记操作，填写顾客信息、预计入住时间等信息，完成预订登记操作，同时将该客房状态由"空闲"更改为"预订"。

（3）住宿登记：用于宾馆工作人员为顾客办理住宿登记手续。工作人员根据顾客需求，选择相应类别的客房，并录入顾客身份信息、入住天数、预交金额等信息。

（4）退房结账：用于宾馆工作人员为顾客办理退房结账手续，实现住宿费用自动计算、自动更新顾客消费记录、更新客房状态等操作。

（5）预订信息管理：用于对宾馆客房预订记录进行显示，并可以取消指定的预订记录。如果已经登记预订的顾客没有按时前来住宿，则需要将该预订记录取消。

（6）顾客信息管理：用于对宾馆顾客信息进行添加、修改和删除等综合管理。顾客信息包括顾客姓名、性别、单位、联系电话、证件类型、证件号码、状态和备注等。

4. 查询统计模块

查询统计模块用于宾馆各项业务数据的查询和统计，包括客房信息查询、顾客信息查询、预订数据统计、住宿数据统计和结账数据统计。

（1）客房信息查询：用于对宾馆所有客房信息进行综合查询。可以根据客房类别进行分类查询，也可以根据床位数量进行查询。

（2）顾客信息查询：用于对宾馆所有登记的顾客信息进行综合查询。可以根据性别进行分类查询，也支持姓名和证件号码的模糊匹配查询。

（3）预订数据统计：用于对宾馆客房预订记录进行查询和统计。可以查询指定时间段内的客房预订记录，也可以根据操作员、客房名称进行过滤查询。

（4）住宿数据统计：用于对宾馆住宿信息进行查询和统计。可以查询指定时间段内的住宿记录，也可以根据操作员、客房名称进行过滤查询。

（5）结账数据统计：用于对宾馆退房结账信息进行查询和统计。可以查询指定时间段内的营业情况，可以根据时间段进行查询，也可以根据操作员、客房名称进行过滤查询。每项结账记录都包括每位顾客的预订订金、住宿预交订金、住宿天数、住宿费用等。结账信息的查询和统计可为宾馆管理人员的经营决策提供参考依据。

10.1.3　数据库设计

本节根据系统需求分析和系统设计的结果，进行系统数据库结构分析，并为其设计合理的数据库。本项目数据库包括客房类别表、客房信息表、顾客信息表、客房预订记录表、客房住宿记录表、住宿结账记录表和系统用户信息表。本项目数据库设计如图 10.3所示。

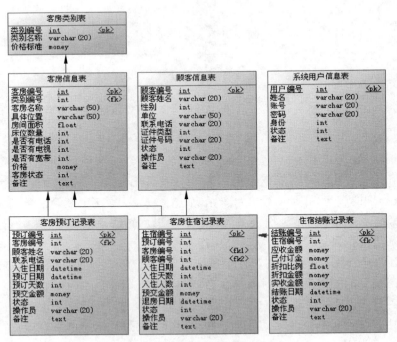

图 10.3　宾馆管理系统的数据库设计

本项目数据库各个数据表的具体结构及字段信息如表 10.1～表 10.7 所示。

表 10.1　客房类别表 Room_Type

字 段 名 称	字 段 类 型	是否允许为空	备　注
RT_ID	int	主键、自增长	类别编号
RT_Name	varchar(20)	非空	类别名称
RT_Price	money	非空	价格标准

表 10.2　客房信息表 Room_Info

字 段 名 称	字 段 类 型	是否允许为空	备　注
RoomID	int	主键、自增长	客房编号
RT_ID	int	非空	类别编号
RoomName	varchar(50)	非空	客房名称
Address	varchar(50)	非空	具体位置
Area	float	非空	房间面积
BedCount	int	非空	床位数量
HasTel	int	非空	是否有电话
HasTV	int	非空	是否有电视
HasNet	int	非空	是否有宽带
Price	money	非空	价格
Status	int	非空	客房状态
Remark	text	空	备注

表 10.3　顾客信息表 Customer_Info

字 段 名 称	字 段 类 型	是否允许为空	备　注
CustomerID	int	主键、自增长	顾客编号
CustomerName	varchar(20)	非空	顾客姓名
Sex	int	非空	性别
Company	varchar(50)	空	单位
Telephone	varchar(20)	非空	联系电话
CardType	int	非空	证件类型
CardNumber	varchar(20)	非空	证件号码
Status	int	非空	状态
UserName	varchar(20)	非空	操作员
Remark	text	空	备注

表 10.4　客房预订记录表 Order_Info

字 段 名 称	字 段 类 型	是否允许为空	备　注
OrderID	int	主键、自增长	预订编号
RoomID	int	非空	客房编号
Name	varchar(20)	非空	顾客姓名
Telephone	varchar(20)	非空	联系电话
StayDate	datetime	非空	入住日期
OrderDate	datetime	非空	预订日期
StayDayCount	int	非空	预订天数

字 段 名 称	字 段 类 型	是否允许为空	备　　注
OrderMoney	money	非空	预交金额
Status	int	非空	状态
UserName	varchar(20)	非空	操作员
Remark	text	空	备注

表 10.5　客房住宿记录表 Stay_Info

字 段 名 称	字 段 类 型	是否允许为空	备　　注
StayID	int	主键、自增长	住宿编号
OrderID	int	非空	预订编号
RoomID	int	非空	客房编号
CustomerID	int	非空	顾客编号
StayDate	datetime	非空	入住日期
StayDayCount	int	非空	入住天数
StayManCount	int	非空	入住人数
StayMoney	money	非空	预交金额
LeaveDate	datetime	非空	退房日期
Status	int	非空	状态
UserName	varchar(20)	非空	操作员
Remark	text	空	备注

表 10.6　住宿结账记录表 Check_Info

字 段 名 称	字 段 类 型	是否允许为空	备　　注
CheckID	int	主键、自增长	结账编号
StayID	int	非空	住宿编号
DueMoney	money	非空	应收金额
OrderMoney	money	非空	已付订金
DiscountRate	float	非空	折扣比例
DiscountPrice	money	非空	折扣金额
PaidUpMoney	money	非空	实收金额
CheckDate	datetime	非空	结账日期
Status	int	非空	状态
UserName	varchar(20)	非空	操作员
Remark	text	空	备注

表 10.7　系统用户信息表 Admin_Info

字 段 名 称	字 段 类 型	是否允许为空	备　　注
AdminID	int	主键、自增长	用户编号
AdminName	varchar(20)	非空	姓名
UserName	varchar(20)	非空	账号(用户名)
Password	varchar(20)	非空	密码
AdminType	int	非空	身份

续表

字 段 名 称	字 段 类 型	是否允许为空	备　　注
Status	int	非空	状态
Remark	text	空	备注

10.2　储备知识——三层架构编程

10.2.1　三层架构工作原理

在企业级软件项目中,越来越多的项目采用三层架构开发模式。三层架构(3-Access Architecture)也称为三层结构,是基于模块化程序设计的思想,为实现分解应用程序的需求而逐渐形成的一种标准模式的模块划分方法。三层架构通常是将整个业务应用划分为表示层(UI)、业务逻辑层(BLL)、数据访问层(DAL)。在三层架构中将具体业务规则、业务逻辑处理等工作放到了业务逻辑层进行处理。三层架构的优势是当业务逻辑上发生微小变化时,无须修改整个程序,只需要修改业务逻辑层中的某些方法即可。三层架构原理如图 10.4 所示。

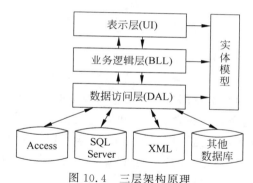

图 10.4　三层架构原理

1. 表示层

表示层也称为界面层(User Interface,UI),位于最上层,用于向用户显示或输出数据,并且接收用户提交的数据,为用户提供交互式的界面,调用业务逻辑层中类的相关方法实现其功能。表示层包括 Windows 窗体应用程序和 Web 应用程序。

2. 业务逻辑层

业务逻辑层(Business Logic Layer,BLL)处于表示层和数据访问层的中间,是表示层和数据访问层之间沟通的桥梁,实现数据的传递和处理。业务逻辑层用于接收表示层的业务处理请求,实现各个实体的业务逻辑处理功能,根据实际业务需要调用相关的数据访问层相关方法,将业务处理结果返回给表示层。业务逻辑层是三层架构中的核心组成部分,用于实现业务规则的制定和业务流程。业务逻辑层也称为领域层。

3. 数据访问层

数据访问层(Data Access Layer,DAL)用于数据的访问操作,包括 SQL Server、Access 或 Oracle 等数据库系统、二进制文件、文本文档和 XML 文档。其任务是封装每个数据表或数据对象的基本记录操作,为具体业务逻辑层提供数据服务。数据访问层中各个类具体实现数据的插入、修改、删除和查询等基本数据操作。数据访问层也称为持久层。

将应用程序的功能分为三层的好处显而易见,当用户的应用需求改变时,首先需要修改业务逻辑层,然后根据需要对表示层界面进行小范围调整就完成了。对于固定的数据对象,数据访问层基本可以不变。因此三层架构可以提高程序的可复用性和可修改性,从而提高了软件开发的效率。

为了更容易地理解三层架构,可以将三层架构的实现过程比喻成饭店点餐过程。如图 10.5 所示,饭店点餐过程中主要工作人员有三类,分别是服务员、厨师和采购员。

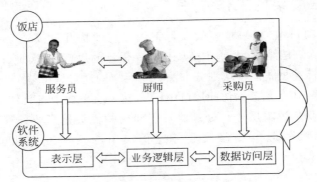

图 10.5　三层架构的形象比喻

（1）服务员与表示层的工作。

服务员的主要工作是接待顾客,用于接收顾客的点餐需求,将需求传递给厨师;然后从厨师手中接回菜品并提供给顾客享用。服务员不需要学会也不需要关心具体每道菜是如何制作的,更不需要知道每道菜的原材料是从哪里买的。

对应软件系统中的表示层也是同样的工作方式,表示层的主要工作也是面向用户,为用户提供各种输入界面,用于接收用户的输入和操作请求,将操作请求传递给业务逻辑层;然后从业务逻辑层中返回操作结果并显示给用户。表示层不需要知识具体业务处理的实现过程,更不需要知道数据访问层的操作细节。

（2）厨师与业务逻辑层的工作。

厨师的主要工作是接收服务员的点餐需求,根据预先设定的菜品制作方法,选取所需要的原材料,加工制作成菜品并返回给服务员。厨师不需要关心这道菜将给哪位顾客享用,也不需要知道原材料是从哪里买的。显然,厨师是整个点餐过程中最具价值的角色。

对应软件系统中的业务逻辑层也是同样的工作方式,业务逻辑层的主要工作是接收表示层传递的操作请求,根据预先设定的业务处理规则,调用数据访问层的相关方法,进行业务逻辑处理并将操作结果返回给表示层。业务逻辑层不需要关心操作结果是向哪位用户显示的,更不需要知道数据访问层的操作细节。显然,业务逻辑层是整个三层架构中最具价值的部分。

（3）采购员与数据访问层的工作。

采购员的主要工作是根据酒店相关安排和厨师安排到市场采购各种食材,为厨师提供食材准备。

对应软件系统中的数据访问层也是同样的工作方式,数据访问层的主要工作是面向数据对象,对各个数据对象进行基础数据访问操作,包括数据的插入、修改、删除和查询等基本数据操作,为业务逻辑层提供数据。

10.2.2 三层架构的应用场景

对于简单的小型应用程序而言,如果其源代码量不多,可以使用简单的单层结构或两层结构进行开,不需要将其复杂化。三层架构主要应用于复杂的大型软件系统开发。

在软件项目开发过程中,编程人员经常发现自己在重复编写很多功能相似的源代码。例如,每个模块都需要进行数据添加、修改、删除或查询的操作,这些源代码大部分相同。这样不但使程序源代码变得冗长多余,而且在修改源代码时经常需要同时涉及多个地方的源代码,大大降低了程序的可读性和可维护性,还可能导致错误越改越多等问题。

因此,编程人员就会将程序中一些公用的处理程序写成公共方法,编写在相关的类文件中,供其他程序调用。9.2.2 节和 9.2.3 节就充分体现这一观点。9.2.2 节将数据库连接字符串统一写在应用程序配置文件中,然后在各个数据操作函数中进行调用。9.2.3 节将数据操作功能的相同部分源代码统一编写在一个自定义函数中,并封装在数据操作类中,然后在各个功能模块中进行调用。

例如,当系统部署环境发生变化,系统数据库需要由 SQL Server 变成 Oracle 或 Access 数据库时,如果项目采用简单的单层结构或二层结构进行开发,与数据访问操作有关的所有程序(几乎所有的程序文件)模块源代码都需要进行修改。但如果项目采用三层架构进行开发,此时只需要修改数据访问层的源代码,表示层和业务逻辑层将不受影响。

另外,当用户业务需求发生变化,系统需要由原来的 WinForm 应用程序变更为 Web 应用程序时,或在 WinForm 应用程序的基础上增加 Web 应用程序时,只需要修改表示层的源代码,而业务逻辑层和数据访问层将不受影响。

由此可见,三层架构的开发思想将大大地提高程序的模块化、独立性、可读性、可维护性、可扩展性和通用性。

10.2.3 使用三层架构的优缺点

1. 优点

- 三层架构适合团队开发,开发人员可以只关注整个结构中的其中某一层,每人可以有不同的分工,协同工作使效率倍增。
- 结构清晰,有利于标准化。
- 耦合度低,降低层与层之间的依赖。
- 可扩展性高,有利于各层逻辑的复用。
- 可维护性高,在后期维护的时候,极大地降低了维护成本和维护时间。
- 安全性高,用户只能通过逻辑层来访问数据层,减少数据访问入口,隐蔽系统核心功能源代码。

2. 缺点

- 降低系统的性能,如果不采用分层式结构,很多业务可以直接访问数据库,以此获取相应的数据,如今却必须通过中间层来完成。

- 有时会导致级联的修改。这种修改尤其体现在自上而下的方向。如果在表示层中需要增加一个功能,为保证其设计符合分层式结构,可能需要在相应的业务逻辑层和数据访问层中都增加相应的源代码。

- 如果程序规模不大,使用三层架构框架则会增加源代码量,从而增加了工作量和开发成本。但是当程序规模较大时(例如,不用重复编写数据连接、数据查询、数据操作等源代码),使用三层架构将大大减少冗余源代码量。

10.3　系统三层架构的搭建

10.3.1　创建三层架构子项目

由于本系统采用三层架构编程模型,则整个系统的结构由四个子项目组成,分别是实体模型层项目、数据访问层项目、业务逻辑层项目,以及表示层项目。其中,表示层项目的项目类型为"Window 窗体应用程序",其余三个子项目的类型为"类库"。

步骤1:创建解决方案和表示层项目。

启动 Visual Studio 2015 开发环境,创建一个"Windows 窗体应用程序"项目,命名为HotelManager,项目保存在"E:\C♯案例\10"目录下,单击"确定"按钮,项目 HotelManager创建完成。

步骤2:创建实体模型层、数据访问层和业务逻辑层项目。

在"解决方案资源管理器"面板中右击解决方案名称 HotelManager,在弹出的快捷菜单中选择"添加"→"新建项目"命令。在弹出的"新建项目"对话框中,选择"类库"项目,命名为HotelManager. Model,该项目用于实现模型层。依此方法再创建两个类库项目,分别命名为 HotelManager. DAL 和 HotelManager. BLL,作为项目的数据访问层和业务逻辑层。创建完成的系统项目三层架构如图 10.6 所示。

图 10.6　系统的三层架构

步骤3:为各个项目添加文件。

分别为各层项目添加文件,为 Windows 应用程序项目 HotelManager 添加 17 个WinForm 窗体、1 个类文件和 1 个应用程序配置文件。为实体模型层、数据访问层、业务逻辑层项目分别添加 7 个类文件,对应本项目的 7 个数据实体,即数据库的 7 张数据表,每个类文件的命名方式及用途说明如表 10.8 所示。

表 10.8　实体模型层、数据访问层、业务逻辑层项目文件命名及用途说明

序号	项　　目	类文件名称	用　途　说　明
1	HotelManager. Model	Room_Type. cs	客房类别实体类
2		Room_Info. cs	客房信息实体类
3		Customer_Info. cs	顾客信息实体类
4		Order_Info. cs	预订信息实体类
5		Stay_Info. cs	住宿信息实体类
6		Check_Info. cs	结账信息实体类
7		Admin_Info. cs	系统用户信息实体类
8	HotelManager. DAL	DbHelperSQL. cs	公共数据操作类
9		Room_Type. cs	客房类别数据访问类
10		Room_Info. cs	客房信息数据访问类
11		Customer_Info. cs	顾客信息数据访问类
12		Order_Info. cs	预订信息数据访问类
13		Stay_Info. cs	住宿信息数据访问类
14		Check_Info. cs	结账信息数据访问类
15		Admin_Info. cs	系统用户信息数据访问类
16	HotelManager. BLL	Room_Type. cs	客房类别业务处理类
17		Room_Info. cs	客房信息业务处理类
18		Customer_Info. cs	顾客信息业务处理类
19		Order_Info. cs	预订信息业务处理类
20		Stay_Info. cs	住宿信息业务处理类
21		Check_Info. cs	结账信息业务处理类
22		Admin_Info. cs	系统用户信息业务处理类
23	HotelManager	Frm_Login. cs	系统登录
24		Frm_Main. cs	系统主界面
25		Frm_Sys_RoomTypeManage. cs	客房类别管理
26		Frm_Sys_RoomInfoManage. cs	客房信息管理
27		Frm_Sys_UserManage. cs	系统用户信息管理
28		Frm_Sys_ChangePassword. cs	密码修改
29		Frm_Fore_RoomView. cs	前台接待,客房状态总览,预订住宿登记
30		Frm_Fore_Order. cs	客房预订
31		Frm_Fore_Stay. cs	住宿登记
32		Frm_Fore_Check. cs	退房结账
33		Frm_Fore_OrderManage. cs	预订信息管理
34		Frm_Fore_CustomerManage. cs	顾客信息管理
35		Frm_Rep_RoomQuery. cs	客房信息查询
36		Frm_Rep_CustomerQuery. cs	顾客信息查询
37		Frm_Rep_OrderInfoQuery. cs	客房预订查询
38		Frm_Rep_StayInfoQuery. cs	住宿信息查询
39		Frm_Rep_CheckInfoQuery. cs	结账信息查询
40		Comm_CreateReport. cs	公共类,将 ListView 数据导出到 Word 和 Excel 文档
41		App. config	应用程序配置文件

　　在"解决方案资源管理器"面板中可以看到,表示层、业务逻辑层、数据访问层、实体模型层的项目文件清单如图 10.7 所示。

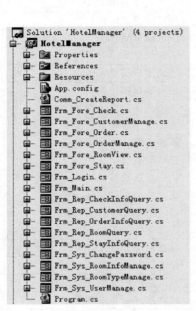

(a) 表示层项目文件

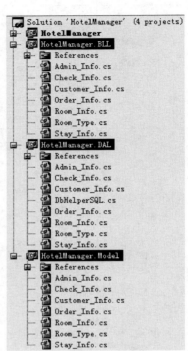

(b) 业务逻辑层、数据访问层和实体模型层项目文件

图 10.7　宾馆管理系统项目文件列表

10.3.2　实体模型层实现

　　实体模型层的主要作用是为整个项目的表示层、业务逻辑层和数据访问层提供实体对象,为各层之间的数据传递提供载体。实体模型层包含与数据库中的所有数据表相对应的实体类,本项目的模型层由 7 个实体类组成,分别是客房类别实体类、客房信息实体类、顾客信息实体类、预订信息实体类、住宿信息实体类、结账信息实体类、系统用户信息实体类。

　　客房类别实体类 Room_Type 与数据库中的 Room_Type 表相对应,其属性对应数据表的各个字段信息,包括类别编号、类别名称、标准价格。实体类 Room_Type.cs 的源代码如下:

```
namespace HotelManager.Model
{
    //实体类 -- 客房类别
    public class Room_Type
    {
        private int _rt_id;
        private string _rt_name;
        private decimal _rt_price;
        public int RT_ID                        //类别编号
        {
```

```
            set{ _rt_id = value;}      get{return _rt_id;}
        }
    public string RT_Name                    //类别名称
    {
            set{ _rt_name = value;}   get{return _rt_name;}
        }
    public decimal RT_Price                  //标准价格
    {
            set{ _rt_price = value;}   get{return _rt_price;}
        }
    }
}
```

客房信息实体类、顾客信息实体类、预订信息实体类、住宿信息实体类、结账信息实体类、系统用户信息实体类分别与数据库中的 Room_Info、Customer_Info、Order_Info、Stay_Info、Check_Info 和 Admin_Info 表相对应。各个实体类的功能源代码与客房类别实体类相似，读者自行思考实现，详细源代码见案例源代码。至此，实体模型层中各实体类源代码编写完成。

10.3.3　数据访问层实现

数据访问层用于对数据库中各数据表的各种访问操作（如数据查询、插入数据、修改数据和删除数据等操作），为业务逻辑层提供数据服务。针对模型层中的每个实体类，数据访问层都有一个对应的数据访问类，实现相应的数据操作功能。本项目的数据访问层由 8 个类组成，分别是公共数据操作类、客房类别数据访问类、客房信息数据访问类、顾客信息数据访问类、客房预订数据访问类、客房住宿信息数据访问类、退房结账信息数据访问类、系统用户信息数据访问类。

1. 公共数据操作类

数据访问层的客房类别、客房信息、顾客信息、预订信息、住宿信息、结账信息、系统用户信息等数据访问类中经常用到数据查询和数据操作等功能相同的操作。因此，将这些相同的操作进一步提取，编写在一个类中，形成公共数据操作类，以供其他各类调用。公共数据操作类 DbHelperSQL.cs 主要提供数据库连接，根据传递的 SQL 语句执行数据查询、数据查询、插入数据、修改数据和删除数据等操作，并返回执行结果。

```
//公共数据操作类
public class DbHelperSQL
{
  //数据库连接字符串(web.config 来配置),可以动态更改 connectionString 支持多数据库
  public static string connectionString = ConfigurationManager.AppSettings["DBConn"];

    //执行查询语句,返回 DataTable
    public static DataTable Query(string SQLString)
    {
        using (SqlConnection connection = new SqlConnection(connectionString))
        {
            DataTable dt = new DataTable();
```

```
            try
            {
                connection.Open();
                SqlDataAdapter command = new SqlDataAdapter(SQLString, connection);
                command.Fill(dt);
            }
            catch (System.Data.SqlClient.SqlException ex)
            {
                throw new Exception(ex.Message);
            }
            return dt;
        }
    }
    //执行 SQL 语句,返回影响的记录数
    public static int ExecuteSql(string SQLString)
    {
        using (SqlConnection connection = new SqlConnection(connectionString))
        {
            using (SqlCommand cmd = new SqlCommand(SQLString, connection))
            {
                try
                {
                    connection.Open();
                    int rows = cmd.ExecuteNonQuery();
                    return rows;
                }
                catch (System.Data.SqlClient.SqlException e)
                {
                    connection.Close();
                    throw e;
                }
            }
        }
    }
    //执行 SQL 语句,返回影响的记录数
    public static int ExecuteSql(string SQLString, params SqlParameter[] cmdParms)
    {
        using (SqlConnection connection = new SqlConnection(connectionString))
        {
            using (SqlCommand cmd = new SqlCommand())
            {
                try
                {
                    PrepareCommand(cmd, connection, SQLString, cmdParms);
                    int rows = cmd.ExecuteNonQuery();
                    cmd.Parameters.Clear();
                    return rows;
                }
                catch (System.Data.SqlClient.SqlException e)
                {
```

```
                        throw e;
                    }
                }
            }
        }
    //执行一条计算查询结果语句,返回查询结果(object)
    public static object GetSingle(string SQLString, params SqlParameter[] cmdParms)
    {
        using (SqlConnection connection = new SqlConnection(connectionString))
        {
            using (SqlCommand cmd = new SqlCommand())
            {
                try
                {
                    PrepareCommand(cmd, connection, SQLString, cmdParms);
                    object obj = cmd.ExecuteScalar();
                    cmd.Parameters.Clear();
                    if((Object.Equals(obj,null)) ||(Object.Equals(obj,System.DBNull.Value)))
                    { return null;}
                    else
                    { return obj; }
                }
                catch (System.Data.SqlClient.SqlException e)
                {
                    throw e;
                }
            }
        }
    }
    //参数列表
    private static void PrepareCommand(SqlCommand cmd, SqlConnection conn, string cmdText,
SqlParameter[] cmdParms)
    {
        if (conn.State != ConnectionState.Open)
            conn.Open();
        cmd.Connection = conn;
        cmd.CommandText = cmdText;
        cmd.CommandType = CommandType.Text;
        if (cmdParms != null)
        {
            foreach (SqlParameter parameter in cmdParms)
            {
                if ((parameter.Direction == ParameterDirection.InputOutput || parameter.
Direction == ParameterDirection.Input) && (parameter.Value == null))
                    parameter.Value = DBNull.Value;
                cmd.Parameters.Add(parameter);
            }
        }
    }
}
```

2. 客房类别数据访问类

客房类别数据访问类(Room_Type.cs)主要提供添加客房类别、修改客房类别、删除客房类别、根据查询条件获取客房类别列表等功能,并将执行结果返回给业务逻辑层。具体源代码如下:

```
// 数据访问类 -- 客房类别
public class Room_Type
{ //添加客房类别
    public int Add(HotelManager.Model.Room_Type model)
    {
        StringBuilder strSql = new StringBuilder();
        strSql.Append("insert into Room_Type(");
        strSql.Append("RT_Name,RT_Price) ");
        strSql.Append(" values (");
        strSql.Append("@RT_Name,@RT_Price) ");
        SqlParameter[] parameters = {
                new SqlParameter("@RT_Name", SqlDbType.VarChar,20) ,
                new SqlParameter("@RT_Price", SqlDbType.Money,8) };
        parameters[0].Value = model.RT_Name;
        parameters[1].Value = model.RT_Price;
        return DbHelperSQL.ExecuteSql(strSql.ToString() , parameters);
    }
    //修改客房类别
    public int Update(HotelManager.Model.Room_Type model)
    {
        StringBuilder strSql = new StringBuilder();
        strSql.Append("update Room_Type set ");
        strSql.Append("RT_Name = @RT_Name,");
        strSql.Append("RT_Price = @RT_Price");
        strSql.Append(" where RT_ID = @RT_ID ");
        SqlParameter[] parameters = {
                new SqlParameter("@RT_ID", SqlDbType.Int,4) ,
                new SqlParameter("@RT_Name", SqlDbType.VarChar,20) ,
                new SqlParameter("@RT_Price", SqlDbType.Money,8) };
        parameters[0].Value = model.RT_ID;
        parameters[1].Value = model.RT_Name;
        parameters[2].Value = model.RT_Price;
        return DbHelperSQL.ExecuteSql(strSql.ToString() , parameters);
    }
    //删除客房类别
    public int Delete(int RT_ID)
    {
        string str = "delete Room_Type where RT_ID = " + RT_ID;
        return DbHelperSQL.ExecuteSql(str);
    }
    //根据查询条件获取客房类别列表
    public DataTable GetList(string strWhere)
    {
        StringBuilder strSql = new StringBuilder();
```

```
strSql.Append("select RT_ID,RT_Name,RT_Price FROM Room_Type ");
if(strWhere.Trim() != "")
    strSql.Append(" where " + strWhere);
return DbHelperSQL.Query(strSql.ToString());
    }
}
```

3．客房信息数据访问类

客房信息数据访问类（Room_Info.cs）主要提供添加客房信息、修改客房信息、删除客房信息、根据客房编号获取一个客房实体对象、根据查询条件获取客房信息列表、通过类别编号查询客房信息列表、根据客房编号更新客房状态等功能，并将执行结果返回给业务逻辑层。

4．顾客信息数据访问类

顾客信息数据访问类（Customer_Info.cs）主要提供添加顾客信息、修改顾客信息、删除顾客信息、根据顾客编号获取一个顾客实体对象、根据查询条件获取顾客信息列表、根据顾客编号更新顾客状态、根据电话号码判断顾客是否存在等功能，并将执行结果返回给业务逻辑层。

5．客房预订数据访问类

客房预订数据访问类（Order_Info.cs）主要提供添加预订信息、根据查询条件获取客房预订信息列表、通过客房编号获取预订编号、根据预订编号获取预交金额、根据预订编号更新预订状态、根据查询条件综合查询预订信息等功能，并将执行结果返回给业务逻辑层。

6．客房住宿信息数据访问类

客房住宿信息数据访问类（Stay_Info.cs）主要提供添加住宿信息、根据查询条件获取客房住宿信息列表、通过客房编号获取住宿编号、根据住宿编号更新住宿状态、根据查询条件综合查询住宿信息、根据顾客编号查询住宿信息等功能，并将执行结果返回给业务逻辑层。

7．退房结账信息数据访问类

退房结账信息数据访问类（Check_Info.cs）主要提供添加结账信息、根据查询条件获取退房结账信息等功能，并将执行结果返回给业务逻辑层。

8．系统用户信息数据访问类

系统用户信息数据访问类（Admin_Info.cs）主要提供用户名验证、添加用户信息、修改用户信息、删除用户信息、根据查询条件获取用户信息列表、根据用户编号更新用户状态、根据用户账号更新密码等功能，并将执行结果返回给业务逻辑层。

至此，数据访问层源代码编写完成。

10.3.4　业务逻辑层实现

业务逻辑层处于表示层和数据访问层的中间，是表示层和数据访问层之间沟通的桥梁，实现数据的传递和处理。业务逻辑层接收表示层的业务处理请求，实现各个实体的业务逻辑处理功能，根据实际业务需要调用相关的数据访问层相关方法，最后将业务处理结果返回给表示层。本项目的业务逻辑层由7个类组成，分别是客房类别业务处理类、客房信息业务处理类、顾客信息业务处理类、客房预订业务处理类、客房住宿业务处理类、退房结账业务处理类和系统用户信息业务处理类。

1. 客房类别业务处理类

客房类别业务处理类(Room_Type.cs)主要提供添加客房类别、修改客房类别、删除客房类别、根据查询条件获取客房类别列表等功能,并将执行结果返回给表示层。具体源代码如下:

```
//业务处理类 -- 客房类别
public class Room_Type
{
    HotelManager.DAL.Room_Type dal = new HotelManager.DAL.Room_Type();
    //添加客房类别
    public int Add(HotelManager.Model.Room_Type model)
    {
        return dal.Add(model);
    }
    //修改客房类别
    public int Update(HotelManager.Model.Room_Type model)
    {
        return dal.Update(model);
    }
    //删除客房类别
    public int Delete(int RT_ID)
    {
        return dal.Delete(RT_ID);
    }
    //根据查询条件获取客房类别列表
    public DataTable GetList(string strWhere)
    {
        return dal.GetList(strWhere);
    }
    //获取全部客房类别列表
    public DataTable GetAllList()
    {
        return GetList(");
    }
}
```

2. 客房信息业务处理类

客房信息业务处理类(Room_Info.cs)主要提供添加客房信息、修改客房信息、删除客房信息、根据客房编号获取一个客房实体对象、根据查询条件获取客房信息列表、通过类别编号查询客房信息列表、根据客房编号更新客房状态等功能,并将执行结果返回给表示层。

3. 顾客信息业务处理类

顾客信息业务处理类(Customer_Info.cs)主要提供添加顾客信息、修改顾客信息、删除顾客信息、根据顾客编号获取一个顾客信息实体对象、根据查询条件获取顾客信息列表、根据顾客编号更新顾客状态、根据电话号码判断顾客是否存在等功能,并将执行结果返回给表示层。

4. 客房预订业务处理类

客房预订业务处理类（Order_Info.cs）主要提供添加预订信息、根据查询条件获取客房预订信息列表、通过客房编号获取预订编号、根据预订编号获取预交金额、根据预订编号更新预订状态、根据查询条件综合查询预订信息等功能，并将执行结果返回给表示层。

5. 客房住宿业务处理类

客房住宿业务处理类（Stay_Info.cs）主要提供添加住宿信息、根据查询条件获取客房住宿信息列表、通过客房编号获取住宿编号、根据住宿编号更新住宿状态、根据查询条件综合查询住宿信息、根据顾客编号查询住宿信息等功能，并将执行结果返回给表示层。

6. 退房结账业务处理类

退房结账业务处理类（Check_Info.cs）主要提供添加结账信息、根据查询条件获取退房结账信息等功能，并将执行结果返回给表示层。

7. 系统用户信息业务处理类

系统用户信息业务处理类（Admin_Info.cs）主要提供用户登录验证、添加用户信息、修改用户信息、删除用户信息、根据查询条件获取用户信息列表、根据账号更新用户状态、根据账号更新密码等功能，并将执行结果返回给表示层。

接下来开发表示层项目——WinForm 应用程序 HotelManager。HotelManager 项目由系统登录模块、系统管理模块、前台接待模块和查询统计模块组成。以下将详细介绍各功能模块的具体开发过程。

10.4 系统登录模块

10.4.1 系统登录模块实现

系统登录模块的实现过程与 9.3.1 节相似，其运行效果如图 10.8 所示。

图 10.8 系统登录界面

10.4.2 系统主界面

宾馆管理系统主界面由菜单栏、工具栏、主界面区和状态栏组成，界面控制的绘制过程和属性设置可参见 9.3.2 节，其运行效果如图 10.9 所示。

图 10.9　系统主界面

10.5　系统管理模块

系统管理模块用于宾馆管理系统基础数据的综合管理,只有系统管理员有权限访问系统管理模块以及各个子模块。这些功能模块的实现过程与第 9 章的部分功能相似,本节不再展开阐述。

(1) 客房类别管理模块运行效果如图 10.10 所示。系统管理员可以根据宾馆实际情况,设置不同的客房类别以及相应的标准价格。同时,也可以对现有的客房类别进行修改或者删除。

(2) 客房信息管理模块运行效果如图 10.11 所示。系统管理员通过该模块对整个宾馆的客房信息进行综合维护。当打开客房信息管理模块时,首先需要从数据库中加载客房类别信息到“客房类别”下拉列表框中,同时加载客房信息到“客房信息列表”控件中。在添加新的客房信息时,当管理员填写完各项客房信息(例如,客房名称、客房所属类别、具体位置、房间面积、床位数量、价格和状态)时,单击“保存”按钮,系统将对输入的信息进行输入正确性验证(例如,客房名称是否为

图 10.10　客房类别管理模拟运行效果

空、床位数量是否为整数、价格是否已正确填写),然后传输到数据库中进行保存。

(3) 系统用户信息管理模块运行效果如图 10.12 所示。系统管理员可以在该模块中添

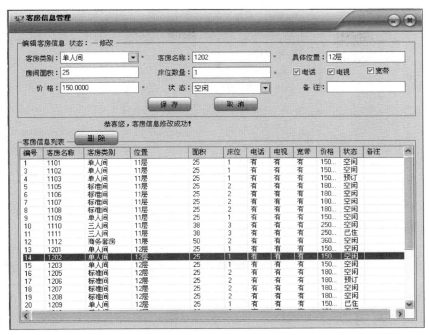

图 10.11 客房信息管理模块运行效果

加新的系统用户信息以及系统账户信息,并且设置各个账户的账号、姓名、密码、身份和状态等信息。通过该模块,还可以对各个账户设置启用或者禁用操作。当某位职工离职或者换岗时,可以通过修改他们的账户状态来控制他们对系统的访问权限,有效保护系统的安全。

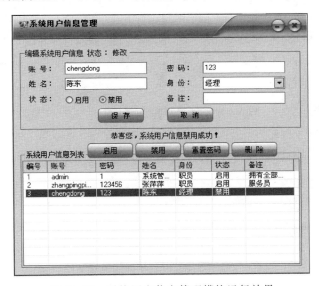

图 10.12 系统用户信息管理模块运行效果

(4)修改密码模块运行效果如图 10.13 所示。当前登录用户可以通过该模块修改自己的登录密码。

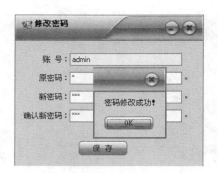

图 10.13　修改密码模块运行效果

10.6　前台接待模块

前台接待模块是本系统的核心模块,用于宾馆前台接待的各项业务操作,包括客房状态总览、客房预订、住宿登记、退房结账,以及预订信息管理和顾客信息管理等功能。

10.6.1　客房状态总览

客房状态总览模块是前台接待工作的主要操作界面,该模块以图形方式对客房信息进行显示。客房状态总览界面由客房类别列表区、客房图形化显示区、客房状态图例区和前台接待操作区组成。客房状态总览模块的运行效果如图 10.14 所示。

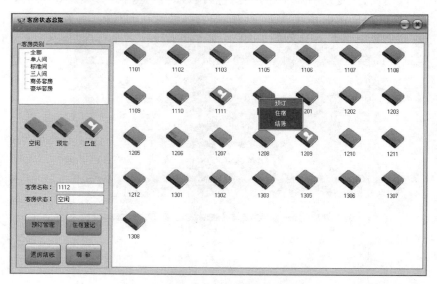

图 10.14　客房状态总览模块运行效果

图 10.14 中使用三种图标分别代表客房的三种状态。不带图案的书本图标表示空闲客房,没有被预订和入住,可以进行预订和入住操作;印有标签的书本图标表示表示客房已经被预订,不可再进行预订,但可以进行入住操作。印有头像的书本图标表示该客房已有顾客入住,不可预订和入住,但可以进行结账操作。客房状态总览模块的具体实现步骤如下:

步骤 1：窗体界面设计。客房状态总览模块对应窗体为 Frm_Fore_RoomView，为窗体添加 GroupBox、Label、TextBox、Button、TreeView 和 ListView 等控件。接着为各控件设置相应的属性值。客房状态总览模块各控件的属性设置及说明如表 10.9 所示。

表 10.9　客房状态总览模块控件的属性设置及说明

控 件 名 称	属 性 名 称	属 性 值	说　　　明
Frm_Fore_RoomView	StartPosition	CenterScreen	窗口在屏幕上居中显示
	Text	客房状态总览	
	MaximizeBox	False	不显示"最大化"按钮
	FormBorderStyle	FixedSingle	窗体边框不可改变大小
	Icon	具体 ICO 图像	设置窗体图标
groupBox1	Text	客房类别	
treeView1	Name	tv_RoomType	"客房类别"树形控件
listView1	Name	lv_RoomInfo	"客房信息"列表控件
	View	LargeIcon	显示视图
	LargeImageList	imageList1	设置列表控件的图像列表
	ContextMenuStrip	contextMenuStrip1	设置列表控件的右键快捷菜单
textBox1	Name	txt_RoomName	"客房名称"文本框
textBox2	Name	txt_RoomStatus	"客房状态"文本框
button1	Name	btn_Order	"客房预订"按钮
button2	Name	btn_Stay	"住宿登记"按钮
button3	Name	btn_Check	"退房结账"按钮
button4	Name	btn_Refresh	"刷新"按钮

客房状态总览模块的界面设计效果如图 10.15 所示。

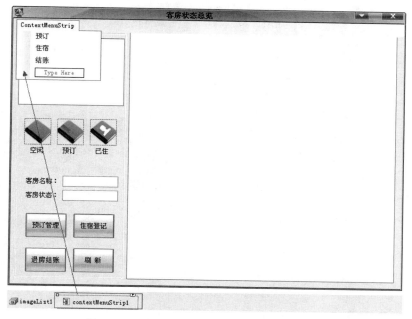

图 10.15　客房状态总览模块的界面设计效果

步骤 2：设置 contextMenuStrip1 快捷菜单。选中 contextMenuStrip1 控件，在"属性"面板中找到该控件的 Items 属性，单击 Items 属性值框右侧的按钮，弹出"项集合编辑器"对话框，添加三个菜单项并分别设置其 name 属性为 menu_Order(预订)、menu_Stay(住宿)和 menu_Check(结账)。

步骤 3：设置 imageList1 图像列表控件。选中 imageList1 控件，在"属性"面板中找到该控件的 Images 属性，单击 Images 属性值框右侧的按钮，弹出"图像集合编辑器"对话框，添加多个图像文件，这些图像将用于设置客房的不同状态效果。imageList1 控件属性设置过程如图 10.16 所示。

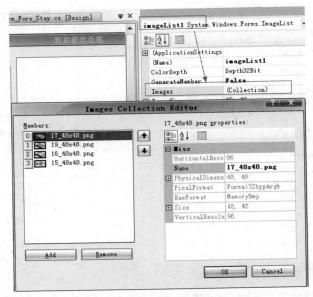

图 10.16　imageList1 控件属性设置

步骤 4：加载客房类别。编写加载客房类别的功能源代码，为 Frm_Fore_RoomView 窗体编写 Load 事件。具体源代码如下：

```csharp
public partial class Frm_Fore_RoomView : Form
{
    //实例化相关的业务逻辑类
    HotelManager.BLL.Room_Info bll_roominfo = new HotelManager.BLL.Room_Info();
    HotelManager.BLL.Room_Type bll_roomtype = new HotelManager.BLL.Room_Type();
    HotelManager.Model.Room_Info model_roominfo = new HotelManager.Model.Room_Info();
    public DataTable dataTable_TableInfo;
    public string roomid = ";

    public Frm_Fore_RoomView()
    {
        InitializeComponent();
    }
    //打开窗口
    private void Frm_Fore_RoomView_Load(object sender, EventArgs e)
```

```
        {
            DataBind_RoomType();                                        //加载客房类别
            if (tv_RoomType.Nodes.Count > 0)
                DataBind_RoomInfo(tv_RoomType.Nodes[0].Tag.ToString());    //加载客房信息
        }
        //加载客房类别
        public void DataBind_RoomType()
        {
            DataTable dt = bll_roomtype.GetAllList();
            tv_RoomType.Nodes.Clear();
            TreeNode tn = new TreeNode("全部");
            tn.Tag = "0";
            tv_RoomType.Nodes.Add(tn);
            foreach (DataRow dr in dt.Rows)
            {
                tn = new TreeNode(dr["RT_Name"].ToString());
                tn.Tag = dr["RT_ID"].ToString();
                tv_RoomType.Nodes.Add(tn);
            }
            tv_RoomType.ExpandAll();
        }
    }
```

步骤 5：编写"客房类别"树节点 Click 事件并加载客房信息，为 tv_RoomType 控件编写 NodeMouseClick 事件，获取选中树节点所对应的客房类别编号，根据此编号加载所属客房信息并显示在 ListView 控件中。具体源代码如下：

```
//"客房类别"树节点单击事件
private void tv_RoomType_NodeMouseClick(object sender, TreeNodeMouseClickEventArgs e)
{
    DataBind_RoomInfo(e.Node.Tag.ToString());
}
//加载客房信息(根据类别编号)
protected void DataBind_RoomInfo(string rtid)
{
    lv_RoomInfo.Items.Clear();
    DataTable dt = bll_roominfo.GetRoomListByRTID(rtid);
    foreach (DataRow dr in dt.Rows)
    {
        string[] lvData = new string[4];
        lvData[0] = dr["RoomName"].ToString();                //客房名称
        lvData[1] = dr["RoomID"].ToString();                  //客房编号
        lvData[2] = dr["Status"].ToString();                  //状态
        ListViewItem item = new ListViewItem(lvData);
        switch (lvData[2].ToString())
        {
            case "0": item.ImageIndex = 0; break;              //空闲
            case "1": item.ImageIndex = 1; break;              //预定
            case "2": item.ImageIndex = 2; break;              //入住
```

```
        }
        item.ToolTipText = "当前客房:" + dr["RoomName"].ToString();
        item.ToolTipText += "\n 类别:" + dr["RT_Name"].ToString();
        item.ToolTipText += "\n 床位:" + dr["BedCount"].ToString();
        item.ToolTipText += "\n 价格:" + dr["Price"].ToString();
        item.ToolTipText += "\n 位置:" + dr["Address"].ToString();
        lv_RoomInfo.Items.Add(item);
        lv_RoomInfo.ShowItemToolTips = true;
        lv_RoomInfo.ShowGroups = true;
    }
}
```

　　源代码编写完成后,保存项目文件并运行程序。打开"客房状态总览"窗口,可以看到数据库中的客房类别已经显示到 TreeView 控件中,客房信息也同时显示到 ListView 控件中。

　　步骤 6:编写 contextMenuStrip1 菜单项单击事件,根据单击的菜单项分别对选中客房信息执行预订操作、住宿登记或退房结账操作。具体源代码如下:

```
//快捷菜单单击事件
private void contextMenuStrip1_Click(object sender, EventArgs e)
{
    if (lv_RoomInfo.SelectedItems.Count > 0)
    {
        if (contextMenuStrip1.Items[0].Selected)            //预订
        {
            if (lv_RoomInfo.SelectedItems[0].SubItems[2].Text != "0")
            {
                MessageBox.Show("该客房不可被预订!");
            }
            else
            {
                Frm_Fore_Order frm = new Frm_Fore_Order(this);
                frm.RoomID = lv_RoomInfo.SelectedItems[0].SubItems[1].Text;
                frm.ShowDialog();
            }
        }
        else if (contextMenuStrip1.Items[1].Selected)        //住宿登记
        {
            ...
        }
        else if (contextMenuStrip1.Items[2].Selected)        //结账
        {
            ...
        }
    }
}
```

　　住宿登记和结账功能源代码见案例源代码。保存项目文件并运行程序,打开客房状态总览模块,在客房信息列表中右击某客房图像,在弹出的快捷菜单中选择相应命令即可执行相应操作。例如,右击某个当前状态为"正在预订"的客房,在弹出的快捷菜单中选择"预订"命令,系统立即判断该客房信息的当前状态是否允许预订,如果不允许被预订则提示"该客房不可被预订",其运行效果如图 10.17 所示。

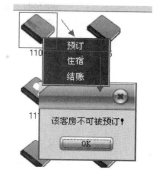

图 10.17　客房不可预订提示

步骤 7:编写"客房预订""住宿登记""退房结账"按钮单击事件。编写客房信息列表项单击事件,获取选中的客房信息并显示在文本框中,然后分别编写"客房预订""住宿登记""退房结账"按钮的单击事件,执行相应操作(住宿登记和结账功能源代码见案例源代码)。具体源代码如下:

```csharp
//客房信息列表项单击事件
private void lv_RoomInfo_MouseClick(object sender, MouseEventArgs e)
{
    if (lv_RoomInfo.SelectedItems.Count > 0)
    {
        roomid = lv_RoomInfo.SelectedItems[0].SubItems[1].Text;
        txt_RoomName.Text = lv_RoomInfo.SelectedItems[0].SubItems[0].Text;
        switch (lv_RoomInfo.SelectedItems[0].SubItems[2].Text)
        {
            case "0": txt_RoomStatus.Text = "空闲"; break;
            case "1": txt_RoomStatus.Text = "预订"; break;
            case "2": txt_RoomStatus.Text = "已住"; break;
        }
    }
}
//预订
private void btn_Order_Click(object sender, EventArgs e)
{
    if (roomid == ")
    {   MessageBox.Show("请先选择要预订的客房!"); }
    else if (txt_RoomStatus.Text != "空闲")
    {   MessageBox.Show("该客房不可被预订!");        }
    else
    {
        Frm_Fore_Order frm = new Frm_Fore_Order(this);
        frm.RoomID = lv_RoomInfo.SelectedItems[0].SubItems[1].Text;
        frm.ShowDialog();
    }
}
//住宿登记
private void btn_Stay_Click(object sender, EventArgs e)
{
    …
}
```

```
//结账
private void btn_Check_Click(object sender, EventArgs e)
{
    ...
}
```

步骤8：编写"刷新"按钮单击事件。刷新客房信息列表中的客房状态。具体源代码如下：

```
//刷新客房列表状态(此方法的访问修饰符设为公共,以便其他窗体调用)
public void RoomStatus_Refresh()
{
    if (tv_RoomType.Nodes.Count > 0)
    {
        DataBind_RoomInfo(tv_RoomType.Nodes[0].Tag.ToString());   //加载客房信息
    }
}
//"刷新"按钮
private void btn_Refresh_Click(object sender, EventArgs e)
{
    RoomStatus_Refresh();                                         //刷新客房列表状态
}
```

10.6.2　客房预订

客房预订模块用于接收由客房状态总览模块传递的客房编号,并对该客房进行预订登记操作。客房预订模块的具体实现步骤如下。

步骤1：窗体界面设计。客房预订模块对应窗体为 Frm_Fore_Order,客房预订模块的控件属性设置及说明如表10.10所示。

表 10.10　客房预订模块的控件属性设置及说明

控 件 名 称	属性名称	属　性　值	控 件 名 称	属性名称	属　性　值
"顾客姓名"文本框	Name	txt_Name	"具体位置"标签	Name	lbl_Address
"联系电话"文本框	Name	txt_Telephone	"电话电视宽带"标签	Name	lbl_Tel_TV_Net
"预订客房"文本框	Name	txt_RoomName	"房间面积"标签	Name	lbl_Area
	ReadOnly	true	"床位数量"标签	Name	lbl_BedCount
"入住日期"下拉列表框	Name	dtp_StayDate	"价格"标签	Name	lbl_Price
"入住天数"文本框	Name	txt_StayDayCount	"状态"标签	Name	lbl_Status
"预交金额"文本框	Name	txt_OrderMoney	"备注"标签	Name	lbl_Remark
"备注"文本框	Name	txt_Remark	"预订"按钮	Name	btn_Order
"结果提示"标签	Name	lbl_Note		Text	预订
groupBox 分组控件	Text	客房信息	"重置"按钮	Name	btn_ReSet
"客房类别"标签	Name	lbl_RTName		Text	重置
"客房名称"标签	Name	lbl_RoomName			

客房预订模块的界面设计效果如图 10.18 所示。

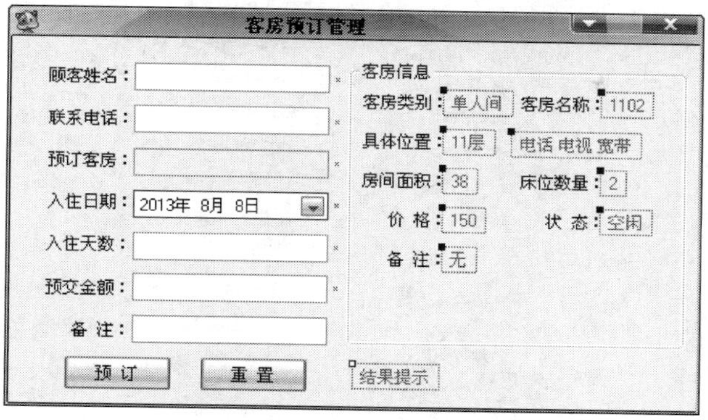

图 10.18 客房预订模块的界面设计效果

步骤 2：接收传递的客房编号并加载客房信息。编写接收传递的客房编号并加载客房信息的功能源代码，为 Frm_Fore_Order 窗体编写 Load 事件。具体源代码如下：

```
public partial class Frm_Fore_Order : Form
{
    //实例化相关的业务逻辑类和实体类
    HotelManager.BLL.Room_Info bll_roominfo = new HotelManager.BLL.Room_Info();
    HotelManager.BLL.Order_Info bll_orderinfo = new HotelManager.BLL.Order_Info();
    HotelManager.Model.Room_Info model_roominfo = new HotelManager.Model.Room_Info();
    HotelManager.Model.Order_Info model_orderinfo = new HotelManager.Model.Order_Info();
    public string RoomID = ";
    //实例化客房状态总览窗体
    public Frm_Fore_RoomView frm_fore_roomview = new Frm_Fore_RoomView();

    public Frm_Fore_Order()
    {
        InitializeComponent();
    }
    //重新定义构造函数(使用类的多态特征)
    public Frm_Fore_Order(Frm_Fore_RoomView _frm)
    {
        InitializeComponent();
        frm_fore_roomview = _frm;
    }
    //打开窗体
    private void Frm_Fore_Order_Load(object sender, EventArgs e)
    {
        DataBind_RoomInfo();
    }
    //加载客房信息
    protected void DataBind_RoomInfo()
    {
        model_roominfo = bll_roominfo.GetModel(int.Parse(RoomID));
        if (model_roominfo != null)
```

```
    {
        lbl_RTName.Text = bll_roominfo.GetRTNameByRoomID(int.Parse(RoomID));
        txt_RoomName.Text = model_roominfo.RoomName;
        lbl_RoomName.Text = model_roominfo.RoomName;
        lbl_Address.Text = model_roominfo.Address;
        lbl_Area.Text = model_roominfo.Area.ToString();
        lbl_BedCount.Text = model_roominfo.BedCount.ToString();
        lbl_Price.Text = model_roominfo.Price.ToString();
        lbl_Tel_TV_Net.Text = model_roominfo.HasTel == 1 ? "电话 " : ";
        lbl_Tel_TV_Net.Text += model_roominfo.HasTV == 1 ? "电视 " : ";
        lbl_Tel_TV_Net.Text += model_roominfo.HasNet == 1 ? "宽带 " : ";
        switch (model_roominfo.Status)
        {
            case 0: lbl_Status.Text = "空闲"; break;
            case 1: lbl_Status.Text = "预订"; break;
            case 2: lbl_Status.Text = "已住"; break;
        }
    }
}
}
```

步骤3：添加预订信息，实现添加预订信息的功能源代码见案例源代码。保存项目文件并运行程序，打开客房状态总览模块，在客房信息列表中右击状态为"空闲"的客房，在弹出的快捷菜单中选择"预订"命令或单击窗体左侧的"预订"按钮，进入客房预订管理模块，如图10.19所示。

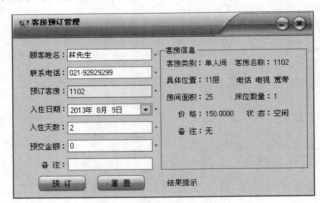

图 10.19　客房预订模块的运行效果

在客房预订管理模块中填写顾客姓名、联系电话等顾客信息，并选择入住日期，填写入住天数和预交金额等预订信息，最后单击"预订"按钮，完成客房预订操作。

本模块中分别为"入住天数"和"预交金额"文本框编写只允许输入数字的功能，具体实现方法已在9.4.1节中介绍，此处不再赘述。

10.6.3　住宿登记

顾客前来宾馆住宿时，需要到宾馆服务台办理住宿登记手续。操作员根据顾客的要求确定要住宿的客房，在客房状态总览模块选择相应客房，进入住宿登记模块。住宿登记模块用于接收由客房状态总览模块传递的客房编号,并对该客房进行住宿登记操作。同时将该客房状态由"空闲"或"预订"更改为"已住"。住宿登记模块的具体实现步骤如下。

步骤1:窗体界面设计。住宿登记模块对应窗体为 Frm_Fore_Stay,住宿登记模块的控件属性设置及说明如表 10.11 所示。

表 10.11　住宿登记模块的控件属性设置及说明

控件名称	属性名称	属 性 值	控件名称	属性名称	属 性 值
"姓名"文本框	Name	txt_Name	"客房名称"文本框	Name	txt_RoomName
"电话"文本框	Name	txt_Telephone		ReadOnly	true
"证件"下拉列表框	Name	cbox_CardType	"入住日期"下拉列表框	Name	dtp_StayDate
	Items	身份证、军官证、护照	"入住人数"文本框	Name	txt_StayManCount
"证件号码"文本框	Name	txt_CardNumber	"入住天数"文本框	Name	txt_StayDayCount
"性别"单选按钮1	Name	rbtn_Sex1	"预交金额"文本框	Name	txt_StayMoney
	Text	男	"备注"文本框2	Name	txt_Remark2
"性别"单选按钮2	Name	rbtn_Sex2	"客房类别"标签	Name	lbl_RTName
	Text	女	"客房名称"标签	Name	lbl_RoomName
"单位"文本框	Name	txt_Company	"具体位置"标签	Name	lbl_Address
"备注"文本框1	Name	txt_Remark1	"电话电视宽带"标签	Name	lbl_Tel_TV_Net
"结果提示"标签1	Name	lbl_Note1	"房间面积"标签	Name	lbl_Area
"添加"按钮	Name	btn_SaveCustomer	"床位数量"标签	Name	lbl_BedCount
"重置"按钮1	Name	btn_ReSet1	"价格"标签	Name	lbl_Price
顾客信息列表控件 ListView	Name	lv_CustomerInfo	"状态"标签	Name	lbl_Status
	View	Details	"备注"标签	Name	lbl_Remark
	MultiSelect	False	"登记住宿"按钮	Name	btn_SaveStay
	FullRowSelect	True		Text	住宿登记
	GridLines	True	"重置"按钮	Name	btn_Cancel
	Columns	编号、姓名等		Text	取消
			"结果提示"标签2	Name	lbl_Note2

住宿登记模块的界面设计效果如图 10.20 所示。

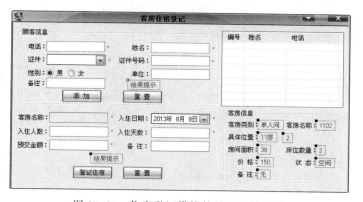

图 10.20　住宿登记模块的界面设计效果

步骤 2：接收传递的客房编号并加载客房信息。为 Frm_Fore_Stay 窗体编写 Load 事件。具体源代码如下：

```csharp
public partial class Frm_Fore_Stay : Form
{
    //实例化相关的业务逻辑类和实体类
    HotelManager.BLL.Room_Info bll_roominfo = new HotelManager.BLL.Room_Info();
    HotelManager.BLL.Stay_Info bll_stayinfo = new HotelManager.BLL.Stay_Info();
    HotelManager.BLL.Customer_Info bll_customerinfo = new HotelManager.BLL.Customer_Info();
    HotelManager.BLL.Order_Info bll_orderinfo = new HotelManager.BLL.Order_Info();
    HotelManager.Model.Room_Info model_roominfo = new HotelManager.Model.Room_Info();
    HotelManager.Model.Stay_Info model_stayinfo = new HotelManager.Model.Stay_Info();
    HotelManager.Model.Customer_Info model_customerinfo = new HotelManager.Model.Customer_Info();
    public string RoomID = ";                           //客房编号
    public int CustomerID = 0;                           //顾客编号
    //实例化客房状态总览窗体
    public Frm_Fore_RoomView frm_fore_roomview = new Frm_Fore_RoomView();

    public Frm_Fore_Stay()
    {
        InitializeComponent();
    }
    //重新定义构造函数(使用类的多态特征)
    public Frm_Fore_Stay(Frm_Fore_RoomView _frm)
    {
        InitializeComponent();
        frm_fore_roomview = _frm;
    }
    //打开窗体
    private void Frm_Fore_Stay_Load(object sender, EventArgs e)
    {
        DataBind_CustomerList();
        DataBind_RoomInfo();
    }
    //加载顾客信息
    protected void DataBind_CustomerList()
    {
        DataTable dt = bll_customerinfo.GetAllList();
        lv_CustomerInfo.Items.Clear();                       //先清空列表视图控件中现有行
        foreach (DataRow dr in dt.Rows)
        {
            ListViewItem myitem = new ListViewItem(dr["CustomerID"].ToString());
            myitem.SubItems.Add(dr["CustomerName"].ToString());    //第 2 列,姓名
            myitem.SubItems.Add(dr["Telephone"].ToString());       //第 3 列,电话
            lv_CustomerInfo.Items.Add(myitem);               //将新建项添加到 ListView 控件中
        }
    }
    //顾客列表项单击事件
    private void lv_CustomerInfo_MouseClick(object sender, MouseEventArgs e)
```

```
    {
        if (lv_CustomerInfo.SelectedItems.Count > 0)
        {
            CustomerID = int.Parse(lv_CustomerInfo.SelectedItems[0].SubItems[0].Text);
            model_customerinfo = bll_customerinfo.GetModel(CustomerID);
            if (model_customerinfo != null)
            {
                txt_CardNumber.Text = model_customerinfo.CardNumber;
                txt_Company.Text = model_customerinfo.Company;
                cbox_CardType.SelectedIndex = model_customerinfo.CardType;
                txt_Name.Text = model_customerinfo.CustomerName;
                txt_Telephone.Text = model_customerinfo.Telephone;
                txt_Remark1.Text = model_customerinfo.Remark;
            }
        }
    }
}
//加载客房信息
protected void DataBind_RoomInfo()
{
    model_roominfo = bll_roominfo.GetModel(int.Parse(RoomID));
    if (model_roominfo != null)
    {
        lbl_RTName.Text = bll_roominfo.GetRTNameByRoomID(int.Parse(RoomID));
        txt_RoomName.Text = model_roominfo.RoomName;
        lbl_RoomName.Text = model_roominfo.RoomName;
        lbl_Address.Text = model_roominfo.Address;
        lbl_Area.Text = model_roominfo.Area.ToString();
        lbl_BedCount.Text = model_roominfo.BedCount.ToString();
        lbl_Price.Text = model_roominfo.Price.ToString();
        lbl_Tel_TV_Net.Text = model_roominfo.HasTel == 1 ? "电话 " : ";
        lbl_Tel_TV_Net.Text += model_roominfo.HasTV == 1 ? "电视 " : ";
        lbl_Tel_TV_Net.Text += model_roominfo.HasNet == 1 ? "宽带 " : ";
        switch (model_roominfo.Status)
        {
            case 0: lbl_Status.Text = "空闲"; break;
            case 1: lbl_Status.Text = "预订"; break;
            case 2: lbl_Status.Text = "已住"; break;
        }
    }
}
}
```

步骤3：添加顾客信息。实现添加顾客信息的功能源代码见案例源代码。

步骤4：添加住宿信息。编写"登记住宿"按钮的 Click 事件函数。具体源代码如下：

```
//住宿登记
private void btn_Stay_Click(object sender, EventArgs e)
{
    if (CustomerID == 0)
```

```
    { lbl_Note2.Text = "请先添加或选择顾客信息!";      }
    else if (txt_StayManCount.Text.Trim() == ")
    { lbl_Note2.Text = "入住人数不能为空!";             }
    else if (txt_StayDayCount.Text.Trim() == ")
    { lbl_Note2.Text = "入住天数不能为空!";             }
    else if (txt_StayMoney.Text.Trim() == ")
    { lbl_Note2.Text = "预交金额不能为空!";             }
    else
    {
        if (lbl_Status.Text == "已住")
        {
            MessageBox.Show("对不起,该客房目前处于[ 已住 ]状态,不能预订!");
        }
        else
        {
            model_stayinfo.UserName = System.Configuration.ConfigurationSettings.AppSettings
["CurrentUserName"].ToString();
            model_stayinfo.CustomerID = CustomerID;
            model_stayinfo.Remark = txt_Remark2.Text.Trim();
            model_stayinfo.RoomID = int.Parse(RoomID);
            model_stayinfo.Status = 1;
            model_stayinfo.StayDate = dtp_StayDate.Value;
            model_stayinfo.StayDayCount = int.Parse(txt_StayDayCount.Text);
            model_stayinfo.StayManCount = int.Parse(txt_StayManCount.Text);
            model_stayinfo.StayMoney = decimal.Parse(txt_StayMoney.Text);
            model_stayinfo.LeaveDate = DateTime.Now;
            if (lbl_Status.Text == "预订")              //如果该客房已被预订
            {
                model_stayinfo.OrderID = bll_orderinfo.GetOrderIDByRoomID(int.Parse(RoomID));
            }
            try
            {
                //这些操作可以用事务处理
                int i = bll_stayinfo.Add(model_stayinfo);  //向预订信息表添加数据
                bll_roominfo.UpdateStatus(model_stayinfo.RoomID, 2);   //更新客房状态
                if (model_stayinfo.OrderID != 0)
                {
                bll_orderinfo.UpdateStatus(model_stayinfo.OrderID, 2);   //更新预订状态
                }
                if (i > 0)
                {
                    lbl_Note1.Text = ";
                    MessageBox.Show("客房住宿登记成功!");
                    //刷新客房状态总览模块的客房状态
                    frm_fore_roomview.RoomStatus_Refresh();
                    this.Close();              //关闭本窗体,返回客房状态总览模块
                }
                else
                {
```

```
                      lbl_Note1.Text = ";
                      MessageBox.Show("对不起,客房住宿登记失败!");
                }
          }
          catch (Exception er)
          {
                MessageBox.Show("对不起,客房住宿登记失败!" + er.Message);
          }
      }
   }
}
```

　　保存项目文件并运行程序,打开客房状态总览模块,在客房信息列表中右击状态为"空闲"或"预订"的客房,在弹出的快捷菜单中选择"住宿"命令或单击窗体左侧的"住宿"按钮,进入住宿登记管理模块,其运行效果如图10.21所示。

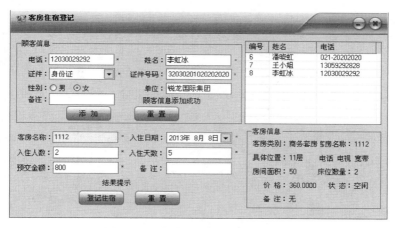

图 10.21　住宿登记模块的运行效果

　　在住宿登记管理模块中填写顾客姓名、联系电话等顾客信息,并选择入住日期,填写入住人数、入住天数和预交金额等预订信息,最后单击"登记住宿"按钮,完成住宿登记操作。本模块中分别为"入住人数""入住天数"和"预交金额"文本框编写只允许输入数字的功能,具体实现方法已在9.4.1中介绍,此处不再赘述。

10.6.4　退房结账

　　当顾客要办理退房结账时,操作员在客房状态总览模块选择相应客房,进入退房结账模块。退房结账模块负责接收由客房状态总览模块传递的客房编号,操作员选择退房日期后,系统将自动计算出入住天数、预交订金、应续交金额等信息,操作员可以选择是否对该顾客住宿费用进行打折处理,最后系统自动计算出应续交金额,操作员收取费用并填写实收金额,完成退房结账操作。同时将该客房状态由"已住"更改为"空闲"。退房结账模块的具体实现步骤如下。

　　步骤1:窗体界面设计。退房结账模块对应窗体为 Frm_Fore_Check,退房结账模块的控件属性设置及说明如表10.12所示。

表 10.12　退房结账模块的控件属性设置及说明

控 件 名 称	属性名称	属 性 值	控 件 名 称	属性名称	属 性 值
分组控件 1	Text	住宿信息	"折扣比例"文本框	Name	txt_DiscountRate
分组控件 2	Text	收款信息	"折扣金额"文本框	Name	txt_DiscountPrice
"结账房间"标签	Name	lbl_RoomName	"预订订金"标签	Name	lbl_OrderMoney
"房间价格"标签	Name	lbl_Price	"入住订金"标签	Name	lbl_StayMoney
"顾客姓名"标签	Name	lbl_CustomerName	"续收金额"标签	Name	lbl_DueMoney
"公司"标签	Name	lbl_Company	"实收金额"文本框	Name	txt_PaidUpMoney
"入住日期"标签	Name	lbl_StayDate	"备注"文本框	Name	txt_Remark
"退房日期"下拉列表框	Name	dtp_LeaveDate	"结账"按钮	Name	btn_Check
"入住天数"标签	Name	lbl_StayDayCount		Text	结账
"消费金额"标签	Name	lbl_AllMoney			

退房结账模块的界面设计效果如图 10.22 所示。

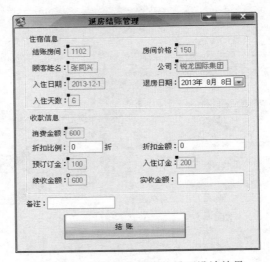

图 10.22　退房结账模块的界面设计效果

步骤 2：接收传递的客房编号并加载客房信息、顾客信息和住宿信息。具体源代码如下：

```csharp
public partial class Frm_Fore_Check : Form
{
    //实例化相关的业务逻辑类和实体类
    HotelManager.BLL.Room_Info bll_roominfo = new HotelManager.BLL.Room_Info();
    HotelManager.BLL.Stay_Info bll_stayinfo = new HotelManager.BLL.Stay_Info();
    HotelManager.BLL.Customer_Info bll_customerinfo = new HotelManager.BLL.Customer_Info();
    HotelManager.BLL.Order_Info bll_orderinfo = new HotelManager.BLL.Order_Info();
    HotelManager.BLL.Check_Info bll_checkinfo = new HotelManager.BLL.Check_Info();
    HotelManager.Model.Room_Info model_roominfo = new HotelManager.Model.Room_Info();
    HotelManager.Model.Stay_Info model_stayinfo = new HotelManager.Model.Stay_Info();
```

```csharp
HotelManager.Model.Customer_Info model_customerinfo = new HotelManager.Model.Customer_Info();
HotelManager.Model.Check_Info model_checkinfo = new HotelManager.Model.Check_Info();
public string RoomID = ";                            //客房编号
public int StayID = 0;                               //入住编号
//实例化客房状态总览窗体
public Frm_Fore_RoomView frm_fore_roomview = new Frm_Fore_RoomView();
public Frm_Fore_Check()
{
    InitializeComponent();
}
//重新定义构造函数(使用类的多态特征)
public Frm_Fore_Check(Frm_Fore_RoomView _frm)
{
    InitializeComponent();
    frm_fore_roomview = _frm;
}
//打开窗体
private void Frm_Fore_Check_Load(object sender, EventArgs e)
{
    DataBind_StayInfo();
}
//加载住宿信息
protected void DataBind_StayInfo()
{
    DataTable dt_stay = bll_stayinfo.GetStayInfoByRoomID(int.Parse(RoomID));
    if (dt_stay.Rows.Count > 0)
    {
        StayID = int.Parse(dt_stay.Rows[0]["StayID"].ToString());
        lbl_StayDate.Text = dt_stay.Rows[0]["StayDate"].ToString();        //入住日期
        lbl_StayMoney.Text = dt_stay.Rows[0]["StayMoney"].ToString();      //预订订金
        //客房信息
        model_roominfo = bll_roominfo.GetModel(int.Parse(dt_stay.Rows[0]["RoomID"].ToString()));
        lbl_RoomName.Text = model_roominfo.RoomName;
        lbl_Price.Text = model_roominfo.Price.ToString();
        //顾客信息
        model_customerinfo = bll_customerinfo.GetModel(int.Parse(dt_stay.Rows[0]["CustomerID"].ToString()));
        lbl_CustomerName.Text = model_customerinfo.CustomerName;
        lbl_Company.Text = model_customerinfo.Company;
        //预订信息
        if (model_stayinfo.OrderID != 0)
        {
            lbl_OrderMoney.Text = bll_orderinfo.GetOrderMoneyByOrderID(model_stayinfo.OrderID);
        }
        else
        {
            lbl_OrderMoney.Text = "0";
        }
```

```
            dtp_LeaveDate_ValueChanged(null, null);          //调用退房日期控件,计算金额
        }
    }
}
```

步骤 3：编写"退房日期"控件值改变事件。为 dtp_LeaveDate 控件编写 ValueChanged 事件。当"退房日期"的值改变时,系统将自动计算入住天数,从而计算出应付款金额和应收款金额等信息。具体源代码如下：

```
//退房日期
private void dtp_LeaveDate_ValueChanged(object sender, EventArgs e)
{
    if (lbl_StayDate.Text.Trim() != ")
    {
        DateTime staydate = DateTime.Parse(lbl_StayDate.Text);          //入住日期
        TimeSpan span = dtp_LeaveDate.Value.Subtract(staydate);         //计算入住天数
        int staydaycount = Convert.ToInt32(span.TotalDays);
    double allmoney = staydaycount * double.Parse(lbl_Price.Text);      //消费金额
    double discountrate = double.Parse(txt_DiscountRate.Text);          //折扣比例
    //计算折扣金额
    double discountmoney = discountrate == 0 ? 0 : (allmoney * (10 - discountrate) * 0.1);
    //预订订金
    double ordermoney = lbl_OrderMoney.Text == " ? 0 : double.Parse(lbl_OrderMoney.Text);
    //入住订金
    double staymoney = lbl_StayMoney.Text == " ? 0 : double.Parse(lbl_StayMoney.Text);
    double duemoney = allmoney - discountmoney - ordermoney - staymoney;
        lbl_StayDayCount.Text = staydaycount.ToString();
        lbl_AllMoney.Text = allmoney.ToString();
        lbl_DueMoney.Text = duemoney.ToString();
        txt_DiscountPrice.Text = discountmoney.ToString();
        txt_PaidUpMoney.Text = duemoney.ToString();
    }
}
```

步骤 4：编写"折扣比例"文本框值改变事件。为 txt_DiscountRate 控件编写 Leave 事件。当"退房日期"的值改变时,系统将自动计算入住天数,从而计算出应付款金额信息。具体源代码如下：

```
//折扣比例
private void txt_DiscountRate_Leave(object sender, EventArgs e)
{
    int staydaycount = int.Parse(lbl_StayDayCount.Text);              //入住天数
    double allmoney = staydaycount * double.Parse(lbl_Price.Text);    //消费金额
    double discountrate = double.Parse(txt_DiscountRate.Text);        //折扣比例
    //折扣金额
    double discountmoney = discountrate == 0 ? 0 : (allmoney * (10 - discountrate) * 0.1);
    //预订订金
    double ordermoney = lbl_OrderMoney.Text == " ? 0 : double.Parse(lbl_OrderMoney.Text);
```

```
//入住订金
double staymoney = lbl_StayMoney.Text == "" ? 0 : double.Parse(lbl_StayMoney.Text);
double duemoney = allmoney - discountmoney - ordermoney - staymoney;
lbl_DueMoney.Text = duemoney.ToString();
txt_DiscountPrice.Text = discountmoney.ToString();
txt_PaidUpMoney.Text = duemoney.ToString();
}
```

步骤 5：结账操作。实现结账操作的功能，编写"结账"按钮的 Click 事件函数，具体源代码如下：

```
private void btn_Check_Click(object sender, EventArgs e)                      //结账
{
    if (txt_DiscountRate.Text.Trim() == "")
    { txt_DiscountRate.Text = "0"; }
    if (txt_DiscountPrice.Text.Trim() == "")
    { txt_DiscountPrice.Text = "0"; }
    if (txt_PaidUpMoney.Text == "")
    { MessageBox.Show("实收金额不能为空!");
        txt_PaidUpMoney.Focus();
    }
    else
    {
        model_checkinfo.Status = 1;
        model_checkinfo.StayID = StayID;
        model_checkinfo.CheckDate = DateTime.Now;
        model_checkinfo.DiscountPrice = decimal.Parse(txt_DiscountPrice.Text);
        model_checkinfo.DiscountRate = decimal.Parse(txt_DiscountRate.Text);
        model_checkinfo.DueMoney = decimal.Parse(lbl_DueMoney.Text);
        model_checkinfo.OrderMoney = decimal.Parse(lbl_OrderMoney.Text) + decimal.Parse
(lbl_StayMoney.Text);
        model_checkinfo.PaidUpMoney = decimal.Parse(txt_PaidUpMoney.Text);
        model_checkinfo.Remark = txt_Remark.Text;
        model_checkinfo.UserName = System.Configuration.ConfigurationSettings.AppSettings
["CurrentUserName"].ToString();
        try
        {
            int i = bll_checkinfo.Add(model_checkinfo);                    //添加结账信息
            bll_roominfo.UpdateStatus(int.Parse(RoomID), 0);              //更新客房状态
            int staydaycount = int.Parse(lbl_StayDayCount.Text);          //入住天数
            //更新住宿状态
            bll_stayinfo.UpdateStatus(StayID, 2, staydaycount, dtp_LeaveDate.Value);
            if (i > 0)
            {
                MessageBox.Show("退房结账成功!");
                //刷新客房状态总览模块的客房状态
                frm_fore_roomview.RoomStatus_Refresh();
                this.Close();                        //关闭本窗体,返回客房状态总览模块
            }
```

```
        else
        {
            MessageBox.Show("对不起,退房结账失败!");
        }
    }
    catch (Exception er)
    {
        MessageBox.Show("对不起,退房结账失败!" + er.Message);
    }
    }
}
```

保存项目文件并运行程序,打开客房状态总览模块,在客房信息列表中右击状态为"已住"的客房,在弹出的快捷菜单中选择"结账"命令或单击窗体左侧的"退房结账"按钮,进入退房结账管理模块,如图10.23所示。

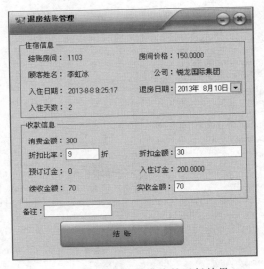

图10.23　退房结账模块的运行效果

10.6.5　预订信息管理

客房预订信息的录入功能在10.6.2节中已经实现,预订信息管理模块用于修改和取消该宾馆的当前预订信息。首先从系统数据库中的预订信息表中查询所有状态为"1"的有效预订信息,并加载到"预订信息列表"控件中。接着,当需要对某一条预订信息进行取消或者修改时,从列表控件中选中该记录,并单击"取消预订"或者"修改预订信息"按钮进行相应的操作,具体功能源代码见案例源代码。预订信息管理模块的运行效果如图10.24所示。

10.6.6　顾客信息管理

顾客信息管理模块用于录入和管理宾馆的所有顾客信息。本系统提供了三处录入顾客信息的功能模块,分别是:①在客房预订时,系统用户可以在客房预订模块录入客房预订信

图 10.24 预订信息管理模块的运行效果

息和顾客信息;②在住宿登记时,系统用户可以在住宿登记模块录入住宿信息和顾客信息;③在顾客信息管理模块中,系统用户直接录入顾客信息。不过,要想对顾客信息进行修改等操作,则只能在顾客信息管理模块中进行操作。顾客信息管理模块的运行效果如图 10.25 所示。具体功能源代码见案例源代码。

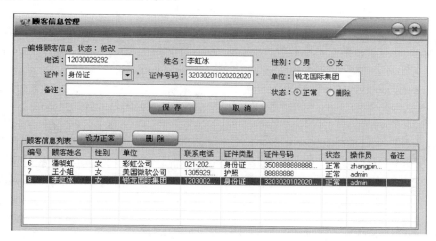

图 10.25 顾客信息管理模块的运行效果

10.7 查询统计模块

10.7.1 客房信息查询

在客房信息查询模块中,系统用户能够对该宾馆的各种类别和状态的客房信息进行综合查询和分析,并查看符合条件的客房信息。而且,还能够将查询结果导出到 Word 和 Excel 文档中,以便后续的进一步数据处理和分析。客房信息查询模块的具体实现步骤如下。

步骤 1:窗体界面设计。客房信息查询模块对应窗体为 Frm_Rep_RoomQuery,具体控件属性设置及说明如表 10.13 所示。

表 10.13 客房信息查询模块的控件属性设置及说明

控 件 名 称	属 性 名 称	属 性 值	说 明
Frm_Rep_RoomQuery	StartPosition	CenterScreen	窗口在屏幕上居中显示
	Text	客房信息查询	
	MaximizeBox	False	不显示"最大化"按钮
	FormBorderStyle	FixedSingle	窗体边框不可改变大小
	Icon	具体 ICO 图像	设置窗体图标
toolStrip1	Items	btn_ReportToWord	工具栏控件,在工具栏控件添加
		btn_ReportToExcel	两个按钮项
btn_ReportToWord	Text	导出到 Word	工具栏按钮 1,按钮显示文本
	DisplayStyle	ImageAndText	按钮同时显示文本和图像
	TextImageRelation	ImageBeforeText	按钮的图像显示在文本上方
btn_ReportToExcel	Text	导出到 Excel	工具栏按钮 2,按钮显示文本
	DisplayStyle	ImageAndText	按钮同时显示文本和图像
	TextImageRelation	ImageBeforeText	按钮的图像显示在文本上方
groupBox1	Text	查询范围	
groupBox2	Text	客房信息列表	
checkBox1	Name	chb_RoomType	"客房类别"复选框
	Text	客房类别	
checkBox2	Name	chb_BedCount	"床位"复选框
	Text	床位	
comboBox1	Name	cbox_RoomType	"客房类别"下拉列表框
comboBox2	Name	cbox_BedCount	"床位"下拉列表框
button1	Name	btn_Query	"查询"按钮
	Text	查询	
listView1	Name	lv_RoomInfo	列表视图控件
	Columns		显示 11 个列,分别是客房名称、客房类别、位置、面积、床位、电话、电视、宽带、价格、状态和备注

客房信息查询模块的设计效果如图 10.26 所示。

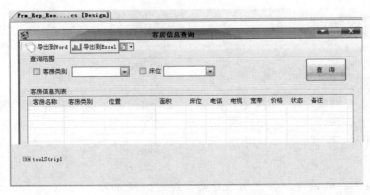

图 10.26 客房信息查询模块的设计效果

步骤 2：加载客房类别。编写打开窗体时自动加载客房类别的功能源代码，为 Frm_Rep_RoomQuery 控件编写 Load 事件，具体源代码如下：

```
public partial class Frm_Rep_RoomQuery : Form
{
    //实例化相关的业务逻辑类
    HotelManager.BLL.Room_Info bll_roominfo = new HotelManager.BLL.Room_Info();
    HotelManager.BLL.Room_Type bll_roomtype = new HotelManager.BLL.Room_Type();

    public Frm_Rep_RoomQuery()
    {
        InitializeComponent();
    }
    private void Frm_Rep_RoomQuery_Load(object sender, EventArgs e)
    {
        DataBind_RoomType();              //加载客房类别
    }
    //加载客房类别
    protected void DataBind_RoomType()
    {
        DataTable dt = bll_roomtype.GetAllList();
        cbox_RoomType.DataSource = dt;
        cbox_RoomType.DisplayMember = "RT_Name";
        cbox_RoomType.ValueMember = "RT_ID";
    }
}
```

保存项目文件并运行程序，打开客房信息查询模块，即可看到"客房类别"下拉列表框已经加载相应的信息。

步骤 3：实现客房信息查询功能。为查询按钮 btn_Query 编写 Click 事件，具体源代码如下：

```
//查询
private void btn_Query_Click(object sender, EventArgs e)
{
    string str = " 1=1 ";
    if (chb_RoomType.Checked && cbox_RoomType.Text != ")
    { str += string.Format(" and r.RT_ID={0}", cbox_RoomType.SelectedValue); }
    if (chb_BedCount.Checked && cbox_BedCount.SelectedIndex > -1)
    { str += string.Format(" and BedCount={0}", cbox_BedCount.SelectedIndex + 1); }
    DataTable dt = bll_roominfo.GetList(str);
    lv_RoomInfo.Items.Clear();
    foreach (DataRow dr in dt.Rows)
    {
        ListViewItem myitem = new ListViewItem(dr["RoomName"].ToString());
        myitem.SubItems.Add(dr["RT_Name"].ToString());      //第2列,客房类别
        myitem.SubItems.Add(dr["Address"].ToString());      //第3列,位置
        myitem.SubItems.Add(dr["Area"].ToString());         //第4列,面积
```

```
myitem.SubItems.Add(dr["BedCount"].ToString());          //第 5 列,床位
if (dr["HasTel"].ToString() == "1")                      //第 6 列,电话
{ myitem.SubItems.Add("有");  }
else
{ myitem.SubItems.Add("");  }
if (dr["HasTV"].ToString() == "1")                       //第 7 列,电视
{ myitem.SubItems.Add("有");  }
else
{ myitem.SubItems.Add("");  }
if (dr["HasNet"].ToString() == "1")                      //第 8 列,宽带
{ myitem.SubItems.Add("有");  }
else
{ myitem.SubItems.Add("");  }
myitem.SubItems.Add(dr["Price"].ToString());             //第 9 列,价格
switch (dr["Status"].ToString())                         //第 10 列,状态
{
    case "0": myitem.SubItems.Add("空闲"); break;
    case "1": myitem.SubItems.Add("预订"); break;
    case "2": myitem.SubItems.Add("已住"); break;
}
myitem.SubItems.Add(dr["Remark"].ToString());            //第 11 列,备注
lv_RoomInfo.Items.Add(myitem);          //将列表项添加到 ListView 控件中
    }
}
```

保存项目文件并运行程序,打开客房信息查询模块,此时已经实现对宾馆的客房信息进行查询,可以根据客房类别进行限制查询,也可以根据床位数量进行查询。客房信息查询模块的运行效果如图 10.27 所示。

图 10.27　客房信息查询模块的运行效果

步骤 4:实现导出到 Word 文档功能。为了实现将 ListView 信息导出到 Word 文档和 Excel 文档,需要在 HotelManager 项目中创建一个类文件,命名为 Comm_CreateReport.cs,在该类中分别编写将 ListView 信息导出到 Word 文档和 Excel 文档的源代码,具体如下:

```
//new
using System.Windows.Forms;
using System.IO;
using Microsoft.Office.Interop;

namespace HotelManager
{
    class Comm_CreateReport
    {
        /// 导出到 Excel
        public static bool ListViewToExcel(ListView lv, bool isShow, string fileName)
        {
            if (lv.Items.Count == 0)
                return false;

            //如果有错, 可以用 Microsoft.Office.Interop.Excel.Application excel = new
Microsoft.Office.Interop.Excel.Application();
            //创建 excel 应用程序
            Microsoft.Office.Interop.Excel.Application excel = new Microsoft.Office.
Interop.Excel.Application();

            //添加工作簿
            excel.Application.Workbooks.Add(true);
            excel.Visible = isShow;
            //设表头
            for (int i = 0; i < lv.Columns.Count; i++)
                excel.Cells[1, i + 1] = lv.Columns[i].Text;
            //填充内容
            for (int i = 0; i < lv.Items.Count - 1; i++)
                for (int j = 0; j < lv.Columns.Count; j++)
                    excel.Cells[i + 2, j + 1] = "'" + lv.Items[i].SubItems[j].Text;
            excel.Caption = fileName;
            return true;
        }

        //导出到 Word
        public static bool ListViewToWord(ListView lv, bool isShowWord, string fileName)
        {
            //如果行数为 0,则返回
            if (lv.Items.Count == 0)
                return false;

            //创建 Word 应用程序
            Microsoft.Office.Interop.Word.Application word = new Microsoft.Office.Interop.
Word.Application();

            //创建 Word 文档对象
            Microsoft.Office.Interop.Word.Document mydoc = new Microsoft.Office.Interop.
Word.Document();
```

```
                //获取缺少的对象
                Object myobj = System.Reflection.Missing.Value;
                //应用程序添加 word 文档
                mydoc = word.Documents.Add(ref myobj, ref myobj, ref myobj, ref myobj);

                //应用程序显示为真
                word.Visible = isShowWord;
                //选定文档
                mydoc.Select();

                Microsoft.Office.Interop.Word.Selection mysel = word.Selection;
                //文档添加表格,包括选择的范围、行与列
                Microsoft.Office.Interop.Word.Table mytable = mydoc.Tables.Add(mysel.Range,
        lv.Items.Count, lv.Columns.Count, ref myobj, ref myobj);
                //设置列宽与表格样式
                mytable.Columns.SetWidth(65, Microsoft.Office.Interop.Word.WdRulerStyle.
        wdAdjustSameWidth);
                //输出列标题数据行
                for (int i = 0; i < lv.Columns.Count; i++)
                    mytable.Cell(1, i + 1).Range.InsertAfter(lv.Columns[i].Text);

                //输出控件中的记录
                for (int i = 0; i < lv.Items.Count - 1; i++)
                    for (int j = 0; j < lv.Columns.Count; j++)
                            mytable.Cell(i + 2, j + 1).Range.InsertAfter(lv.Items[i].SubItems[j].Text);
                return true;
            }
        }
    }
```

编写将查询到的客房信息导出到 Word 文档的功能源代码,为工具栏按钮"导出到 Word"编写 Click 事件,具体源代码如下:

```
//导出到 Word
private void btn_ReportToWord_Click(object sender, EventArgs e)
{
    Comm_CreateReport.ListViewToWord(lv_RoomInfo, true, "客房信息查询报表");
}
```

保存项目文件并运行程序,打开客房信息查询模块,根据条件查询客房信息,然后单击工具栏中的"导出到 Word"按钮,将查询结果导出到 Word 文档,其运行效果如图 10.28 所示。

步骤 5:实现导出到 Excel 文档功能。编写将查询到的客房信息导出到 Excel 文档的功能源代码,为工具栏按钮"导出到 Excel"编写 Click 事件,具体源代码如下:

```
//导出到 Excel
private void btn_ReportToExcel_Click(object sender, EventArgs e)
{
    Comm_CreateReport.ListViewToExcel(lv_RoomInfo, true, "客房信息查询报表");
}
```

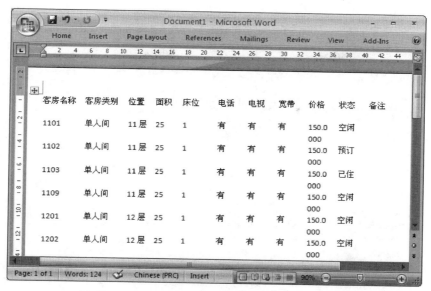

图 10.28 将客房信息导出到 Word 文档的运行效果

保存项目文件并运行程序,打开客房信息查询模块,根据条件查询客房信息,然后单击工具栏中的"导出到 Excel"按钮,将查询结果导出到 Excel 文档,其运行效果如图 10.29所示。

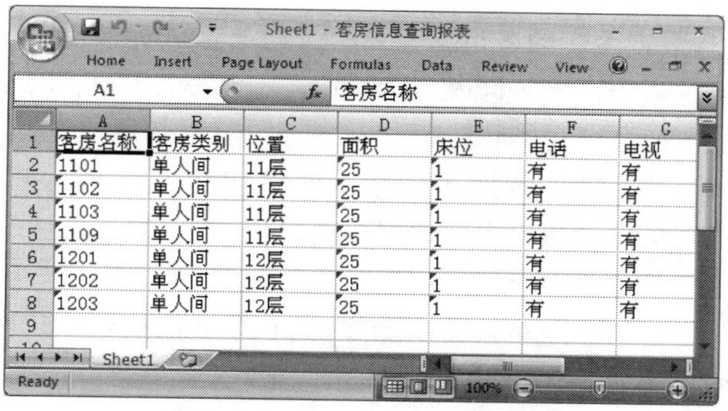

图 10.29 将客房信息导出到 Excel 文档的运行效果

10.7.2 顾客信息查询

在顾客信息查询模块中,系统用户能够对预订或者曾入住该宾馆的顾客信息进行综合查询。顾客信息查询模块的实现过程与客房信息查询模块相似,其运行效果如图 10.30所示。

10.7.3 预订数据统计

客房预订数据统计模块的运行效果如图 10.31 所示,其实现过程如下。

首先,绘制客房预订数据统计模块的界面各个控件并设置其属性信息。

接着,为该模块编写相应的数据加载、查询统计功能的源代码。

图 10.30　顾客信息查询模块的运行效果

图 10.31　客房预订数据统计模块的运行效果

在窗体加载时,从数据库中的客房信息表中查询该宾馆所有客房的名称和编号信息,并加载到"客房名称"下拉列表框中。同时,从数据库中的系统用户信息表中查询该宾馆所有工作人员的账号和姓名信息(包括所有用户状态),并加载到"操作员"下拉列表框中。

为"查询"按钮编写单击事件函数,根据查询时间范围、操作员、客房名称等查询条件,分别到客房信息表和预订信息表执行多表关联查询操作,并将符合条件的查询结果加载到"预订信息列表"控件中。

为"导出到 Word"和"导出到 Excel"按钮编写单击事件函数,实现结账数据的导出,该步骤实现过程和相应的功能源代码与 10.7.1 节相似。

10.7.4　住宿数据统计

住宿数据统计模块的运行效果如图 10.32 所示,其实现过程与预订数据统计模块相似。其中,在"查询"按钮单击事件函数中,根据查询时间范围、操作员、客房名称等查询条件,分别到客房信息表和住宿信息表执行多表关联查询操作,并将符合条件的查询结果加载到"住宿信息列表"控件中。

10.7.5　结账数据统计

结账数据统计模块的运行效果如图 10.33 所示,其实现过程与预订数据统计模块和住宿数据统计模块相似。其中,在"查询"按钮单击事件函数中,根据查询时间范围、操作员、客房名称等查询条件,分别到客房信息表和结账信息表执行多表关联查询操作,并将符合条件的查询结果加载到"结账信息列表"控件中。

图 10.32 住宿数据统计模块的运行效果

图 10.33 结账数据统计模块的运行效果

至此，宾馆管理系统开发完成。

附录 A

部分习题参考答案

第 2 章

一、选择题

1. C 2. B 3. C 4. C 5. B 6. D 7. B 8. D 9. B 10. D 11. B 12. B

二、填空题

1. //、/ * 、* /、///

2. 布尔

3. 表达式 1？表达式 2：表达式 3

4. 隐式转换、显式转换

5. 顺序控制结构、条件控制结构、循环控制结构

6. 整数、浮点、布尔

7. if…else、switch

三、判断题

1. × 2. × 3. × 4. √ 5. × 6. × 7. √ 8. × 9. √

第 3 章

一、选择题

1. D 2. B

二、填空题

1. 值传递、引用传递

2. F5、F11

三、判断题

1. √ 2. × 3. × 4. √ 5. √

第 4 章

一、选择题

1. C 2. D 3. B

二、填空题

1. 构造

2. 0

3. 封装性、继承性、多态性

三、判断题

1. √　2. √　3. ×　4. √　5. √

第 5 章

一、选择题

1. A　2. A　3. B　4. D　5. A　6. C　7. B　8. A　9. B　10. D　11. A　12. D
13. D　14. C

二、填空题

1. Enable、Visible

2. \

3. Name

4. Form.cs（Form1.cs）、Form.Designer.cs（Form1.Designer.cs）、Form.resx（Form1.resx）

5. MessageBox.Show()

三、判断题

1. √　2. √　3. √　4. √　5. √

第 6 章

一、选择题

1. A　2. A　3. B　4. A　5. B　6. B

二、填空题

1. System.Data.SqlClient

2. 连接模式、断开模式

3. 数据库服务器名称、数据库名称

三、判断题

1. √　2. √　3. ×

四、（略）

第 7 章

一、选择题

1. A　2. A　3. C　4. D

二、（略）

第 8 章

一、选择题

1. D　2. C　3. B　4. D　5. D

二、程序设计题

程序如下。

```csharp
//绘制天气信息图表
private void Load_Chart_Temperature ()
{   //定义数据
    string[] days = new string[] { "2月1日", "2月2日", "2月3日", "2月4日", "2月5
日", "2月6日", "2月7日"};
    float[] highesttemperature = new float[] {17.10, 19.21, 23.64, 24.00, 23.28, 24.04, 19.94};
    float[] lowesttemperature = new float[] {8.13, 9.76, 11.92, 9.91, 10.83, 12.72, 10.26 };

    //创建三个图表序列
    Series series1 = new Series("最高气温");
    Series series2 = new Series("最低气温");
    for (int i = 0; i < days.Length; i++)
    {
        series1.Points.AddXY(days [i], highesttemperature [i]);     //最高气温
        series2.Points.AddXY(days [i], lowesttemperature [i]);      //最低气温
    }
    //设置每组序列的图形
    series2.ChartType = SeriesChartType.Spline;                     //曲线图
    series3.ChartType = SeriesChartType.Spline;                     //曲线图
    series1.IsVisibleInLegend = true;
    series2.IsVisibleInLegend = true;

    //设置网格线
    chart1.ChartAreas[0].AxisX.MajorGrid.Enabled = false;
    chart1.ChartAreas[0].AxisY.MajorGrid.Enabled = false;
    //设置坐标轴
    chart1.ChartAreas[0].AxisX.Title = "日期";
    chart1.ChartAreas[0].AxisY.Title = "气温(摄氏度)";
    //设置图表序列
    chart1.Series.Add(series1);
    chart1.Series.Add(series2);

}
```